智能制造应用型人才培养系列教程

工业机器人技术

工业机器人视觉技术及应用

张明文 王璐欢◆主编

王伟 何定阳◆副主编 霰学会 顾三鸿◆主审

微课附视频

人民邮电出版社

北京

图书在版编目（CIP）数据

工业机器人视觉技术及应用 / 张明文，王璐欢主编
. -- 北京 : 人民邮电出版社，2020.9
智能制造应用型人才培养系列教程. 工业机器人技术
ISBN 978-7-115-53326-5

Ⅰ. ①工… Ⅱ. ①张… ②王… Ⅲ. ①工业机器人—计算机视觉—教材 Ⅳ. ①TP242.2

中国版本图书馆CIP数据核字(2020)第025764号

内容提要

本书主要讲述机器视觉基础知识、工业机器人与机器视觉系统如何通信。本书共9章，分别为绪论、视觉技术基础、工业机器人视觉系统、智能视觉系统、智能机器视觉应用实例、工业机器人操作基础、工业机器人编程及应用、工业机器人视觉系统应用（基于以太网）、工业机器人视觉系统应用（基于现场总线）。

本书图文并茂、通俗易懂、实用性强，既可以作为高等院校机电一体化、电气自动化及工业机器人技术等相关专业教材，又可作为工业机器人培训机构培训教材，也可供从事相关行业的技术人员参考。

◆ 主　　编　张明文　王璐欢
副 主 编　王　伟　何定阳
主　　审　霰学会　顾三鸿
责任编辑　刘晓东
责任印制　王　郁　马振武

◆ 人民邮电出版社出版发行　北京市丰台区成寿寺路 11 号
邮编　100164　电子邮件　315@ptpress.com.cn
网址　https://www.ptpress.com.cn
固安县铭成印刷有限公司印刷

◆ 开本：787×1092　1/16
印张：13.75　2020 年 9 月第 1 版
字数：258 千字　2025 年 2 月河北第 11 次印刷

定价：46.00 元

读者服务热线：(010)81055256　印装质量热线：(010)81055316
反盗版热线：(010)81055315

编审委员会

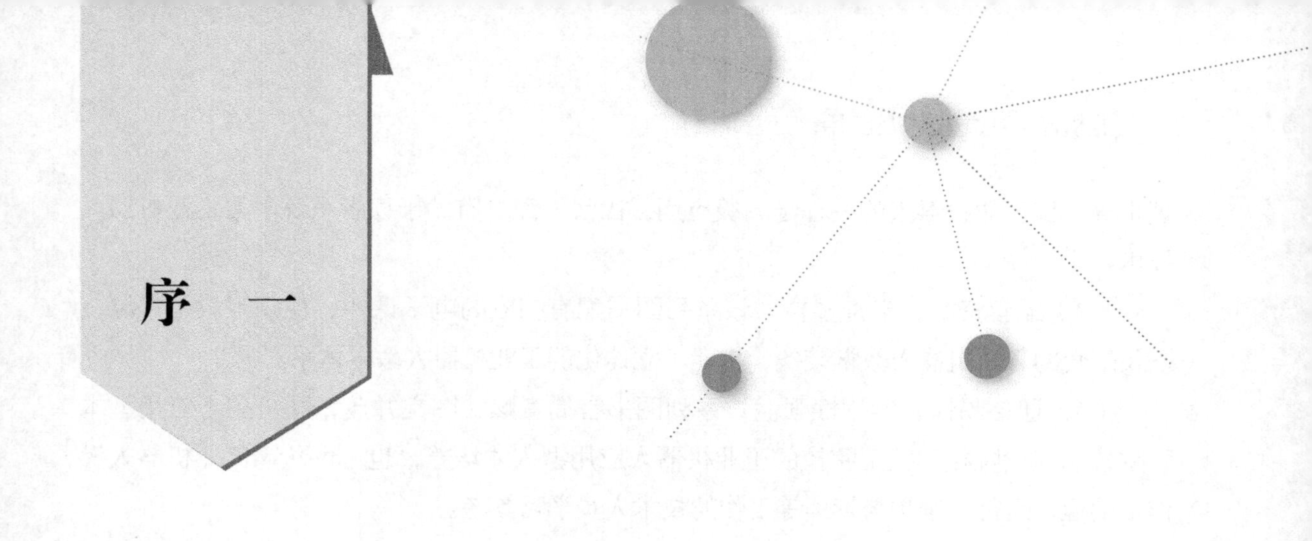

序　一

现阶段，我国制造业面临资源短缺、劳动力成本上升、人口红利减少等压力，而工业机器人的应用与推广，将极大地提高生产效率和产品质量，降低生产成本和资源消耗，有效地提高我国工业制造竞争力。我国《机器人产业发展规划（2016—2020年）》强调，机器人是先进制造业的关键支撑装备和改善人类生活方式的重要切入点。广泛采用工业机器人，对促进我国先进制造业的崛起，有着十分重要的意义。“机器换人，人用机器”的新型制造方式有效推进了工业转型升级。

工业机器人作为集众多先进技术于一体的现代制造业装备，自诞生至今已经取得了长足进步。当前，新科技革命和产业变革正在兴起，全球工业竞争格局面临重塑，世界各国和地区紧抓历史机遇，纷纷出台了一系列发展战略：美国的“再工业化”战略、德国的“工业4.0”计划、欧盟的“2020增长”战略等。伴随机器人技术的快速发展，工业机器人已成为柔性制造系统（FMS）、自动化工厂（FA）、计算机集成制造系统（CIMS）等先进制造业的关键支撑装备。

随着工业化和信息化的快速推进，我国工业机器人市场已进入高速发展时期。国际机器人联合会（IFR）统计显示，截至2016年，我国已成为全球最大的工业机器人市场。未来几年，我国工业机器人市场仍将保持高速的增长态势。然而，现阶段我国机器人技术人才匮乏，与巨大的市场需求严重不协调。

目前，许多应用型本科院校、职业院校和技工院校纷纷开设工业机器人相关专业，但普遍存在师资力量缺乏、配套教材资源不完善、工业机器人实训装备不系统、技能考核体系不完善等问题，导致无法培养出企业需要的专业机器人技术人才，严重制约了我国机器人技术的推广和智能制造业的发展。江苏哈工海渡教育科技集团有限公司依托哈尔滨工业大学，顺应形势需要，将产、学、研、用相结合，组织企业专家和一线科研人员开展了一系列企业调研，面向企业需求，联合高校教师共同编写了该系列图书。

该系列图书具有以下特点。

（1）循序渐进，系统性强。该系列图书从工业机器人的实用入门、技术基础、实训指导，到工业机器人的编程与高级应用，由浅入深，有助于读者系统学习工业机器人技术。

（2）配套资源，丰富多样。该系列图书配有相应的电子课件、视频等教学资源，以及配套的工业机器人教学装备，构建了立体化的工业机器人教学体系。

（3）通俗易懂，实用性强。该系列图书言简意赅，图文并茂，既可用于应用型本科院校、职业院校和技工院校的工业机器人应用型人才培养，也可供从事工业机器人操作、编程、运行、维护与管理等工作的技术人员学习参考。

（4）覆盖面广，应用广泛。该系列图书介绍了国内外主流品牌机器人的编程、应用等相关内容，顺应国内机器人产业人才发展需要，符合制造业人才发展规划。

该系列图书结合实际应用，将教、学、用有机结合，有助于读者系统学习工业机器人技术，强化、提高实践能力。本系列图书的出版发行，必将提高我国工业机器人专业的教学效果，全面促进我国工业机器人技术人才的培养和发展，大力推进我国智能制造产业变革。

中国工程院院士 蔡鹤皋

2017年6月于哈尔滨工业大学

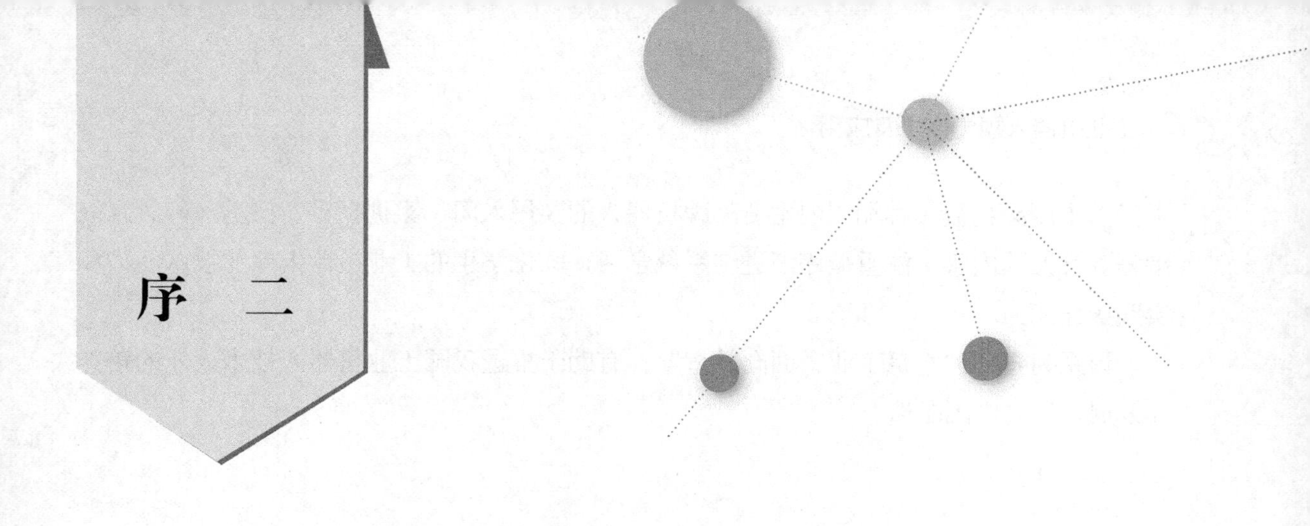

序　二

机器人技术自出现至今短短几十年中，其发展取得长足进步，伴随产业变革的兴起和全球工业竞争格局的全面重塑，机器人产业发展越来越受到世界各国的高度关注，主要经济体纷纷将发展机器人产业上升为国家战略，提出“以先进制造业为重点战略，以‘机器人’为核心发展方向”，并将此作为保持和重获制造业竞争优势的重要手段。

工业机器人是目前技术发展最成熟且应用最广泛的一类机器人。工业机器人现已广泛应用于汽车及零部件制造、电子、机械加工、模具生产等行业以实现自动化生产线，并参与焊接、装配、搬运、打磨、抛光、注塑等生产制造过程。工业机器人的应用，既保证了产品质量，提高了生产效率，又避免了大量工伤事故，有效推动了企业和社会生产力发展。作为先进制造业的关键支撑装备，工业机器人影响着人类生活和经济发展的方方面面，已成为衡量一个国家科技创新和高端制造业水平的重要标志。

当前，随着劳动力成本上涨、人口红利逐渐消失，生产方式向柔性、智能、精细转变，我国制造业转型升级迫在眉睫。全球新一轮科技革命和产业变革与我国制造业转型升级形成历史性交汇，我国已经成为全球最大的机器人市场。大力发展工业机器人产业，对于打造我国制造业新优势、推动工业转型升级、加快制造强国建设、改善人民生活水平具有深远意义。

我国工业机器人产业迎来爆发性的发展机遇，然而，现阶段我国工业机器人领域人才储备严重不足，对企业而言，从工业机器人的基础操作维护人员到高端技术人才普遍存在巨大缺口，缺乏经过系统培训、能熟练安全应用工业机器人的专业人才。现代工业是立国的基础，需要有与时俱进的职业教育和人才培养配套资源。

该系列图书由江苏哈工海渡教育科技集团有限公司联合众多高校和企业共同编写完成。该系列图书依托于哈尔滨工业大学的先进机器人研究技术，综合企业实际用人需求，充分贯彻了现代应用型人才培养“淡化理论，技能培养，重在运用”的指导思想。该系列图书既可作为应用型本科院校、职业院校工业机器人技术或机器人工程专业的教材，也可作为机电一体化、自动化专业开设工业机器人相关课程的教学用书。该系列图书涵盖了国际主流品牌和国内主要品牌机器人的实用入门、实训指导、技术基础、高级编程等几方面内容，注重循序渐进与系统学习，强化学生的工业机器人专业技术能力和实践操作能力。

该系列图书“立足工业，面向教育”，有助于推进我国工业机器人技术人才的培养和发展，助力中国制造。

中国科学院院士 蔡鹤皋

2017年6月

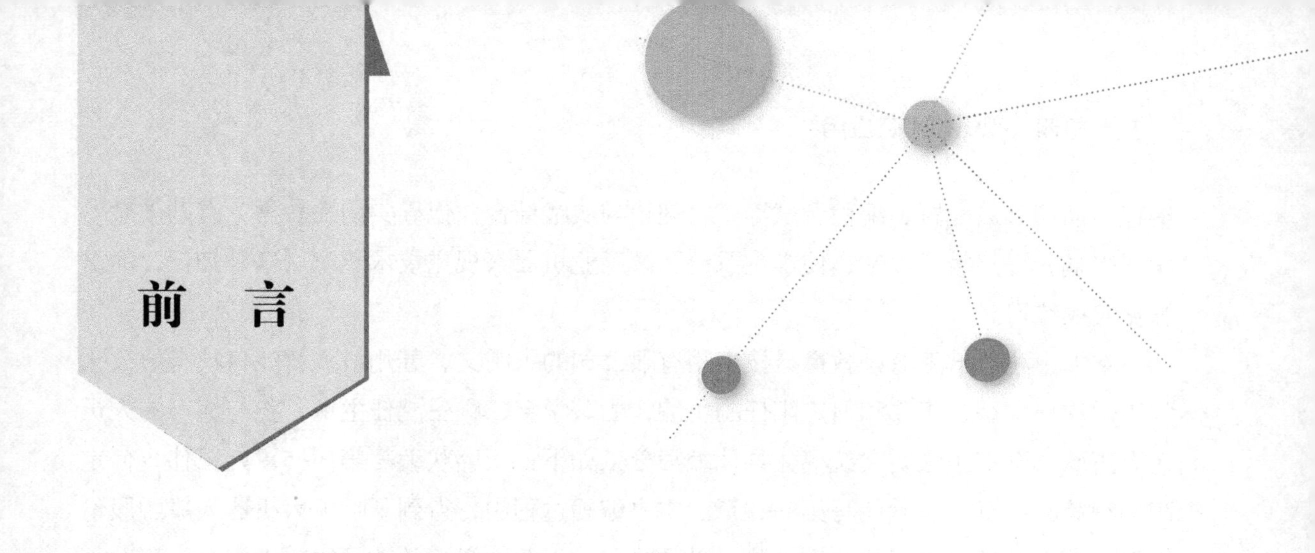

前　言

习近平总书记在党的二十大报告中深刻指出，“培养造就大批德才兼备的高素质人才，是国家和民族长远发展大计”，并且强调要大力弘扬劳模精神、劳动精神、工匠精神，激励更多劳动者特别是青年一代走技能成才、技能报国之路。本书全面贯彻党的二十大报告精神，以习近平新时代中国特色社会主义思想为指导，结合企业生产实践，科学选取典型案例题材和安排学习内容，在学习者学习专业知识的同时，激发爱国热情、培养爱国情怀，树立绿色发展理念，培养和传承中国工匠精神，筑基中国梦。

机器视觉技术，也叫图像处理技术，作为信息获取和解析的重要手段，已经成为工程专业的选修课或必修课。目前在许多应用机器视觉技术领域已经实现产品化、实用化、高精化，其中包括人脸识别、智能监控、指纹识别、生产线在线质检等。简而言之，机器视觉技术在信息快速发展时代，扮演着越来越重要的角色。机器视觉利用相机或智能传感器，配合机器视觉算法赋予智能设备人眼的功能，从而进行物体的定位引导、检测、测量、识别等功能，具有高度自动化、高效率、高精度和适应较差环境的优点，是实现工业自动化和智能化的必要手段。

本书主要特点是内容简洁，好学易懂，操作便捷。本书共9章内容，涵盖了机器视觉发展历程及发展前沿、机器视觉技术基础知识、视觉硬件系统构成、视觉图像算法处理、基于视觉软件应用实例、工业机器人基础知识、机器人编程知识、基于不同的通信方式的视觉系统操作应用实例等内容，系统地讲解机器视觉在视觉项目检测中的应用。为了提高教学效果，在教学方法上，作者建议采用启发式教学，开放性学习，重视实操演练；在学习过程中，建议结合本书配套的教学辅助资源，如教学课件及视频素材、教学参考与拓展资料等。学生通过实训操作练习，可以培养观察、分析和解决实际问题的能力。

本书基于江苏哈工海渡教育科技集团有限公司的工业机器人技能考核实训台，结合智能相机及ABB工业机器人，系统讲解工业机器人视觉系统的典型应用、视觉软件组态编程、通信参数配置、编程调试等，将理论与实践结合，倡导实用性教学，有助于激发学习兴趣，提高教学效率，使学生系统了解工业机器人视觉技术及应用基础知识，注重强化实操练习。

本书由江苏哈工海渡教育科技集团有限公司的张明文、苏州耕致智能科技有限公司的王璐欢任主编，王伟和何定阳任副主编，由霰学会、顾三鸿任主审，参与编写的人员还有王欣。全书由张明文统稿，具体编写分工如下：王璐欢编写第1～5章，王伟、何定阳编写第6～7章，王欣编写第8～9章。本书编写过程中，得到了哈工大机器人集团股份有限公司有关领导、工程技术人员，以及哈尔滨工业大学相关教师的鼎力支持与帮助，在此表示衷心的感谢！

由于编者水平及时间有限，书中难免存在不足之处，敬请读者批评指正。任何意见和建议可反馈至E-mail:edubot_zhang@126.com。

编　者

2023年5月

目 录

CHAPTER

第1章 绪论

随着柔性化生产模式的发展，以及复杂环境、工件不确定性误差、作业对象的复杂性等因素，要求工业机器人向着智能化方向发展，也是新一代工业机器人应用的发展趋势。

工业机器人作为一种自动化作业单元，其智能程度不仅取决于自身的控制性能，也与外部传感设备及其交互能力有关。高级工业机器人是具有力、触觉、距离和视觉反馈的工业机器人，能够在不同于典型工业车间场合的非结构化环境中自主操作。

目前，基于视觉技术的工业机器人应用越来越广泛。工业机器人视觉系统能够有效地胜任作业环境发生变化的工作，如作业对象发生了偏移或者变形导致位置发生改变，或者其再现轨迹上出现障碍物等情况。

1.1 机器视觉定义

机器视觉（Machine Vision）可以简单地理解为给机器加装上视觉装置，或者是加装有视觉装置的机器，代替人眼来实现引导、检测、测量、识别等功能，提高机器的自动化和智能化程度。机器视觉是一个系统的概念，它综合了光学、机械、电子、计算机软硬件等方面的技术，涉及计算机、图像处理、模式识别、人工智能、信号处理、光机电一体化等多个领域。

国际制造工程师学会（SME）机器视觉分会和美国机器人工业协会（RIA）自动化视觉分会关于机器视觉的定义为：机器视觉是使用光学器件进行非接触感知，自动获取和解释一个真实场景的图像，以获取信息和（或）用于控制机器运动的装置。通俗地讲，机器视觉就是为机器安装上一双“慧眼”，让机器具有像人一样的视觉功能，从而实现引导、检测、测量和识别等功能。

1.2　机器视觉系统特点

随着科学技术的快速发展与工业生产自动化程度的不断提高，市场对产品的质量和设备的性能等要求也越来越高，产品或者设备获得与处理的信息量不断增加，提取信息的速度和精度不断提高。在很多情况下，人类视觉越发不能满足生产速度和精度等方面的要求。机器视觉系统与人类视觉系统的对比见表1-1。

表 1-1　机器视觉系统与人类视觉系统的对比

性能特征	机器视觉系统	人类视觉系统
适应性	差，容易受复杂背景及环境变化的影响	强，可在复杂多变的环境中识别目标
智能性	差，不能很好地识别变化的目标	强，可识别变化的目标，并能总结规律
灰度分辨力	强，一般为 256 灰度级	差，一般只能分辨 64 个灰度级
空间分辨力	强，可以观测小到微米或大到天体的目标	较差，不能观看微小的目标
色彩识别能力	差，但可以量化	强，易受人的心理影响，不能量化
速度	快，快门时间可达到 10 μs	慢，无法看清较快速运动的目标
观测精度	高，可到微米级，易量化	低，无法量化
感光范围	较宽，包括可见光、不可见光、X 光等	窄，400 ~ 750nm 范围的可见光
环境适应性	强，还可以加防护装置	差，尤其不能适应许多对人有害的场合
其他	客观性，可连续工作	主观性，受心理影响，易疲劳

机器视觉的使用能够节省生产时间、降低生产成本、优化物流过程、缩短生产线停工时长、提高生产率和产品质量、减轻测试及检测人员劳动强度、减少不合格产品的数量、提高设备利用率等。

不同行业、不同用途的机器视觉系统在高速数据处理设备、高分辨率图像采集设备、高精度运动控制设备的共同作用下，通常具有如下特点。

①精度高。一般机器视觉系统采用高分辨率的图像采集设备，保证其检测精度。这方面已经远远超过了传统人工操作时的检测精度。

②数字化分析与处理能力。机器视觉系统不仅能够在定位、识别过程中做出类似人眼的判断；同时能够进行快速精确的定位测量与数据分析，保证了机器视觉系统更易于与其他生产控制系统、管理系统进行融合。

③非接触。机器视觉系统与被测对象之间不直接接触，不会对被测物体造成任何损伤和影响；在环境比较恶劣时，机器视觉技术有着天然的优势。

④连续性和稳定性。机器视觉系统能够避免由人工操作带来的产品质量不稳定，同时能够进行长时间的连续作业，且不疲劳。

⑤较宽的光谱响应范围。机器视觉系统能够利用人眼看不见的光谱波段进行分析，如红外、紫外、X光等，实现特殊要求下的视觉识别与检测，扩展了检测范围。

⑥快速性。在图像数据采集方面，现场可编程门阵列（FPGA）的应用使得机器视觉系统能够及时处理高速相机采集的大量图像数据，同时具有高速响应能力的运动机构也使现代机器视觉系统能够实现大批量、高速运动物体的捕捉、识别、检测并进行相应动作。

1.3 机器视觉发展历史

机器视觉的研究起始于20世纪50年代，经过多年的发展，大致经历了5个阶段：概念提出、开始发展、发展正轨、趋于成熟、高速发展（见图1-1）。

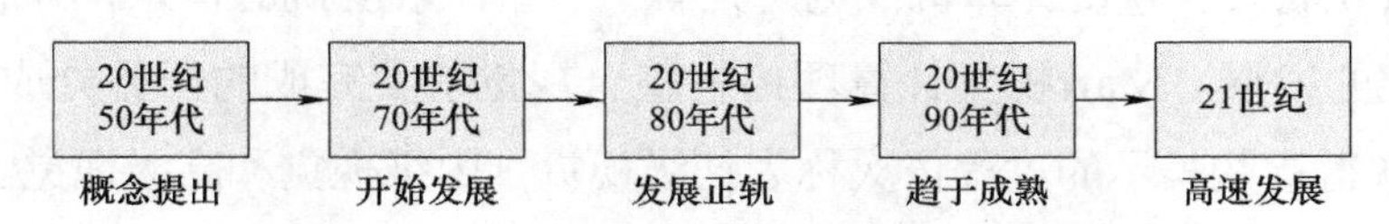

图1-1 机器视觉发展历程

1. 概念提出

早期机器视觉的研究起源于20世纪50年代，主要从统计模式识别开始，其工作主要集中在二维图像分析与识别上，如光学字符识别（见图1-2）、工件表面图片分析、显微图片和航空图片分析与解释等。

图1-2 机器视觉字符识别

随着工业自动化生产对技术需求的日益增长，机器视觉开始崛起。进入20世纪60年代，机器视觉的研究前沿以理解三维场景为目的。1965年，美国学者罗伯兹（L.R.Roberts）从数字图像中提取出诸如立方体、楔形体、棱柱体等多面体的三维结构，并对物体形状及物体的空间关系进行描述，提出了多面体组成的积木世界概念。

随着对积木世界的深入研究，机器视觉研究的范围从边缘、角点等特征提取，到线条、平面、曲面等几何要素分析，再到图像明暗、纹理、运动以及成像几何等，建立了各种数据结构和推理规则。

2. 开始发展

20世纪70年代出现了一些视觉运动系统，如Guzman1969，Mackworth1973。与此同时，美国麻省理工学院的人工智能（AI）实验室正式开设“机器视觉”的课程，由国际著名学者B.K.P.Hom教授讲授。大批著名学者进入美国麻省理工学院参与机器视觉理论、算法、系统设计的研究。

1977年，David Marr教授在美国麻省理工学院的人工智能实验室领导一个以博士生为主体的研究小组，于1977年提出了不同于“积木世界”分析方法的计算视觉理论——Marr视觉计算理论。该理论在20世纪80年代成为机器视觉研究领域中的一个十分重要的理论框架。

Marr视觉计算理论立足于计算机科学，系统地概括了心理生理学、神经生理学等方面已取得的重要成果。它使计算机视觉研究有了一个比较明确的体系，并大大推动了计算机视觉研究的发展。Marr视觉计算理论将整个视觉所要完成的任务分成3个过程（见图1-3），而获得这些表示的过程依次称为初级视觉、中级视觉和高级视觉。

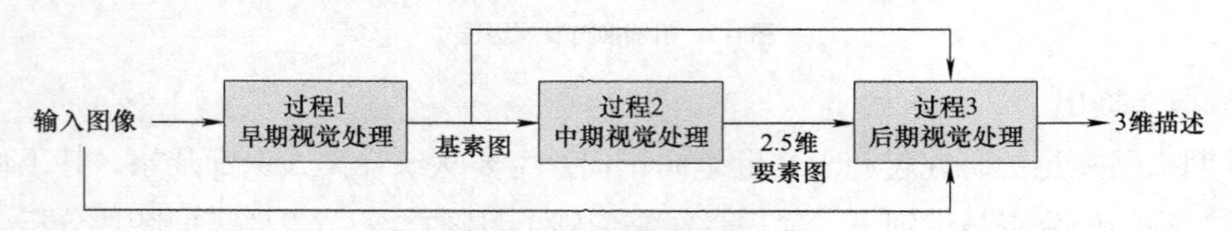

图1-3 Marr视觉理论的3个阶段

3. 发展正轨

20世纪80年代，机器视觉进入发展正轨时期，对机器视觉的全球性研究热潮开始兴起，新概念、新方法、新理论不断涌现。不仅出现了基于感知特征群的物体识别理论框架、主动视觉计算理论框架、视觉集成理论框架等概念，而且产生了很多新的研究方法和理论，无论是对一般二维图像的处理，还是针对三维图像的模型及算法研究都有了很大的提高。

早期商业化应用的机器视觉还处于探索阶段。图1-4所示的是1983年在展会上展示的机器视觉系统AutovisionII，其控制器体型庞大，相机采用三脚架固定，采集图像传至显示屏进行显示。

图1-4 机器视觉系统AutovisionII

4. 趋于成熟

进入20世纪90年代，机器视觉计算理论得到进一步的发展，开始在工业领域得到应用（见图1-5）。同时，机器视觉计算理论在多视几何领域的应用得到快速的发展。

由于机器视觉是一种非接触的测量方式，在一些不适于人工作业的危险工作环境或者人工视觉难以满足要求的场合，常用机器视觉来替代人工视觉。同时，在大批量重复性工业生产过程中，用机器视觉检测方法可以大大提高生产效率和自动化程度。随着机器视觉在工业领域逐步应用，其技术发展趋于成熟。

图1-5 机器视觉用于工业检测

5. **高速发展**

进入21世纪，机器视觉进入高速发展、广泛应用的时期，工业领域是机器视觉应用中最大的领域。其应用行业包括：电子产品生产、印刷、医疗设备、汽车工业、药品生产、食品生产、半导体材料生产、纺织等，如图1-6所示。

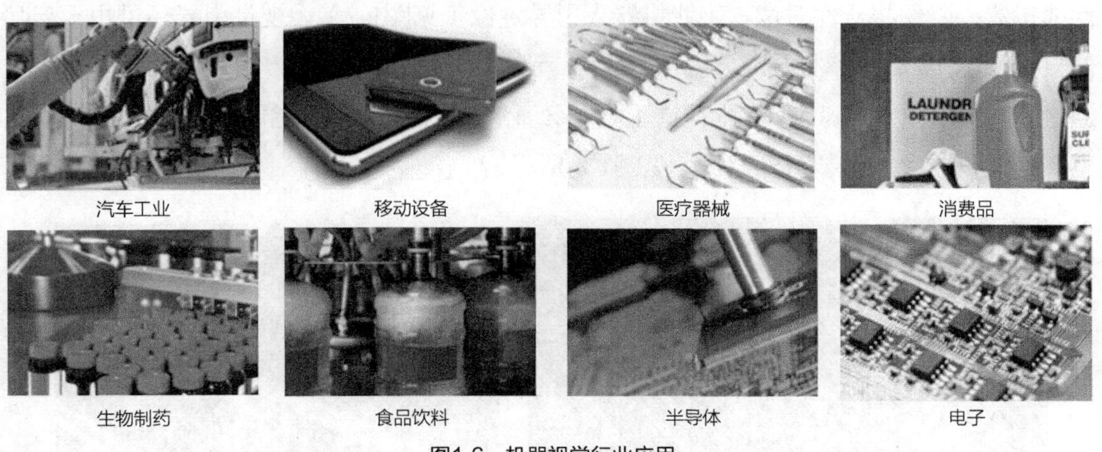

图1-6 机器视觉行业应用

1.4 工业机器人视觉功能

机器视觉系统提高了生产的自动化程度，让不适合人工作业的危险工作环境变成了可能，让大批量、持续生产变成了现实，大大提高了生产效率和产品质量。其快速获取信息并自动处理的性能，也同时为工业生产的信息集成提供了方便。随着技术的成熟与发展，机器视觉在工业领域中的应用主要途径之一是通过工业机器人来实现。按照功能的不同，工业机器人的视觉应用可以分成4类：引导、检测、测量和识别，各功能对比见表1-2。

表 1-2　视觉功能及应用对比表

	引导	检测	测量	识别
功能	引导定位物体位姿信息	检测产品完整性、位置准确性	实现精确、高效的非接触式测量应用	快速识别代码、字符、数字、颜色、形状
输出信息	位置和姿态	完整性相关信息	几何特征	数字、字母、符号信息
场景应用	定位元件位姿	检测元件缺损	测量元件尺寸	识别元件字符

1.4.1　引导

工业机器人视觉引导是指视觉系统通过非接触传感的方式，实现指导工业机器人按照工作要求对目标物体进行作业，包括零件的定位放取、工件的实时跟踪等。

引导功能输出的是目标物体的位置和姿态。将元件与规定的公差进行比较，并确保元件处于正确的位置和姿态，以验证元件装配是否正确。视觉引导可用于将元件在二维或三维空间内的位置和方向报告给工业机器人或机器控制器，让工业机器人能够定位元件或机器，以便将元件对位，工业机器人引导定位（见图1-7）。视觉引导还可用于与其他机器视觉工具进行对位。在生产过程中，元件可能是以未知的方向呈现到相机面前，通过定位元件，并将其他机器视觉工具与该元件对位，机器视觉能够实现工具自动定位，工业机器人外包装引导定位（见图1-8）。

图1-7　工业机器人视觉引导应用

图1-8　视觉外包装引导定位应用

1.4.2 检测

工业机器人视觉检测是指视觉系统通过非接触动态测量的方式，检测出包装、印刷有无错误、划痕等表面的相关信息，或者检测制成品是否存在缺陷、污染物、功能性瑕疵等，并根据检测结果来控制工业机器人进行相关动作，实现产品检验。

检测功能输出目标物体的完整性相关信息。检测功能应用较广泛，其应用场合包括检验片剂式药品是否存在缺陷，如图1-9（a）所示。在食品和医药行业，机器视觉用于确保产品与包装的匹配性，以及检查包装瓶上的安全密封垫、封盖和安全环是否存在等，如图1-9（b）所示。

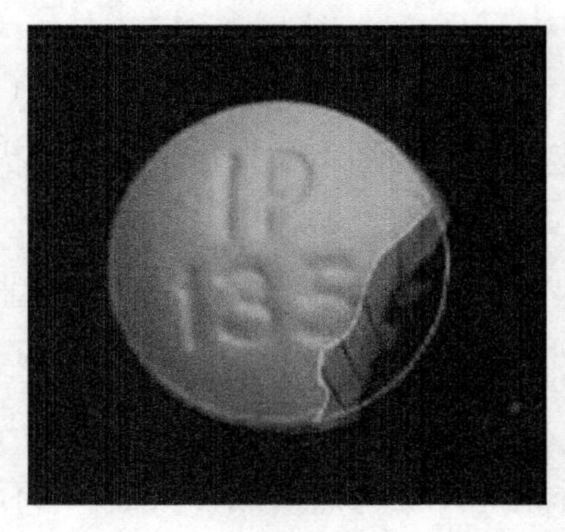

（a）药品缺陷检测

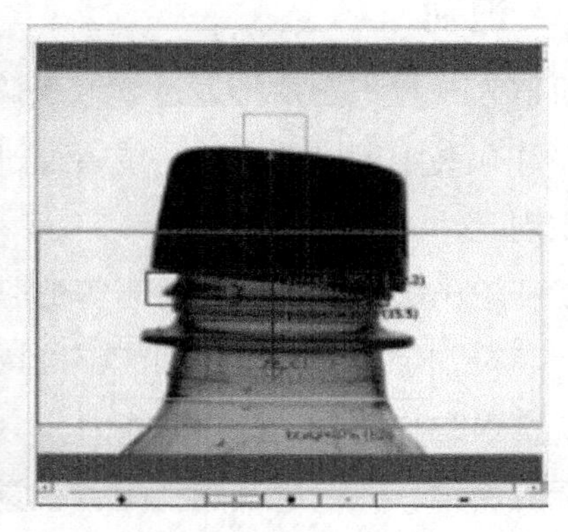

（b）可乐瓶盖合格性检测

图1-9 机器视觉系统检测应用

这种检测功能除了能完成常规的空间几何形状、形体相对位置、物件颜色等的检测外，还可以进行物件内部的缺陷探伤、表面涂层厚度测量等作业。

1.4.3 测量

工业机器人视觉测量是指求取被检测物体相对于某一组预先设定的标准偏差，如外轮廓尺寸、形状信息等。

测量功能可以输出目标物体的几何特征等信息。通过计算被检测物体上两个或两个以上的点或者通过几何位置之间的距离来进行测量，然后确定这些测量结果是否符合规格，如果不符合，视觉系统将向工业机器人控制器发送一个未通过信号，进而触发生产线上的不合格产品剔除装置，将该物品从生产线上剔除。常见的机器视觉测量应用包括齿轮、接插件、汽车零部件、IC元件管脚、麻花钻、螺钉螺纹检测等。在实际应用中，通常有元件尺寸测量、零部件中圆尺寸测量，如图1-10所示。

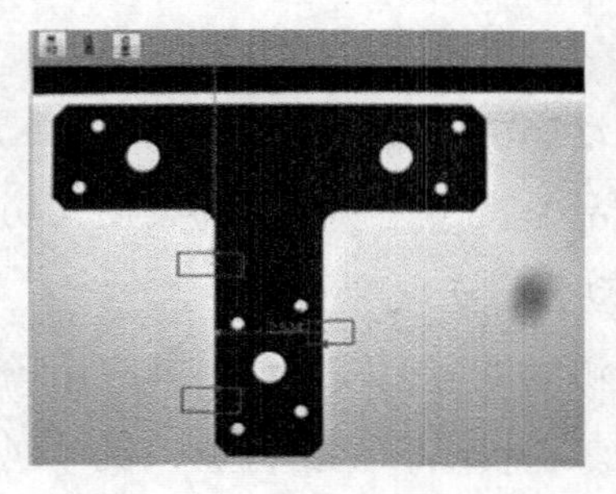

（a）元件尺寸测量

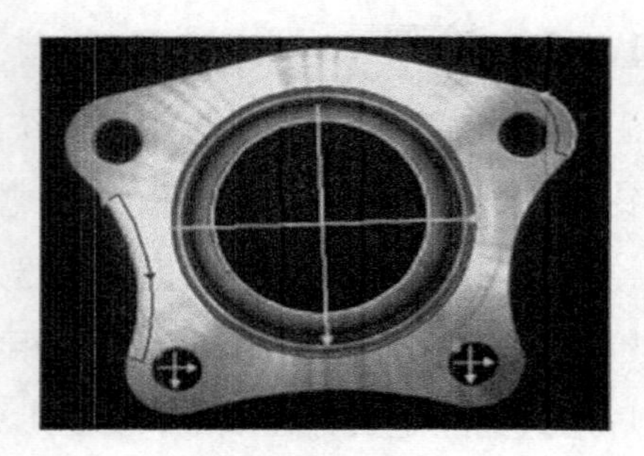

（b）零部件中圆尺寸测量

图1-10　机器视觉元件测量

1.4.4　识别

工业机器人视觉识别是指通过读取条码、DataMatrix码、直接部件标识（DPM）及元件、标签和包装上印刷的字符，或者通过定位独特的图案和基于颜色、形状、尺寸或材质等来识别元件。

识别功能输出数字、字母、符号等的验证或分类信息。如字符识别系统能够读取字母、数字、字符，字符验证系统则能够确认字符串的存在性，DPM能够确保可追溯性，从而提高资产跟踪和元件真伪验证能力。

在实际应用中，在输送装置上配置视觉系统，工业机器人就可以用于对存在形状、颜色等差异的物件进行非接触式检测，识别分拣出合格的物件。常见应用如文字字符识别、二维码识别、颜色分拣识别，如图1-11所示。

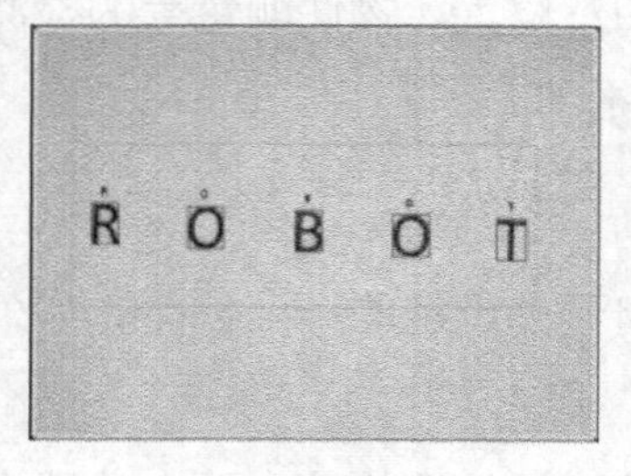

（a）文字字符

（b）二维码

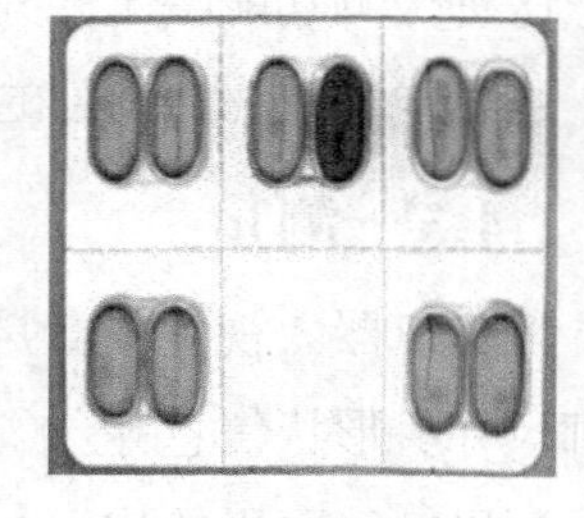

（c）颜色

图1-11　视觉识别应用

1.5　机器视觉技术发展前沿

随着我国企业生产自动程度的提高，近几年来，机器视觉在国内开始快速发展。在我国，机器视觉的应用开始于20世纪90年代，进入21世纪，视觉技术开始在自动化行业成熟应用。机器视觉的应用也将进一步促进自动化技术向智能化发展。

1.5.1　3D视觉技术

传统的成像系统都是基于二维平面的，因此传统的视觉系统就是把需要检测或者测量的问题放到一张平面图像上去解决，但现实世界是三维的，传统的二维视觉系统难以解决很多问题，如内藏式针脚、被遮挡的部件、曲面的描述等，使用3D视觉技术能轻松解决。

3D视觉技术是指采用一个或多个图像传感器（摄像机等）作为传感元件，在特定的结构设计支持下，综合利用其他辅助信息，实现对被测物体的尺寸、体积、空间位置等特征进行三维非接触测量，如图1-12所示。

（a）多相机方案

（b）单相机方案

图1-12　3D视觉技术

3D视觉技术具有广泛的用途，如多媒体手机、网络摄像、数码相机、工业机器人视觉引导、汽车安全系统、生物医学图像分析、人机界面、虚拟现实、监控、工业检测、无线远距离传感、科学仪器等，如图1-13所示。

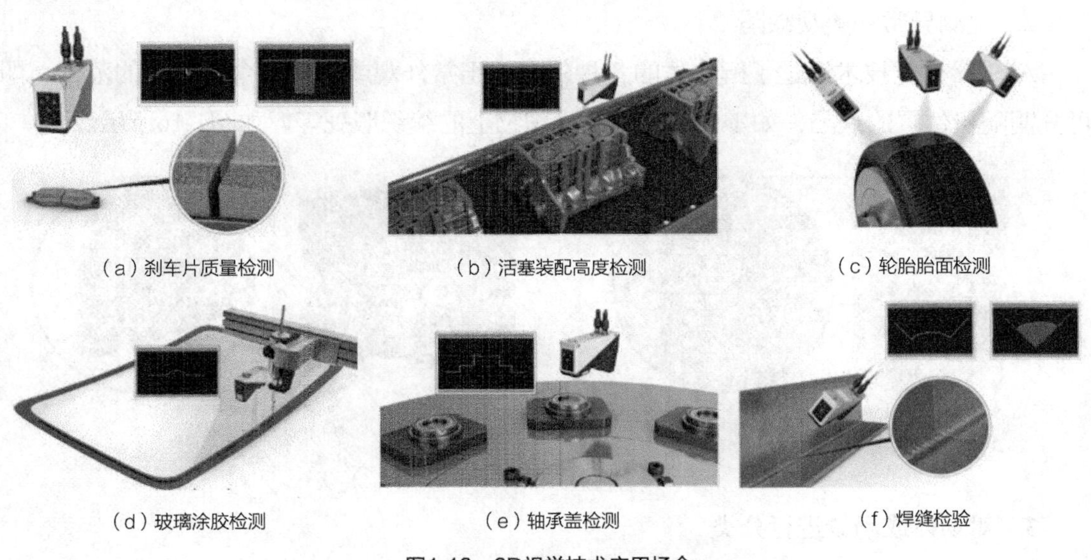

（a）刹车片质量检测　（b）活塞装配高度检测　（c）轮胎胎面检测

（d）玻璃涂胶检测　（e）轴承盖检测　（f）焊缝检验

图1-13　3D视觉技术应用场合

1.5.2 AI视觉技术

随着社会的发展与进步，对图像和视频在处理效率、性能和智能化等方面所提出的要求变得越来越高，而传统的图像物体分类、检测算法和策略已经难以满足这些要求。近年来，人工智能模拟人类大脑的层次结构从低级信号到高层语义的映射，以实现数据的分级特征表达，其具有强大的视觉信息处理能力，在语音识别、机器视觉、图像与视频分析等诸多领域得到了广泛应用。

AI机器视觉技术与传统机器视觉相比，能够解决使用基于经典规则的算法所不能解决或困难的复杂检查、分类和定位应用问题。AI机器视觉具体应用如下。

1. 定位特征

AI机器视觉技术通过对目标物体的学习，从位置随机环境中，找到复杂的特征和对象，如半透明针剂药瓶位置随机变动，从而精确定位药瓶位置，如图1-14所示。

在特定情况下，即使是同一类型物体，也可能出现外形变形或位置偏斜，如电路板上的器件（电容），如图1-15所示。

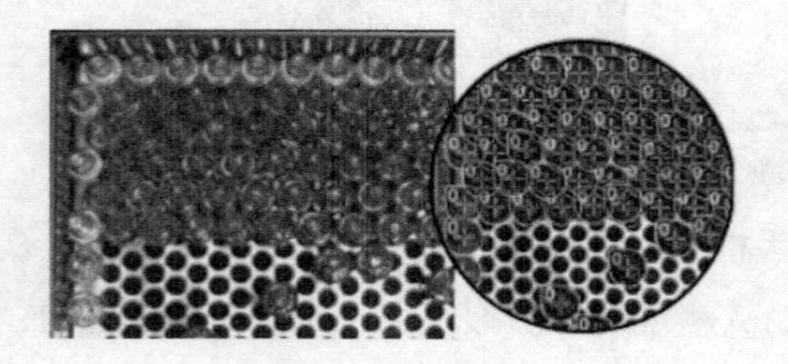

图1-14 药瓶位置定位

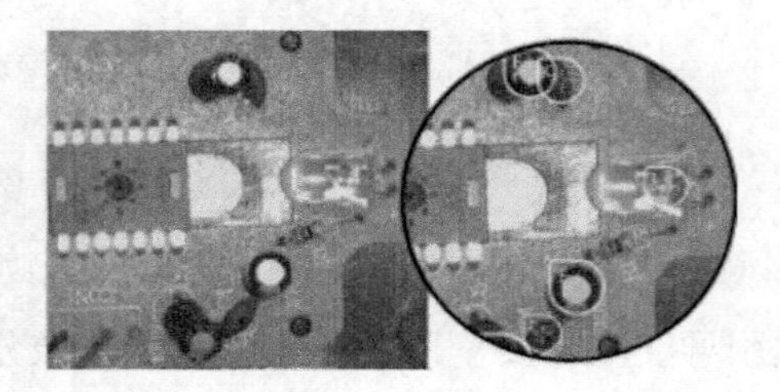

图1-15 电路板上各类元器件定位

2. 检测异常和美观缺陷

AI机器视觉技术通过了解物体的各种外观、正常外观或设置一个可容忍的范围，即可分割随机位置的缺陷，如零件表面划痕、织物上的编织瑕疵等，如图1-16所示。

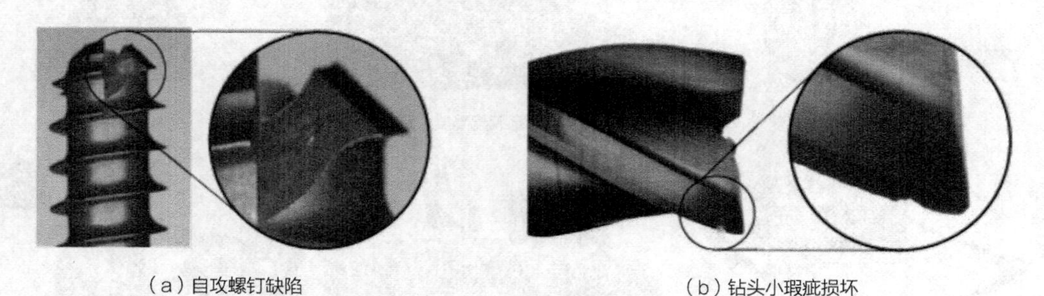

（a）自攻螺钉缺陷　　（b）钻头小瑕疵损坏

图1-16 视觉检测缺陷

3. 对物体或场景进行分类

AI机器视觉技术根据带标签图像的集合分离出不同的类，通过对可接受的公差进行训练，根据其包装识别产品、对焊缝质量进行分类，并分离出可接受或不可接受的异常情况，如图1-17所示。

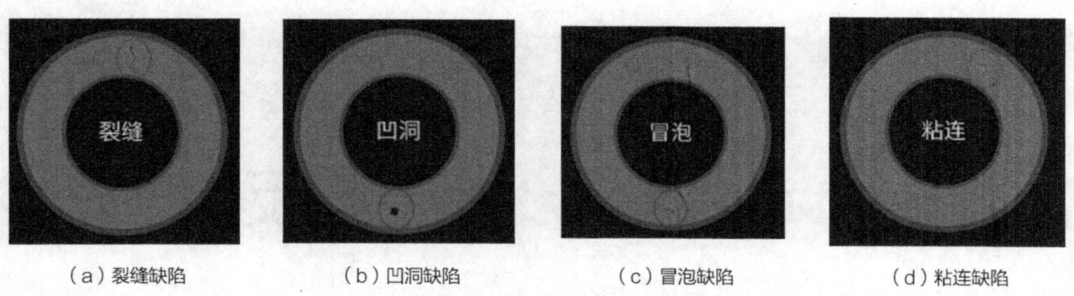

（a）裂缝缺陷　（b）凹洞缺陷　（c）冒泡缺陷　（d）粘连缺陷

图1-17 视觉分类

4. 读取文本和字符

AI机器视觉技术通过学习文本和字符，识别出变形严重、倾斜、蚀刻不良等情况的字符或代码，即使是手写的字符也能快速识别，如图1-18所示。

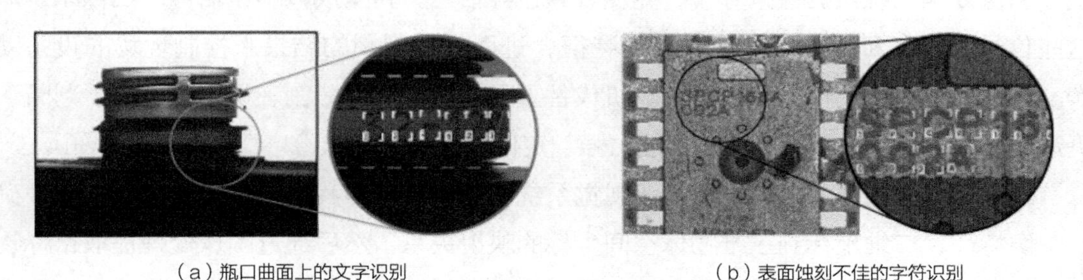

（a）瓶口曲面上的文字识别　（b）表面蚀刻不佳的字符识别

图1-18 视觉字符识别

目前，AI视觉技术正处于快速发展和成型期，各厂商所推出的产品主要应用于特定领域或方向，还没有一种“放之四海而皆准”的工业级视觉产品，在一定程度上还存在技术壁垒，如检查的可靠性、普适性、智能化程度等。

思考题

1. 机器视觉的定义是什么？
2. 机器视觉系统的特点有哪些？
3. 机器视觉的应用行业包括哪些？
4. 工业机器人视觉技术的应用分为哪几种？
5. 机器视觉技术的发展趋势是什么？
6. 3D视觉技术的优势是什么？
7. AI机器视觉技术区别于传统机器视觉检测的特点是什么？
8. 了解机器视觉发展前沿及3D技术发展趋势。

第2章 视觉技术基础

机器视觉系统通过摄像机将被摄取目标转换成图像信号，传送给专用的图像处理系统，图像处理系统根据像素分布、亮度、颜色等信息，转变成数字化信号。图像系统对这些信号进行各种运算来抽取目标的特征，进而根据判别的结果来控制现场的设备动作。机器视觉系统利用摄像机和计算机代替人眼对目标进行分割、识别、跟踪、判断、决策等，具有自动化程度高、识别能力强、定位精度高等优点，广泛应用于各个领域。

研究机器视觉技术，首先要了解视觉系统的成像原理，我们通过摄像机的标定，确定图像特征、二维坐标到三维物体空间坐标的映射关系，然后通过图像处理提取目标物体的关键信息，用于后续判断和决策。图像处理是机器视觉技术的核心和关键，决定着整个视觉系统的性能，它包括增强、分割、边缘检测、特征抽取等内容。本章将对机器视觉中的成像原理及常用的图像处理算法作简要介绍。

2.1 视觉成像原理

图像是空间物体通过成像系统在平面上的投影。图像上每一个像素点的灰度反映了空间物体表面点的反射光的强度，而该点在图像上的位置则与空间物体表面对应点的几何位置有关。机器视觉根据摄像机成像模型，利用所拍摄的图像计算三维空间中被测物体的几何参数，因此建立合理的摄像机成像模型是三维测量中的重要步骤。

2.1.1 透视成像原理

机器视觉中的光学成像系统是由工业相机和镜头构成的。镜头由一系列光学镜片和镜筒组成，其作用相当于一个凸透镜，使物体成像。因此一般的机器视觉系统直接应用透镜成像理论来描述摄像机成像系统的几何投影模型，如图2-1所示。

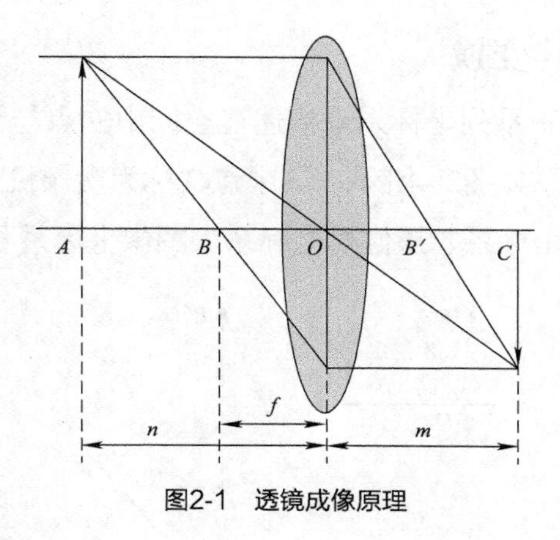

图2-1　透镜成像原理

根据物理学中光学原理可知

$$\frac{1}{f}=\frac{1}{m}+\frac{1}{n} \tag{2-1}$$

其中，$f=OB$，为透镜焦距；$m=OC$，为像距；$n=AO$，为物距。

一般由于$n>>f$，则有$m\approx f$，这时可以将透镜成像模型近似地用小孔（或针孔）成像模型代替。针孔模型假设物体表面的反射光都经过一个针孔而投影到像平面上，即满足光的直线传播条件。针孔模型主要由光心（投影中心）、成像面和光轴组成，如图2-2所示。针孔模型与透镜成像模型具有相同的成像关系，即像点是物点和光心的连线与图像平面的交点。

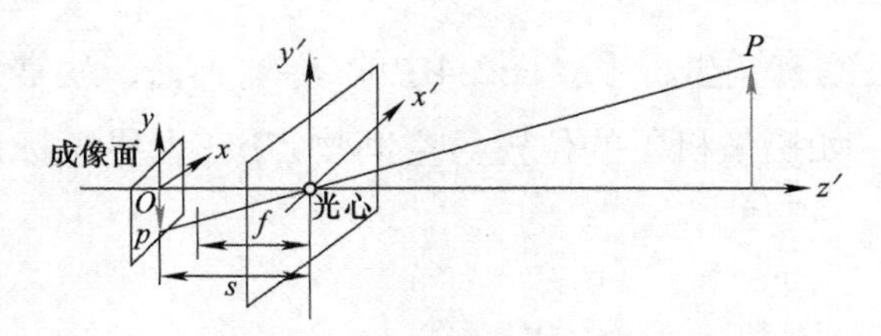

图2-2　针孔成像模型

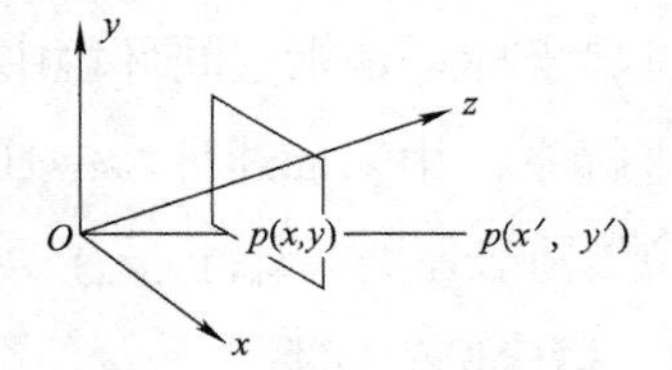

图2-3　小孔成像原理

实际应用中通常对上述针孔成像模型进行反演，如针对图2-2所示，首先将成像面坐标系O-xyz设置为参考坐标系，保持不动；再将成像面沿着光轴向右移动s距离，直到与光心重合，此时基于O-xyz坐标系，物体$p(x', y')$在成像面所成图像的坐标为$p(x, y)$这样所构建的成像模型称为小孔透视模型（见图2-3）。根据小孔透视模型，由投影的几何关系就可以建立空间中任何物体在相机中的成像位置的数学模型。对于眼睛、摄像机或其他许多成像设备而言，小孔透视模型是最基本的模型，也是一种最常用的理想模型，其物理上相当于薄透镜，其成像关系是线性的。针孔模型不考虑透镜的畸变，在大多数场合，这种模型可以满足精度要求。

2.1.2　坐标系及其变换

摄像机成像模型通过一系列坐标系来描述在空间中的点与该点在像平面上的投影之间的相互关系，其几何关系如图2-4所示。其中点O_c称为摄像机的光心。摄像机成像过程中所用到的坐标系有世界坐标系、摄像机坐标系、图像坐标系和像素坐标系。

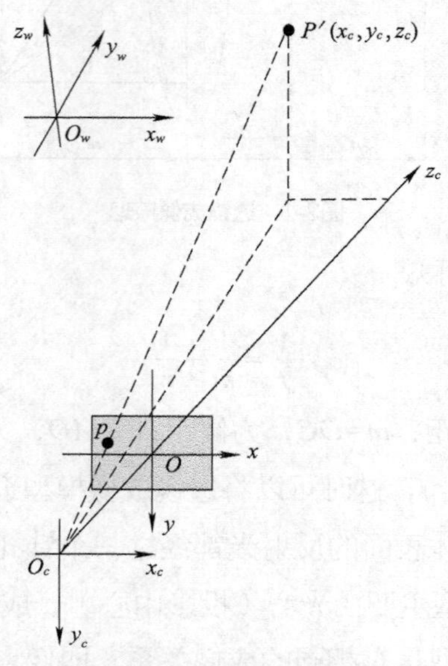

图2-4　摄像机成像模型

1. 世界坐标系

世界坐标系是指空间环境中的一个三维直角坐标系，图2-4中的O_w-$x_w y_w z_w$，通常为基准坐标系，用来描述环境中任何物体（如摄像机）的位置。空间物点p在世界坐标系中的位置可表示为（x_w, y_w, z_w）。

2. 摄像机坐标系

摄像机坐标系是以透镜光学原理为基础，其坐标系原点为摄像机的光心，轴为摄像机光轴，图2-4中的空间直角坐标系O_c-$x_c y_c z_c$，其中z_c轴与光轴重合。空间物点p'在摄像机坐标系中的三维坐标为（x_c, y_c, z_c）。

3. 图像坐标系

图像坐标系是建立在摄像机位于光敏成像面上，原点位于在摄像机光轴上的二维坐标系，如图2-4所示的O-xy。图像坐标系的x、y轴分别平行于摄像机坐标系的x_c、y_c轴，原点O是光轴与图像平面的交点。空间物点p'（x_c, y_c, z_c）在图像平面的投影为点p，点p在图像坐标系中的位置可表示为$p(x, y)$。

4. 像素坐标系

像素坐标系是一种逻辑坐标系，存在于摄像机内存中，并以矩阵的形式进行存储，原点位于图像的左上角，图2-5所示的O_0-uv的平面直角坐标系。在获知摄像机单位像元尺寸的情况下，图像坐标系可以与像素坐标系进行数据转换。像素坐标系的u、v轴分别平行于图像坐标系的x、y轴，空间物点p在图像平面的投影点O的像素坐标可表示为（u_0，v_0）。

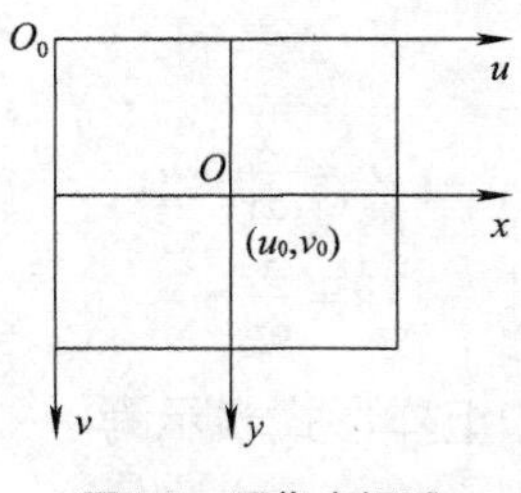

图2-5　图像坐标系

将三维空间中的物点投影到图像平面上，再由计算机储存，其中有以下几种变换过程。

（1）世界坐标系到摄像机坐标系的变换

空间中某一点p在世界坐标系与摄像机坐标系下的齐次坐标分别表示为$x_w=(x_w,y_w,z_w,1)^{\mathrm{T}}$与$x_c=(x_c,y_c,z_c,1)^{\mathrm{T}}$，由于摄像机坐标系与世界坐标系之间的关系可以用旋转矩阵$\boldsymbol{R}$与平移向量t来描述，于是存在以下关系。

$$\begin{bmatrix} x_c \\ y_c \\ z_c \\ 1 \end{bmatrix} = \begin{bmatrix} \boldsymbol{R} & \boldsymbol{t} \\ \boldsymbol{0}^{\mathrm{T}} & 1 \end{bmatrix} \begin{bmatrix} x_w \\ y_w \\ z_w \\ 1 \end{bmatrix} = \boldsymbol{M}_2 \begin{bmatrix} x_w \\ y_w \\ z_w \\ 1 \end{bmatrix} \tag{2-2}$$

其中，$\boldsymbol{R}$为3×3的正交单位矩阵，$\boldsymbol{t}$为三维平移向量，$\boldsymbol{0}^{\mathrm{T}}=(0,0,0)^{\mathrm{T}}$，$\boldsymbol{M}_2$为$4\times4$的矩阵。

（2）摄像机坐标系到图像坐标系的变换

由几何关系可知，在针孔成像模型中，摄像机坐标系下空间一点$p(x_c,y_c,z_c)$与该点在图像平面的投影点$p(x,y)$，存在以下比例关系。

$$\begin{cases} x = \dfrac{fx_c}{z_c} \\ y = \dfrac{fy_c}{z_c} \end{cases} \tag{2-3}$$

其中，f为$x_c\,y_c$平面与图像平面的距离，一般称为摄像机的焦距。用齐次坐标和矩阵表示上述透视投影关系。

$$s\begin{bmatrix} x \\ y \\ 1 \end{bmatrix} = \begin{bmatrix} f & 0 & 0 & 0 \\ 0 & f & 0 & 0 \\ 0 & 0 & 1 & 0 \end{bmatrix} \begin{bmatrix} x_c \\ y_c \\ z_c \\ 1 \end{bmatrix} = \boldsymbol{p} \begin{bmatrix} x_c \\ y_c \\ z_c \\ 1 \end{bmatrix} \tag{2-4}$$

其中，s为比例因子，$\boldsymbol{p}$为透视投影矩阵。

（3）图像坐标系到像素坐标系的变换

假设图像坐标系的原点O在像素坐标系中的坐标为(u_0,v_0)，每一个像素在x轴与y轴方向上的物理尺寸为dx、dy，则图像中任意一个像素在两个坐标系下的坐标存在以下关系。

$$\begin{cases} u=\dfrac{x}{\mathrm{d}x}+u_0 \\ v=\dfrac{y}{\mathrm{d}y}+v_0 \end{cases} \tag{2-5}$$

为了使用方便，用齐次坐标和矩阵形式表示为

$$\begin{bmatrix} u \\ v \\ 1 \end{bmatrix}=\begin{bmatrix} \dfrac{1}{\mathrm{d}x} & 0 & u_0 \\ 0 & \dfrac{1}{\mathrm{d}y} & v_0 \\ 0 & 0 & 1 \end{bmatrix}\begin{bmatrix} x \\ y \\ 1 \end{bmatrix} \tag{2-6}$$

（4）像素坐标系到世界坐标系的变换

最后，得到以世界坐标系表示的点p坐标与其投影点p'的坐标(u,v)的关系如下。

$$\begin{aligned} s\begin{bmatrix} u \\ v \\ 1 \end{bmatrix} &= \begin{bmatrix} \dfrac{1}{\mathrm{d}x} & 0 & u_0 \\ 0 & \dfrac{1}{\mathrm{d}y} & v_0 \\ 0 & 0 & 1 \end{bmatrix}\begin{bmatrix} f & 0 & 0 & 0 \\ 0 & f & 0 & 0 \\ 0 & 0 & 1 & 0 \end{bmatrix}\begin{bmatrix} \boldsymbol{R} & \boldsymbol{t} \\ \boldsymbol{0}^{\mathrm{T}} & 1 \end{bmatrix}\begin{bmatrix} x_w \\ y_w \\ z_w \\ 1 \end{bmatrix} \\ &= \begin{bmatrix} \alpha_x & 0 & u_0 & 0 \\ 0 & \alpha_y & v_0 & 0 \\ 0 & 0 & 1 & 0 \end{bmatrix}\begin{bmatrix} \boldsymbol{R} & \boldsymbol{t} \\ \boldsymbol{0}^{\mathrm{T}} & 1 \end{bmatrix}\begin{bmatrix} x_w \\ y_w \\ z_w \\ 1 \end{bmatrix}=\boldsymbol{M}_1\boldsymbol{M}_2\begin{bmatrix} x_w \\ y_w \\ z_w \\ 1 \end{bmatrix}=\boldsymbol{M}\begin{bmatrix} x_w \\ y_w \\ z_w \\ 1 \end{bmatrix} \end{aligned} \tag{2-7}$$

其中，$\alpha_x=f/\mathrm{d}x$为u方向上的尺度因子，或称为u轴上归一化焦距；$\alpha_y=f/\mathrm{d}y$为v轴上尺度因子，或称为v轴上归一化焦距；$\boldsymbol{M}$为3×3矩阵，称为投影矩阵，$\boldsymbol{M}_1$由α_x、α_y、u_0、v_0决定，由于α_x、α_y、u_0、v_0只与摄像机内部参数有关，称这些参数为摄像机内部参数，$\boldsymbol{M}_2$由摄像机相对于世界坐标系的方位决定，称为摄像机外部参数。确定某一摄像机的内外部参数，称为摄像机定标。

2.1.3　畸变模型

在计算机视觉的研究和应用中，将三维空间场景通过透视变换转换成二维图像，所使用的仪器或设备都为由多片透镜组成的光学镜头，如胶片相机、数码相机、摄像机

等。他们都有着相同的成像模型，即小孔模型，由于摄像机制造和工艺的原因，如入射光线在通过各个透镜时所折射的误差和CCD点阵位置误差等，摄像机的光学成像系统与理论模型之间存在差异，二维图像存在着不同程度的非线性变形，通常把这种非线性变形称为几何畸变。

镜头的几何畸变包括径向畸变、偏心畸变和薄棱镜畸变3种。径向畸变主要是由镜头形状缺陷造成的，关于摄像机镜头的主光轴对称。偏心畸变主要是由光学系统与几何中心不一致造成的，即透镜的光轴中心不能严格共线。薄棱镜畸变主要是由镜头设计、制造缺陷和加工安装误差所造成的，如镜头与摄像机面有很小的倾角等。上述3种畸变导致两种失真，其关系如图2-6所示。

在图像的各种形式的畸变中，径向畸变占据着主导地位，主要包括枕形畸变和桶形畸变，如图2-7所示。而对于切向畸变，在实际的相机成像过程中，并不明显，可以忽略。

线性投影模型忽略了镜头畸变过程，只能用于视野较狭窄的摄像机定标，当镜头畸变较明显，特别是在使用广角镜头时，在远离图像中心处会有较大的畸变，这时，线性模型就无法准确地描述成像几何关系，需要使用非线性模型的标定方法。

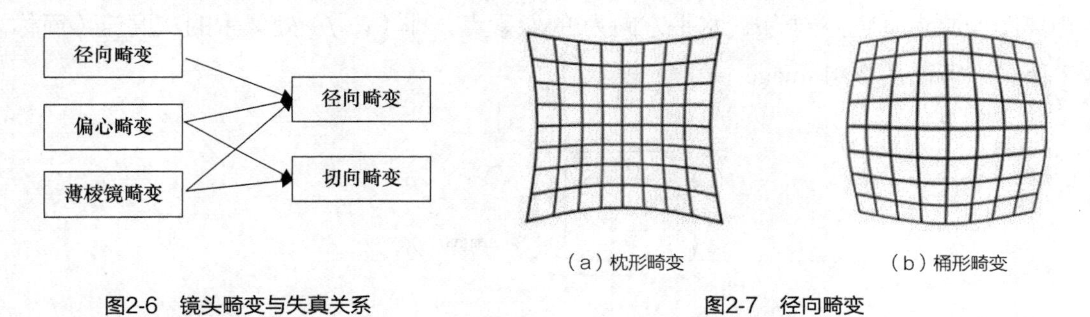

（a）枕形畸变　（b）桶形畸变

图2-6　镜头畸变与失真关系　　图2-7　径向畸变

2.2　数字图像基础

本节主要介绍数字图像基础部分，包括数字图像、颜色模型、图像格式3个模块，下面将分别详细介绍各部分内容。

2.2.1　数字图像

1. 数字图像定义

数字图像又称数码图像或数位图像，是二维图像用有限数字数值像素的表示。数字图像是由模拟图像数字化得到的，以像素为基本元素，可以用数字计算机或数字电路存储和处理的图像，如图2-8所示。

112	110	110	107	109	108	110	109	109	108	110	115
110	110	110	109	111	112	112	114	113	110	112	101
105	107	105	104	104	105	103	97	92	83	79	81
85	77	75	70	69	62	50	68	80	83	85	93
79	72	74	73	69	63	45	49	70	99	102	88
87	81	81	79	83	83	71	52	51	83	92	84
99	90	87	84	84	87	84	72	62	69	75	78
107	100	95	93	92	93	93	90	85	77	81	81
109	107	105	99	94	97	99	100	101	95	92	79
115	113	111	108	100	100	100	105	107	110	110	100
118	118	114	115	111	108	104	105	108	113	112	108

图2-8　数字图像表示

2. 像素与像素级

像素（或像元，Pixel）是数字图像的基本元素，在模拟图像数字化时对连续空间进行离散化得到。每个像素具有整数行（高）和列（宽）位置坐标，同时每个像素都具有整数灰度值或颜色值。通常把数字图像的左上角作为坐标原点，水平向右作为横坐标x的正方向，垂直向下作为纵坐标y的正方向，如图2-9所示。如果设图像数据image，那么在距离图像原点垂直方向为i、水平方向为j的像素点，即（i，j）处像素的灰度值（简称像素值），可以用数组 image（i，j）表示。

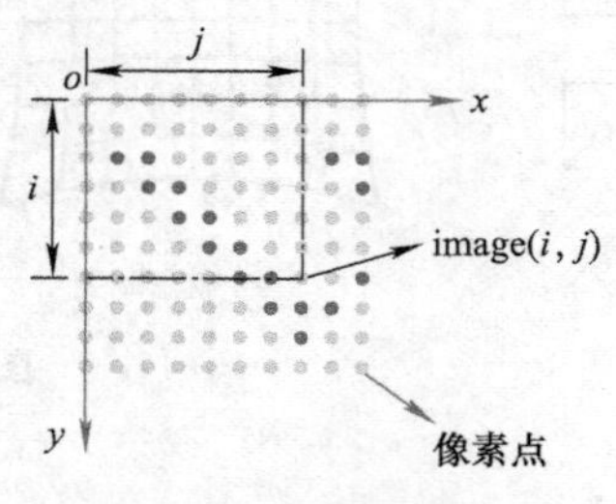

图2-9　图像像素

像素数是指一帧图像上像素的个数，像素级是指像素数字大小的范围。像素数和像素级决定了图像的清晰度，即图像质量的好坏，如图2-10所示。像素越高，单位面积内的像素点越多，清晰度越高；像素级越高，即像素值范围（量化级数）越大，图像灰度表现越丰富。在实际应用中，考虑到在计算机内操作的方便性，一般采用256级，这意味着表示像素的灰度取值在0～255之间。

（a）512×384 像素

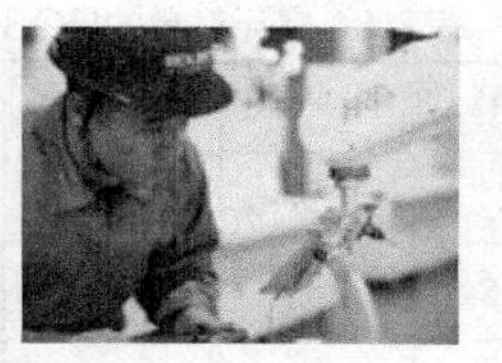

（b）256×192 像素

（c）128×96 像素

（d）64×48 像素

图2-10　不同像素数的图像

2.2.2　颜色模型

颜色模型是用一组数值来描述颜色的数学模型。在彩色图像处理中，选择合适的彩色模型很重要。从应用的角度来看，常用的彩色模型有RGB模型、HSI模型等。

1. RGB模型

RGB模型是最典型、最常用的彩色模型，又叫三基色模型，该模型面向硬件设备，如电视、摄像机和彩色扫描仪都是根据RGB模型工作的。RGB模型建立在笛卡儿坐标系统里，其中，3个坐标轴分别代表红色（R）、绿色（G）、蓝色（B），如图2-11所示。RGB模型是一个立方体，原点对应黑色，离原点最远的顶点对应白色。RGB是叠加色，是基于光叠加的，红光加绿光加蓝光等于白光，应用于显示器这样的设备。

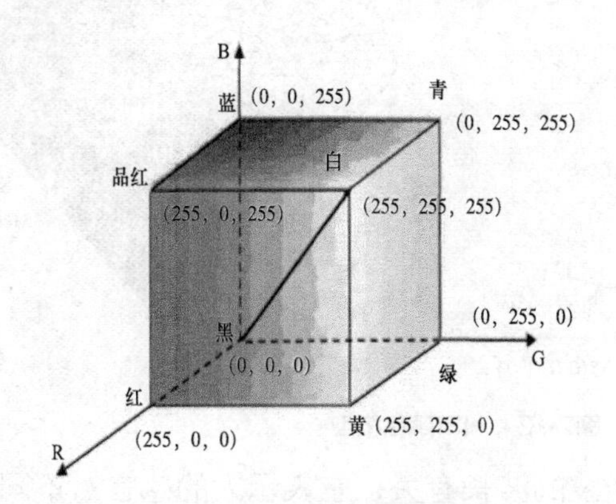

图2-11　RGB颜色模型

在计算机中，通过控制红色、绿色、蓝色3种颜色分量组合在一起形成的彩色图像，称为RGB图。每个像素点由3个数值控制颜色，分别对应红色、绿色、蓝色的分量大小。范围一般在0～255之间，0表示这个颜色分量没有，255表示这个颜色分量取到最大值。常见颜色的RGB数值，见表2-1。

表2-1 常用颜色的RGB数值

名称	颜色样式	RGB 数值			名称	颜色样式	RGB 数值		
		R	G	B			R	G	B
白色		255	255	255	黑色		0	0	0
红色		255	0	0	绿色		0	255	0
蓝色		0	0	255	青色		0	255	255
深红色		255	0	255	黄色		255	255	0
灰色		192	192	192	紫色		141	75	187

RGB颜色空间的主要缺点是不直观，从R、G、B的值中很难知道该值所代表颜色的认知属性，因此RGB颜色空间不符合人对颜色的感知心理。另外，RGB颜色空间是最不均匀的颜色空间之一，两种颜色之间的差异不能采用该颜色空间中两个颜色点之间的距离表示。

2. HSI模型

HSI模型与人类颜色视觉感知比较接近，由色调、饱和度和亮度值组成。H代表色调，S代表饱和度，I代表亮度值。HSI模型的坐标系统可以是圆柱坐标系统，但一般用六棱锥来表示，如图2-12所示。

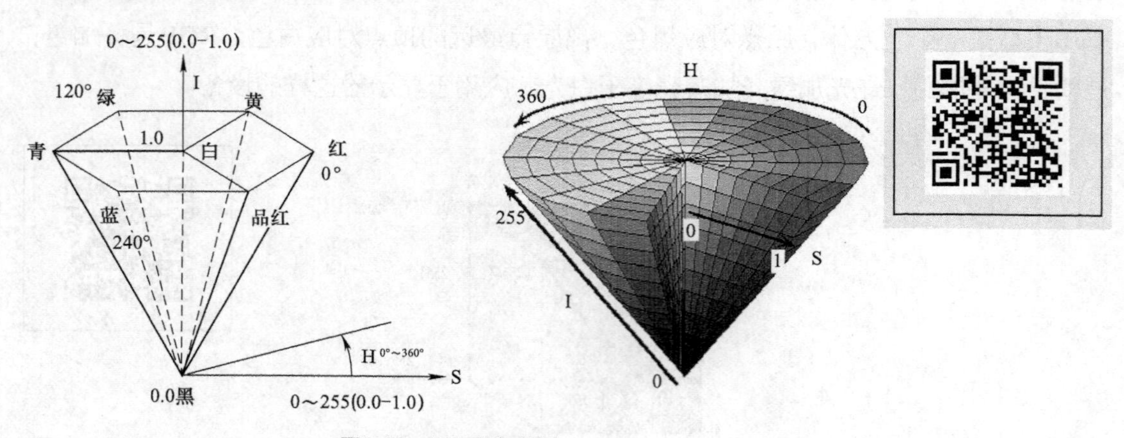

图2-12 HSI颜色模型

色调（Hue，H）与光波的波长有关，它表示人的感官对不同颜色的感受，如暖色、冷色等，它也可表示一定范围的颜色，如红色、绿色、蓝色等。H的值对应指向该点的矢量与R轴的夹角，取值范围为0°～360°，从红色开始按逆时针方向计算，红色为0°，绿色为120°，蓝色为240°。它们的补色是：黄色为60°、青色为180°、品红为300°，如图2-13（a）所示。参见办公软件Word中色调模板，如图2-13（b）所示。

饱和度（Saturation，S）表示颜色的纯度，纯光谱色是完全饱和的，加入白光后会稀释饱和度。饱和度越大，颜色看起来越鲜艳，反之亦然。三角形中心的饱和度最小，越靠外饱和度越大。

亮度（Intensity，I）对应成像亮度和图像灰度，是颜色的明亮程度。模型中间截面向上变白（亮），向下变黑（暗）。

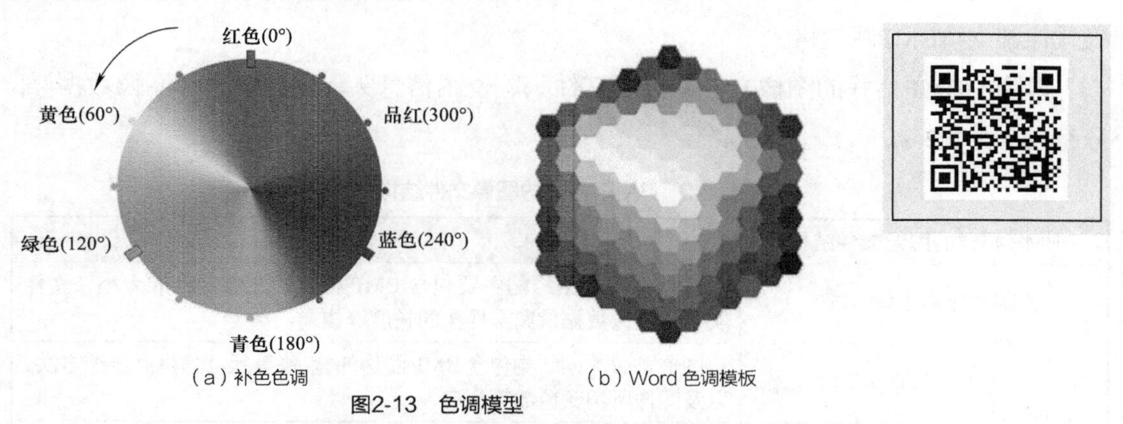

（a）补色色调　　　　（b）Word 色调模板

图2-13　色调模型

RGB模型和HSI模型抽出各分量值所得结果图片如图2-14、图2-15所示。

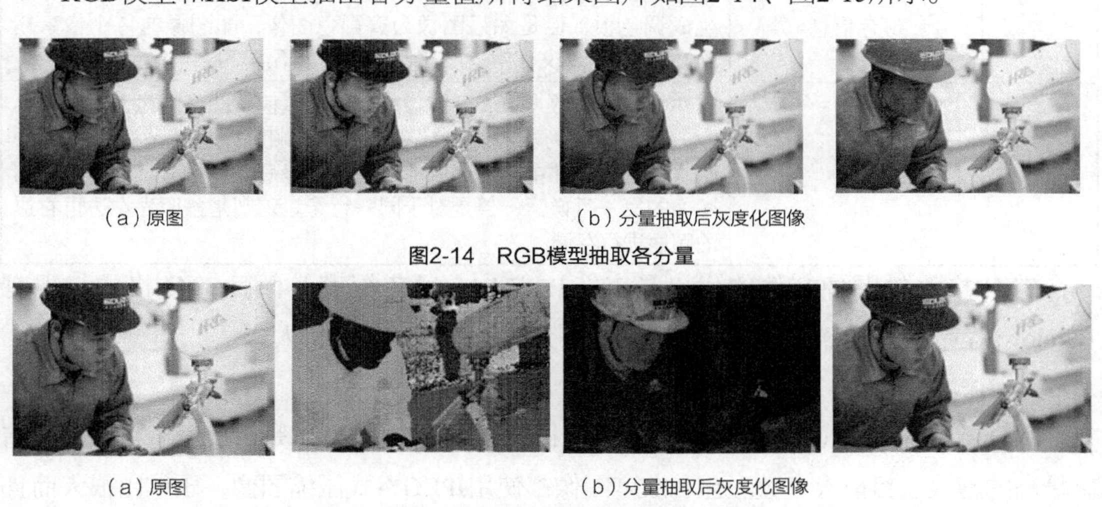

（a）原图　　　　（b）分量抽取后灰度化图像

图2-14　RGB模型抽取各分量

（a）原图　　　　（b）分量抽取后灰度化图像

图2-15　HSI模型抽取各分量

2.2.3　图像格式

在计算机中，数据都是以文件的形式存储在存储器中，图像数据也不例外。图像文件就是以数字形式存储起来的图像。为了便于读写，图像数据一般以一定的格式和规律进行存储。常见的存储格式有BMP、JPEG、PNG、TIFF、GIF等。

1. BMP格式

BMP是一种与硬件设备无关的图像文件格式，使用非常广泛。它采用位映射存储格式，除了图像深度可选以外，不采用其他任何压缩，因此，BMP格式的图像文件所占用的空间很大。BMP格式的图像文件深度可选1 bit、4 bit、8 bit及24 bit，支持RGB、索引颜色、灰度和位图色模式。BMP格式的图像文件存储数据时，图像按从左到右、从下到上的顺序进行扫描。

BMP是Windows环境中的标准图像文件格式，因此在Windows环境中运行的图形图像软件都支持BMP图像格式。

典型的BMP格式的图像文件由位图文件头、位图信息头、颜色信息和图像数据4部分组成，见表2-2。

表 2-2　BMP 格式的图像文件结构

BMP 格式的图像文件结构		说明
位图文件头（14 字节）		位图文件头数据结构主要包含 BMP 格式的图像文件的大小、文件类型、图像数据偏离文件头的长度等信息
位图信息	位图信息头（40 字节）	位图信息头数据结构包含 BMP 图像的宽、高等尺寸信息和压缩方法，以及图像所用颜色数等信息
	颜色信息	颜色信息包含图像所用到的颜色表，显示图像时需用到颜色表来生成调色板，但是如果图像为真彩色图像，即图像的每个像素用 24 bit 来表示，文件中就没有该信息，也不需要操作调色板
图像数据		文件中的图像数据块表示图像相应的像素值，图像的像素值在文件中的存放顺序为从左到右、从下到上的顺序，也就是说，在 BMP 格式的图像文件中首先存放的是图像的最后一行像素，最后才存储图像的第一行像素，但是对于同一行像素，则是按照先左边再右边的顺序进行存储

BMP格式的图像文件的优点是支持1～24 bit颜色深度，而且BMP格式与现有Windows程序广泛兼容，缺点是BMP格式不支持压缩，文件非常大。

2. JPEG格式

联合图片专家组（Joint Photographic Experts Group，JPEG）是目前所有格式中压缩率最高的格式。目前大多数彩色和灰度图像都使用JPEG格式压缩图像，压缩比很大而且支持多种压缩级别的格式。在网络HTML文档中，JPEG用于显示图片和其他连续色调的图像文档。JPEG格式保留RGB图像中的所有颜色信息，通过选择性地去除冗余的图像和彩色数据来压缩文件，能够用最少的磁盘空间取得较好的图像质量。JPEG是数码相机等广泛采用的图像压缩格式，文件后缀为jpeg、jpg。

JPEG格式图像的特点，见表2-3。

表 2-3　JPEG 格式图像特点

	优点	缺点
JPEG 格式	①摄影作品或写实作品支持高级压缩； ②利用可变的压缩比可以控制文件大小； ③ JPEG 格式广泛支持 Internet 标准	①有损耗压缩会使原始图片数据质量下降； ② JPEG 格式不适用于所含颜色很少、具有大块颜色相近的区域或亮度差异十分明显的较简单的图片

JPEG是一种有损压缩格式，能够将图像压缩在很小的存储空间，图像中重复或不重要的资料会丢失，因此容易造成图像数据的损伤。尤其是使用过高的压缩比例，将使最终解压缩后恢复的图像质量明显降低，如果追求高品质图像，不宜采用过高压缩比例。JPEG是一种很灵活的格式，具有调节图像质量的功能，允许用不同的压缩比例对文件进行压缩，支持多种压缩级别，压缩比率通常为10：1～40：1，压缩比越大，品质就越低；相反地，压缩比越小，品质就越高。JPEG格式压缩的主要是高频信息，对色彩的信息保留较好，适合应用于互联网，可减少图像的传输时间，可以支持24 bit真彩色，也普遍应用于需要连续色调的图像。JPEG格式的应用非常广泛，特别是在网络和光盘读物上，都能找到它的身影。各类浏览器均支持JPEG格式，因为JPEG格式的文件尺寸较小，下载速度快。

3. PNG格式

PNG（Portable Network Graphics）格式是一种流式网络位图文件存储格式。其目的是取代GIF和TIFF格式，同时增加一些GIF格式所不具备的特性。该格式使用无损压缩来减少图片的大小，同时保留图片中的透明区域，因此文件也略大。

PNG格式适用于任何类型的图片，用来存储灰度图像时，灰度图像的深度可多到16位，存储彩色图像时，彩色图像的深度可多到48位，并且还可存储多到16位的Alpha通道数据。

PNG图像的特点，见表2-4。

表2-4　PNG格式特点

序号	特点	说明
1	图像不失真	PNG 是目前保证最不失真的格式，它汲取了 GIF 格式和 JPEG 格式的优点，存储形式丰富，兼有 GIF 格式和 JPG 格式的色彩模式
2	压缩率高	能把图像文件压缩到极限以利于网络传输，且能保留所有与图像品质有关的信息； PNG 格式是采用无损压缩方式来减少文件的大小，这一点与牺牲图像品质以换取高压缩率的 JPG 格式有所不同
3	显示速度快	只需下载 1/64 的图像信息就可以显示出低分辨率的预览图像
4	支持透明图像制作	在制作网页图像的时，可以把图像背景设为透明，用网页本身的颜色信息来代替设为透明的色彩，这样可使图像和网页背景很和谐地融合在一起
5	不支持动画应用	不支持动画应用效果，如果在这方面能有所加强，将可以完全替代 GIF 格式和 JPEG 格式了

4. TIFF格式

标记图像文件格式（Taglmage File Format，TIFF）用于在应用程序之间和计算机平台之间交换文件。TIFF是一种灵活的图像格式，被所有绘画、图像编辑和页面排版应用程序支持。几乎所有的桌面扫描仪都可以生成TIFF图像，其属于一种数据不失真的压缩文件格式，文件后缀为tiff、tif。

5. GIF格式

图像交换格式（Graphic Interchange Format，GIF）是一种压缩格式，用来最小化文件大小和减少电子传递时间。在网络HTML（超文本标记语言）文档中，GIF文件普遍用于现实索引颜色和图像，也支持灰度模式，文件后缀为gif。

2.3 图像处理基础

本节主要介绍数字图像处理的一些基本概念。主要讲灰度处理的常用方法、图像锐化的主要表现及功能作用、图像二值化的常用方法及功能作用。

2.3.1 灰度处理

灰度是指只含亮度信息，不含色彩信息的图像。黑白照片就是灰度图像，特点是亮度由暗到明，变化是连续的。灰度图像与彩色图像一样均反映了整幅图像的整体与局部的色度和亮度等级的分布和特征。

将彩色图像转化为灰度图像的过程称为图像灰度化。彩色图像中的像素值由R、G、B 3个分量决定，每个分量都有0~255（256种）选择，这样一个像素点的像素值可以有1 600多万种可能（256×256×256）的颜色的变化范围。而灰度图像是R、G、B 3个分量相同的一种特殊的彩色图像，其一个像素点的变化范围为256种。因此，在数字图像处理中一般先将各种格式的图像转变成灰度图像，以便后续处理，降低计算量。

灰度化原理是首先通过灰度值计算方法求出每一个像素点的灰度值Gray，用Gray来表示像素点的灰度值，然后将原来的RGB（R,G,B）中的R、G、B统一用Gray替换，形成新的颜色RGB（Gray,Gray,Gray），最后用它替换原来的RGB(R,G,B)就是灰度图像了。

灰度值Gray的计算可用以下4种方法实现。

1. 分量法

将彩色图像中的3个分量的亮度作为3个灰度图像的灰度值，可根据应用需要选取一种灰度图像。

$$Gray=R或Gray=G或Gray=B$$

例如，彩色图像中某一像素点的RGB值为（220,128,97），则

①选取红色分量生成灰度图像，则该像素点的灰度值Gray=220。

②选取绿色分量生成灰度图像，则该像素点的灰度值Gray=128。

③选取蓝色分量生成灰度图像，则该像素点的灰度值Gray=97。

最后将该像素点的R、G、B值设置为（Gray, Gray, Gray），即得到灰度图像。

图2-16所示为分量法灰度化处理的效果。

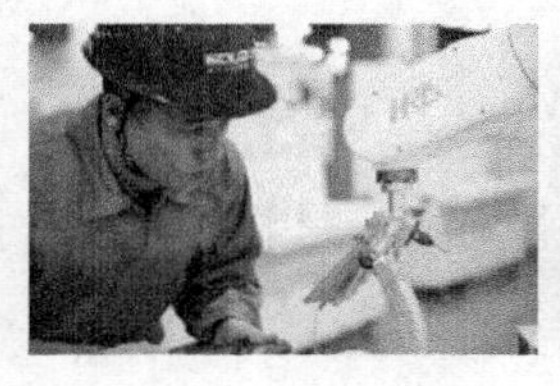

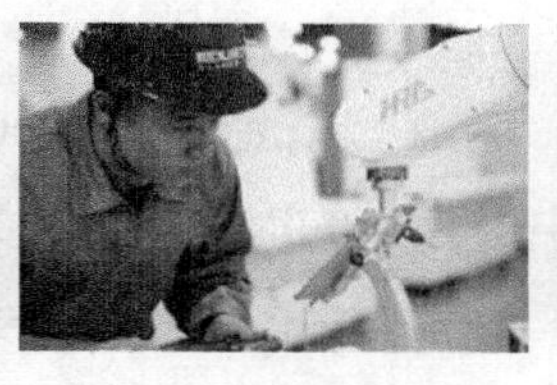

（a）原图　　（b）分量抽取后灰度化图像

图2-16　图像灰度化（分量法）

2. 最大值法

将彩色图像中的 3 个分量亮度的最大值作为灰度图的灰度值，即使Gray等于R、G、B中最大的一个值。

$$Gray=max（R,G,B）$$

例如，彩色图像中像素点的RGB值为（220,128,97），则根据最大值法，将Gray =220作为该像素点的灰度值，然后将该像素点的R、G、B值设置为（220, 220, 220），按照上述操作步骤，对图像中所有像素进行相同操作，即得到灰度图像。

图2-17（b）所示为最大值法灰度化处理的效果。

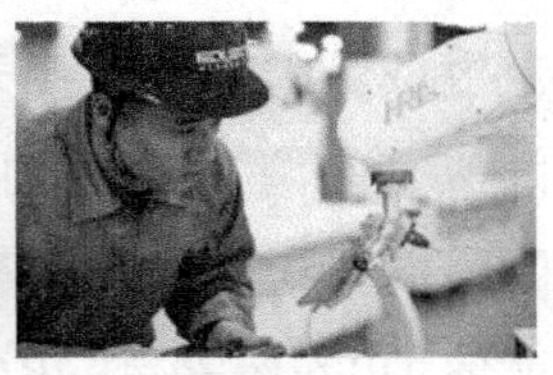

（a）原图　　（b）灰度化（最大值法）　　（c）灰度化（均值法）　　（d）灰度化（加权平均法）

图2-17　图像灰度化

3. 均值法

将彩色图像中的3个分量亮度求平均得到灰度图像的灰度值，求出每个像素点的R、G、B 3个分量的平均值，然后将这个平均值赋予这个像素的3个分量。

$$Gray =（R+G+B）/3$$

例如，彩色图像中像素点的RGB值为（220,128,97），则均值法是将

$$Gray=（220+128+97）/3\approx148$$

作为该像素点灰度值，按照上述操作步骤，计算图像中所有像素的灰度值，然后将每一个像素点的R、G、B值设置为（Gray, Gray, Gray），即得到灰度图像。

图2-17（c）所示为均值法灰度化处理的效果。

4. 加权平均法

根据重要性及其他指标，将3个分量以不同的权值进行加权平均。人眼对绿色的敏感最高，对蓝色敏感最低，因此，按式（2-8）对RGB 3个分量进行加权平均能得到较合理的灰度图像。

$$\text{Gray}=0.30\text{R}+0.59\text{G}+0.11\text{B} \tag{2-8}$$

例如，彩色图像中像素点的RGB值为（220,128,97），则加权平均法，是将

$$\text{Gray}=0.30\times 220+0.59\times 128+0.11\times 97\approx 152$$

作为该像素点的灰度值。按照上述操作步骤，计算图像中所有像素的灰度值，然后将每一个像素点的R、G、B值设置为（Gray, Gray, Gray），即得到灰度图像。

图2-17（d）所示为加权平均法灰度化处理的效果。

2.3.2 图像二值化

在进行了灰度化处理之后，图像中每个像素的R、G、B为同一个值，即像素的灰度值，它的大小决定了像素的亮暗程度。为了更加便利地开展后面图像处理操作，还需要对已经得到的灰度图像做一个二值化处理。

二值化就是让图像的像素点矩阵中的每个像素点的灰度值为0（黑色）或者255（白色），让整个图像呈现只有黑和白的效果。同图像的灰度化方法相似，图像二值化是通过选取合适的阈值，阈值就是临界值，实际上是基于图片亮度的一个黑白分界值。将灰度或彩色图像转化为高对比度的黑白图像时，可以指定某个色阶作为阈值，所有比阈值亮的像素转换为白色，而所有比阈值暗的像素转换为黑色。阈值处理对确定图像的最亮和最暗区域很有用。进而求出每一个像素点的灰度值（0或者255），然后将灰度值为0的像素点的RGB设为（0,0,0），即黑色，将灰度值为255的像素点的RGB设为（255,255,255），即白色，最后得到二值图像。

在数字图像处理中，图像的二值化有利于图像的进一步处理，使图像变得简单，而且数据量减小，能凸显出感兴趣的目标轮廓。和灰度化相似的，图像的二值化也有很多成熟的算法。它可以采用全局阈值法，也可以采用自适应阈值法。

1. 全局阈值法

图像全局阈值化基本原理是设定某一阈值T（$0\leqslant T\leqslant 255$）将图像分成两部分，大于$T$的像素点的灰度值置为255，小于$T$的像素点的灰度值置为0。

例如，设原图像的像素点的灰度值为Gray，则其RGB为（Gray,Gray,Gray），故二值化操作可表示为

$$(\text{R},\text{G},\text{B})=\begin{cases}(0,0,0),\text{Gray}<T\\(255,255,255),\text{Gray}\geqslant T\end{cases} \tag{2-9}$$

图像全局阈值化是一种传统的最常用的图像二值化方法，因其实现简单，计算量小，运算效率较高，性能稳定而成为最基本和应用最广泛的图像二值化技术。它特别适合用于目标和背景占据不同灰度级范围的图像。难点在于如何选择一个合适的阈值实现较好的分割，通常情况下，将阈值设置为128，然后根据二值图像处理效果再进行调整。全局阈值化的效果，如图2-18所示。

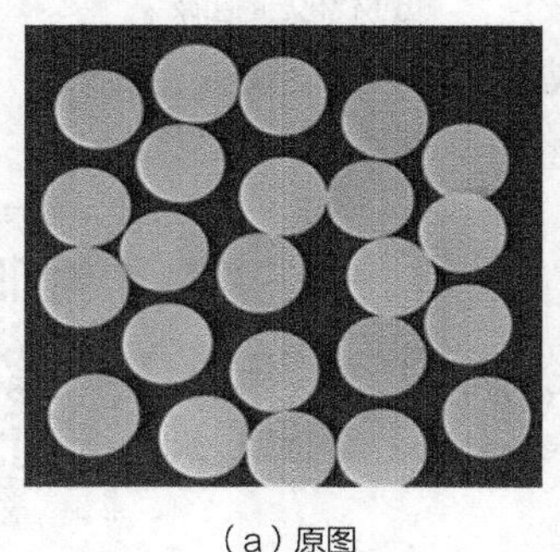

（a）原图

（b）全局阈值化（T=128）

图2-18　图像二值化效果

2. **自适应阈值法**

自适应阈值法是在局部二值化的基础之上，将阈值的设定更加合理化。该方法的阈值是通过对该窗口像素的平均值E，像素之间的差平方P，像素之间的均方根值Q等各种局部特征，设定一个参数方程进行阈值的计算，例如：$T=a\times E+b\times P+c\times Q$，其中，$a$，$b$，$c$是自由参数。这样得出来的二值化图像就更能表现出二值化图像中的细节。

2.3.3　图像锐化

由于噪声、光照等外界环境或设备本身的原因，图像在生成、获取与传输的过程中，往往会发生质量的降低，主要表现在3个方面。

①由于信号减弱引起图像对比度局部或者全部降低。

②由于噪声问题造成图像的干扰或破坏。

③由于成像软件条件的欠缺引起图像清晰度下降。

在对图像进行边缘检测、图像分割等操作之前，一般都需要对原始数字图像进行增强处理。一方面是改善图像的视觉效果，另一方面也能提高边缘检测或图像分割的质量，突出图像的特征，便于计算机更有效地对图像进行识别和分析。

图像锐化技术不考虑图像质量下降的原因，只将图像中的边界、轮廓有选择地突出，突出图像中的重要细节，改善视觉质量，提高图像的可视度。

锐化的作用是使灰度反差增强，因为边缘和轮廓都位于灰度突变的地方。图像的锐化和边缘检测很像，首先找到边缘，然后把边缘加到原来的图像上，这样就强化了图像的边缘，使图像看起来更加锐利了，如图2-19所示。

（a）原图

（b）锐化后的图像

图2-19　图像锐化效果

2.4　图像处理常用算法

本节主要介绍图像处理常用算法，包括图像分割、边缘检测、特征提取、模板匹配4个常用算法。

2.4.1　图像分割

图像分割是指根据灰度、颜色、纹理和形状等特征把图像划分成若干互不重叠的区域，并使这些特征在同一区域内呈现出相似性，而在不同区域间呈现出明显的差异性。图像分割是图像处理到图像分析的关键步骤。现有的图像分割方法主要分以下几类：基于阈值的分割方法、基于边缘的分割方法和基于区域的分割方法等。

1. 基于阈值的分割方法

阈值法的基本思想是基于图像的灰度特征来计算一个或多个灰度阈值，并将图像中每个像素的灰度值与阈值相比较，最后将像素根据比较结果分到合适的类别中。由于是直接利用图像的灰度特性，计算方便简明、实用性强。显然，该类方法最为关键的一步是按照某个准则函数求解最佳灰度阈值。阈值分割的效果，如图2-20所示。

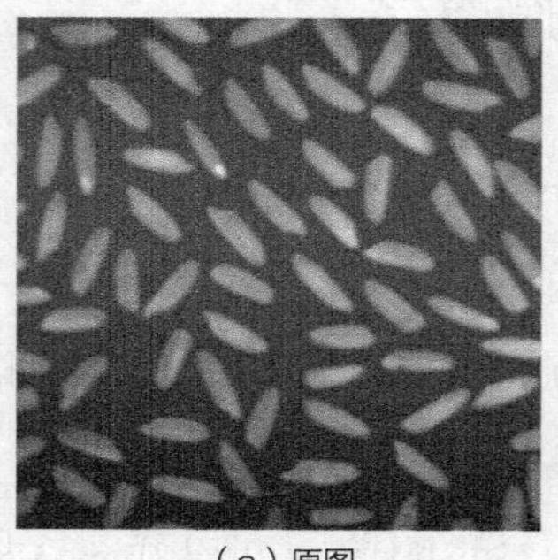

（a）原图

（b）阈值分割

图2-20　阈值分割

2. 基于边缘的分割方法

边缘是指图像中两个不同区域的边界线上连续的像素点的集合，是图像局部特征不连续性的反映，体现了灰度、颜色、纹理等图像特性的突变。因此，图像分割的另一种重要途径是边缘检测，将灰度级或者结构的突变，作为一个区域的终结和另一个区域的开始。

基于边缘的分割方法其难点在于边缘检测时抗噪性和检测精度之间的矛盾。若提高检测精度，则噪声产生的伪边缘会导致不合理的轮廓；若提高抗噪性，则会产生轮廓漏检和位置偏差。因此，人们提出各种多尺度边缘检测方法，根据实际问题设计多尺度边缘信息的结合方案，以较好地兼顾抗噪性和检测精度。边缘分割的效果，如图2-21所示。

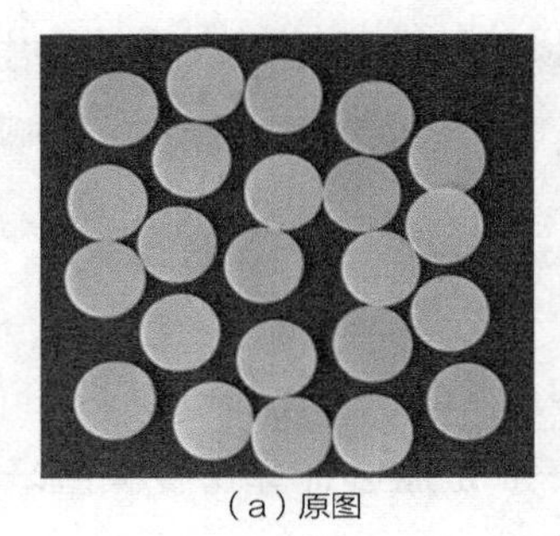
（a）原图

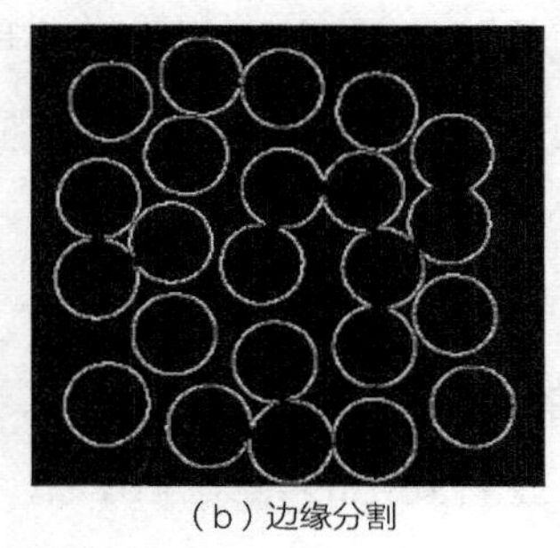
（b）边缘分割

图2-21　边缘分割

3. 基于区域的分割方法

区域分割的实质是把具有某种相似性质的像素连通，从而构成最终的分割区域。它利用了图像的局部空间信息，可有效地克服其他方法存在的图像分割空间小的缺点，主要包括种子区域生长法、区域分裂合并法和分水岭法等几种类型。

种子区域生长法是从一组代表不同生长区域的种子像素开始，接下来将种子像素邻域里符合条件的像素合并到种子像素所代表的生长区域中，并将新添加的像素作为新的种子像素继续合并过程，直到找不到符合条件的新像素为止，如图2-22所示。该方法的关键是选择合适的初始种子像素以及合理的生长准则。

（a）原图

（b）初始种子点

（c）区域生长法分割结果

图2-22　区域分割

2.4.2　边缘检测

边缘是图像上灰度变化最剧烈的地方，具有方向和幅度两个特征。沿边缘走向，像素值变化比较平缓；而垂直于边缘走向，则像素值变化比较剧烈。边缘作为图像的一种基本特征，在图像识别、图像分割、图像增强以及图像压缩等领域中应用广泛，其目的是精确定位边缘，同时更好地抑制噪声。

边缘检测的基本思想是通过检测每个像素和其邻域的状态，以决定该像素是否位于一个物体的边界上。如果一个像素位于一个物体的边界上，则其邻域像素的灰度值的变化就比较大。边缘检测算法有如下4个步骤。

1. 滤波

边缘检测算法主要是基于图像强度的一阶和二阶导数，但导数的计算对噪声很敏感，因此必须使用滤波器来改善与噪声有关的边缘检测器的性能。需要指出，大多数滤波器在降低噪声的同时也导致了边缘强度的损失，因此，增强边缘和降低噪声之间需要折中。

2. 增强

增强边缘的基础是确定图像各点邻域强度的变化值。增强算法可以将邻域（或局部）强度值有显著变化的点突显出来，边缘增强一般是通过计算梯度幅值来完成的。

3. 检测

在图像中有许多点的梯度幅值比较大，而这些点在特定的应用领域中并不都是边缘，因此应该用某种方法来确定哪些点是边缘点。最简单的边缘检测判据是梯度幅值阈值判据。

4. 定位

如果某一应用场合要求确定边缘位置，则边缘的位置可在子像素分辨率上来估计，边缘的方位也可以被估计出来。

在边缘检测算法中，前3个步骤用得十分普遍。这是因为大多数场合下，仅仅需要边缘检测器指出边缘出现在图像某一像素点的附近，而没有必要指出边缘的精确位置或方向。边缘检测误差通常是指边缘误分类误差，即把假边缘判别成边缘而保留，而把真边缘判别成假边缘而去掉。

常用的边缘检测算法有Roberts算子、Sobel算子、Prewitt算子、Laplacian算子和Canny算子等，其优缺点见表2-5，边缘检测效果，如图2-23所示。

表2-5　边缘检测算子优缺点

算子	优缺点
Roberts	对具有陡峭的低噪声的图像处理效果好，但利用Roberts算子提取的边缘比较粗，因此边缘定位不是很准确
Sobel	Sobel算子采用加权平均，距离不同的像素具有不同的权值，边缘定位比较准确，对灰度渐变和噪声较多的图像处理效果比较好

续表

算子	优缺点
Prewitt	对噪声有抑制作用，抑制噪声的原理是通过像素平均，但是像素平均相当于对图像的低通滤波，因此 Prewitt 算子对边缘的定位不如 Roberts 算子。对灰度渐变和噪声较多的图像处理效果较好
Laplacian	对图像中的阶跃性边缘点定位准确，对噪声非常敏感，丢失一部分边缘的方向信息，造成一些不连续的检测边缘
Canny	此方法不容易受噪声的干扰，能够检测到真正的弱边缘。在 edge 函数中，最有效的边缘检测方法是 Canny 方法。该方法的优点在于使用两种不同的阈值分别检测强边缘和弱边缘，并且仅当弱边缘与强边缘相连时，才将弱边缘包含在输出图像中。因此，这种方法不容易被噪声“填充”，更容易检测出真正的弱边缘

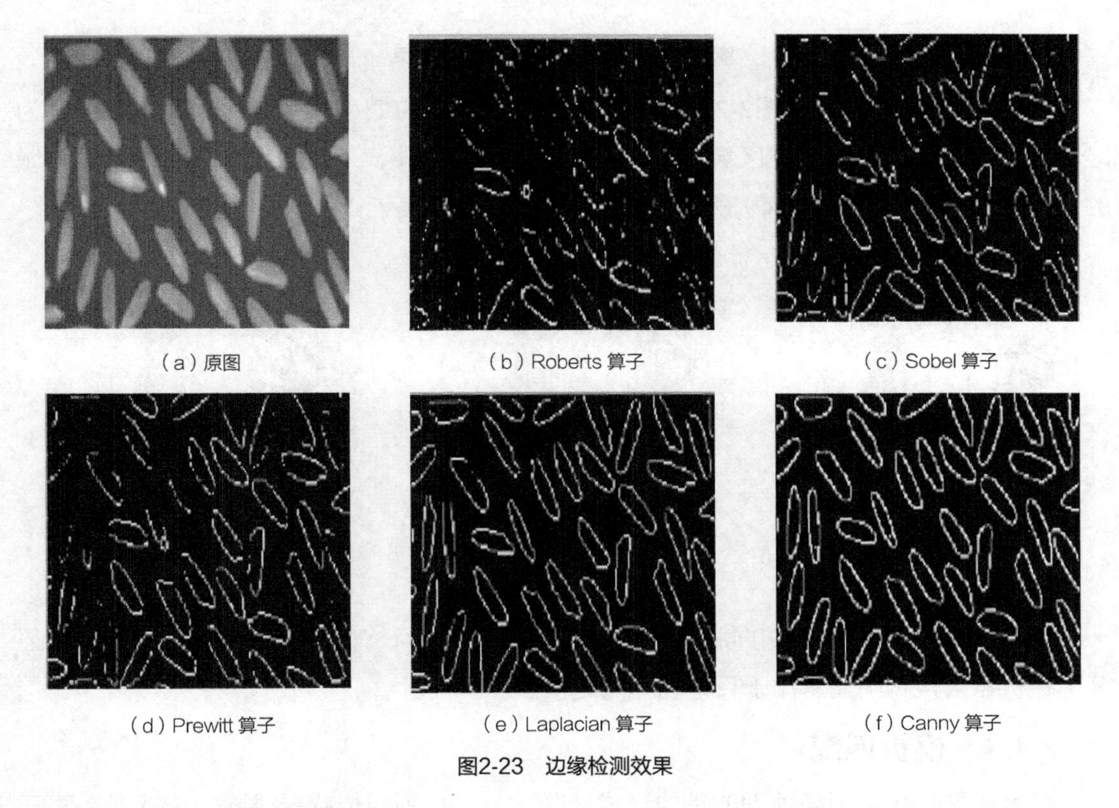

（a）原图　（b）Roberts 算子　（c）Sobel 算子

（d）Prewitt 算子　（e）Laplacian 算子　（f）Canny 算子

图2-23 边缘检测效果

2.4.3 特征提取

特征提取是机器视觉和图像处理中的一个概念，它是对图像中连续的曲线或者连续的区域进行分析，为机器视觉应用提供图像中目标物体的数量、位置、形状和方向等信息以及相关目标物体间的拓扑结构。特征提取的结果被称为特征描述或者特征向量。常见的图像特征提取与描述方法有颜色特征、纹理特征、形状特征及空间关系特征等。本书以形状特征为例，介绍特征提取典型方法。

通常情况下，形状特征有两类表示方法，一类是轮廓特征，另一类是区域特征。图像的轮廓特征主要针对物体的外边界，而图像的区域特征则关系到整个形状区域。

图像识别的一个核心问题是图像的特征提取，简单描述即为一组简单的数据来描述整个图像，良好的特征不受光线、噪点、几何形变的干扰。常用的简单区域描绘有边界周长、区域面积、致密性、区域的质心、区域的方向、灰度均值、包含区域的最小矩形、最小或最大灰度级等。

图2-24所示为提取质心及区域方向特征后的效果图。

图2-24　区域方向特征提取后的效果

图2-25（a）为原图，图2-25（b）所示为某个区域的最小外包矩形，此矩形被称为区域的边框，紧紧地围绕在区域外，但计算较复杂。另外，外接圆也能让我们定义区域的位置和尺寸，如图2-25（c）所示。

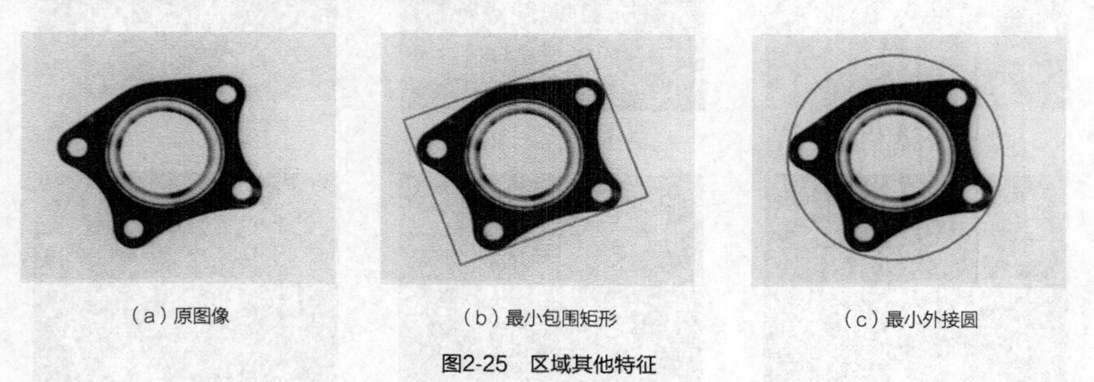

（a）原图像　（b）最小包围矩形　（c）最小外接圆

图2-25　区域其他特征

几何形状特征参数（如面积、重心、最小包围矩形、最窄包围矩形、最小外接圆等）在机器人视觉中通常用于目标物体的定位。

2.4.4　模板匹配

模板匹配是数字图像处理的重要组成部分之一。把不同传感器或同一传感器在不同时间、不同成像条件下对同一景物获取的两幅或多幅图像在空间上对准，或根据已知模式到另一幅图中寻找相应模式的处理方法称为模板匹配。

简单而言，模板即一幅已知的小图像。模板匹配就是在一幅大图像中搜寻目标，已知该图中有要找的目标，且该目标同模板有相同的尺寸、方向和图像，通过一定的算法可以在图中找到目标，确定其坐标位置。

模板匹配的情况经常发生，如在一个图像场景中定位一个特定的物体，或者是在图像序列中追踪某些特定模式。简单的模板匹配方法是：在待搜寻的图像中，移动模板图像，在每一个位置测量待搜寻图像的子图像和模板图像的像素灰度值，当所有差值为0时，我们认为这两幅图是一样的，记录其相应的位置。通常情况下，简单的比较像素之间的差值在大多数应用场合下是不太合适的。但当光照环境和相机状态恒定时，这种通过检测和比较的方法能够稳定可靠地应用。

以图2-26为例简单说明一下模板匹配效果。图2-26（a）为待搜索的图像，图2-26（b）为模板图像，模板匹配就是要在图2-26（a）中找出图2-26（b）中的五角星，匹配结果，如图2-26（c）所示。

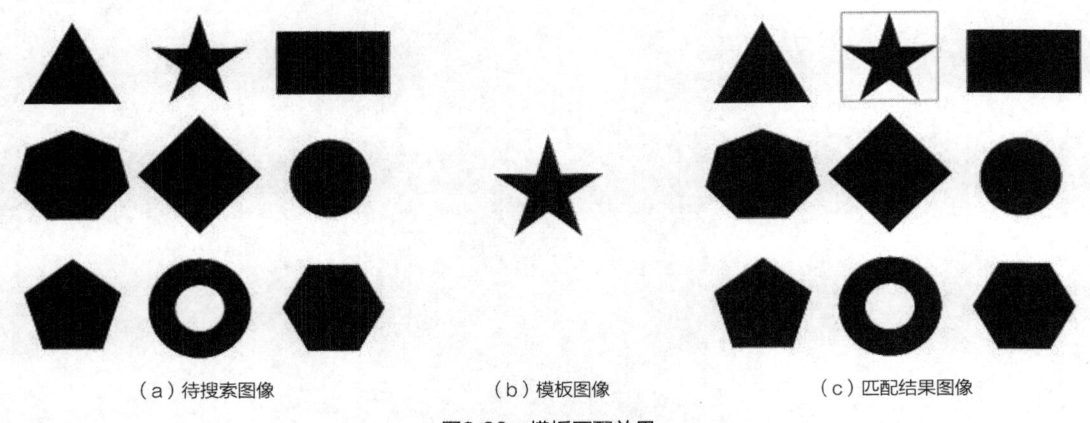

（a）待搜索图像　（b）模板图像　（c）匹配结果图像

图2-26　模板匹配效果

模板匹配实现的思想是拿着模板图像在原图中从左上至右下依次滑动，直到遇到某个区域的相似度低于设定的阈值，那么我们就认为该区域与模板匹配了，也即找到了五角形的位置，并把它标记出来。

思考题

1. 简述视觉系统成像的原理。
2. 请画出机器视觉中常用的透视成像模型。
3. 摄像机成像过程中所用到的坐标系分为哪几种？
4. 在视觉成像过程中，为什么会出现几何畸变？
5. 什么是数字图像？如何表示？
6. 机器视觉应用中，常用的颜色模型是什么？
7. 请分别列出几种常用颜色的RGB值。
8. HSI颜色模型由哪几个组成部分？

9. 常见的图像存储格式有哪些?

10. 简述图像灰度化的概念及原理。

11. 什么是图像的二值化?

12. 图像分割的方法有哪些?

13. 图像的边缘检测包括哪几个步骤?

14. 简述模板匹配的基本原理。

CHAPTER

第3章 工业机器人视觉系统

随着图像处理和模式识别技术的快速发展，机器视觉的应用也越来越广泛。为了实现柔性化生产模式，机器视觉与工业机器人的结合，已成为工业机器人应用的发展趋势。工业机器人视觉诞生于机器视觉之后，通过视觉系统使工业机器人获取环境信息，从而指导工业机器人完成一系列动作和特定行为，能够提高工业机器人的识别定位和多机协作能力，增加工业机器人工作的灵活性，为工业机器人在高柔性和高智能化生产线中的应用奠定了基础。

3.1　工业机器人视觉系统概述

工业机器人视觉系统相当于工业机器人的眼睛，本节主要介绍工业机器人视觉系统的基本组成、工作过程、相机安装3个主要内容。

3.1.1　基本组成

工业机器人视觉就是用机器人代替人眼来做测量和判断。工业机器人视觉系统在作业时，工业相机首先获取到工件当前的位置状态信息，并传输给视觉系统进行分析处理，并和工业机器人进行通信，实现工件坐标系与工业机器人的坐标系转换，调整工业机器人至最佳位置姿态，最后引导工业机器人完成作业。一个完整的工业机器人视觉系统是由众多功能模块共同组成，所有功能模块相辅相成，缺一不可。基于计算机的工业机器人视觉系统由相机与镜头、光源、传感器、图像采集卡、图像处理软件、机器人控制单元和工业机器人等部分组成，具体如图3-1所示。

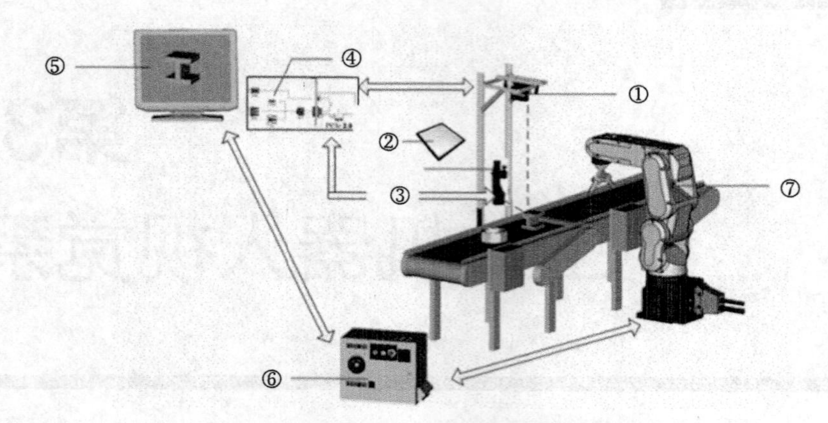

图3-1 基于计算机的工业机器人视觉系统组成

①相机与镜头——这部分属于成像器件，通常的工业机器人视觉系统都是由一套或者多套成像系统组成，如果有多路相机，可能由图像卡切换获取图像数据，也可能由同步控制同时获取多相机通道的数据。

②光源——作为辅助成像器件，对成像质量的好坏往往起到至关重要的作用，各种形状的LED灯、高频荧光灯、光纤卤素灯等类型的光源都可能用到。

③传感器——通常以光纤开关、接近开关等形式出现，用以判断被测对象的位置和状态，通知图像传感器进行正确的采集。

④图像采集卡——通常以插卡的形式安装在计算机中，图像采集卡的主要工作是把相机输出的图像输送给计算机主机。它将来自相机的模拟或数字信号转换成一定格式的图像数据流，同时可以控制相机的一些参数，如触发信号、曝光时间、快门速度等。图像采集卡通常有不同的硬件结构以针对不同类型的相机，同时也有不同的总线形式，如PCI、PC104、PCI64.Compact PCI、ISA等。

⑤图像处理软件——用来处理输入的图像数据，然后通过一定的运算得出结果，这个输出的结果可能是PASS/FAIL信号、坐标位置、字符串等。常见的图像处理软件以C/C++图像库、ActiveX控件、图形化编程环境等形式出现，可以是专用功能的（如仅仅用于LCD检测、BGA检测、模板对准等），也可以是通用目的的（包括定位、测量、条码/字符识别、斑点检测等）。通常情况，智能相机集成了图像采集卡和图像处理软件的功能。

⑥机器人控制单元（包含I/O、运动控制、电平转化单元等）—— 一旦图像处理软件完成图像分析（除非仅用于监控），紧接着需要和外部单元进行通信以完成对生产过程的控制。简单的控制可以直接利用部分图像采集卡自带的I/O，相对复杂的逻辑/运动控制则必须依靠附加可编程逻辑控制单元/运动控制卡来控制工业机器人等设备实现必要的动作。

⑦工业机器人——工业机器人作为视觉系统的主要执行单元，根据控制单元的指令及处理结果，完成对工件的定位、检测、识别、测量等操作。

3.1.2　工作过程

工业机器人视觉系统是指通过工业机器人视觉装置将被检测目标转换成图像信号，传送给专用的图像处理软件，根据像素分布和亮度、颜色等信息，转变成数字化信号；图像处理软件对这些数字化信号进行各种运算来抽取目标的特征，如面积、数量、位置、长度、颜色等，再根据预设的允许度和其他条件输出结果，包括尺寸、角度、个数、是否合格、外观、条码特征等，进而来控制现场设备的作业。

工业机器人视觉系统的工作流程，如图3-2所示。首先连接相机，确保相机已连接成功，触发相机拍照，将拍好的图像反馈给图像处理单元，图像处理单元对捕捉到的像素进行分析运算来提取目标特征，识别到被检测的物体，输出判别结果，对物体进行数据分析，输出判别结果，进而引导工业机器人对物体进行定位抓取，输出判别结果，反复循环此工作过程。

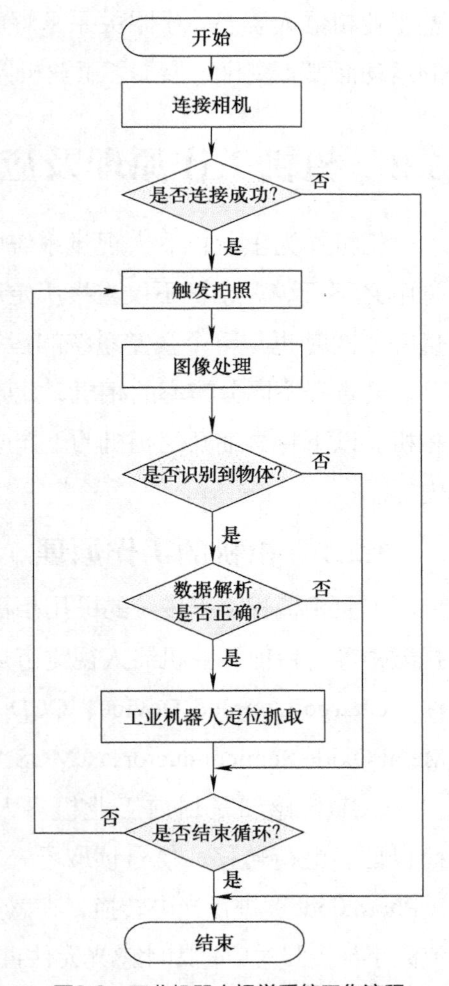

图3-2　工业机器人视觉系统工作流程

3.1.3　相机安装

在工业应用中，工业机器人视觉系统简称手眼系统（Hand-Eye System），根据工业机器人与相机之间的相对位置关系可以将工业机器人本体手眼系统分为Eye-in-Hand（EIH）系统和Eye-to-Hand（ETH）系统。

EIH系统：相机安装在工业机器人本体末端，并跟随工业机器人一起运动的视觉系统，如图3-3（a）所示。

ETH系统：相机安装在工业机器人本体之外的任意固定位置，在工业机器人工作过程中不随工业机器人一起运动，利用相机捕获的视觉信息来引导工业机器人本体动作，该视觉系统称为ETH系统，如图3-3（b）所示。

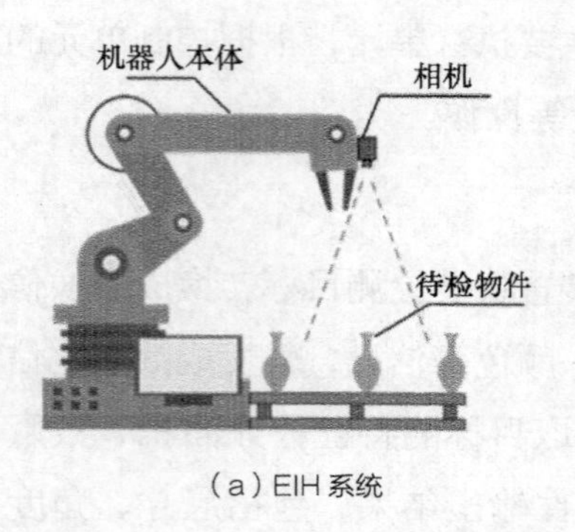

（a）EIH 系统

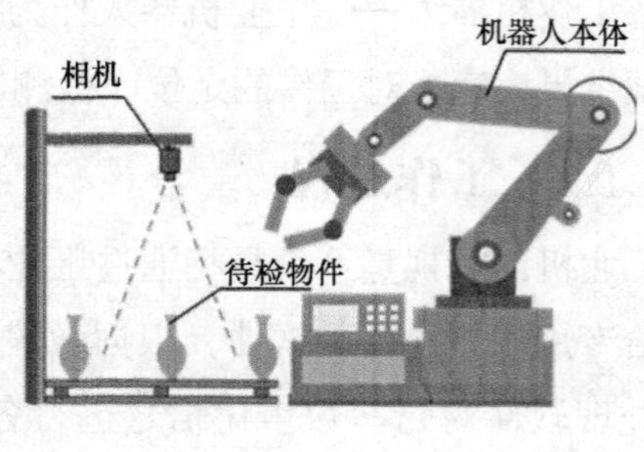

（b）ETH 系统

图3-3　机器人视觉系统安装方式

这两种视觉系统根据自身特点有着不同的应用领域。ETH系统能在小范围内实时调整工业机器人姿态，手眼关系求解简单；EIH系统的优点是相机的视场随着工业机器人的运动而发生变化，增加了工业机器人的工作范围，但其标定过程比较复杂。

3.2　相机工作原理及应用

相机作为工业机器人视觉系统中的核心部件，在工业机器人视觉中必不可少。相机不仅直接决定所采集到的图像分辨率、图像质量等，同时也与整个视觉系统的运行模式相关。针对不同的检测样品需要选择不同分辨率的相机，此时需要了解相机的特征参数，进而选择能满足需求的相机。以下将详细介绍相机的工作原理、相机的主要技术参数、相机的行业应用等主要内容。

3.2.1　相机的工作原理

工业相机相比于传统的民用相机而言，具有高的图像稳定性、高传输能力和高抗干扰能力等，目前工业机器人视觉市场上有两种用于工业相机的图像传感器：电荷耦合器件（Charge Coupled Device，CCD）传感器和互补金属氧化物半导体（Complementary Metal Oxide Semiconductor，CMOS）传感器。

CCD传感器是目前工业机器人视觉最为常用的图像传感器。它集光电转换及电荷存贮、电荷转移、信号读取于一体，是典型的固体成像器件。CCD利用感光二极管（Photodiode）进行光电转换，在感光像点接受光照之后，感光元件产生对应的电流，电流大小与光强对应，因此感光元件直接输出模拟电信号。CCD传感器中每一列中每一个像素的电荷数据都会依次传送到下一个像素中，由最底端部分输出，再经由传感器边缘的放大器进行放大输出，如图3-4所示。CCD传感器的特殊工艺可保证数据在传送时不会失真。

CMOS传感器中每一个感光元件都直接整合了放大器和模数转换逻辑，当感光二极管接受光照，产生模拟的电信号之后，电信号会先被该感光元件中的放大器放大，然后直接转换成对应的数字信号，所得数字信号经合并之后，被直接送交DSP芯片进行处理，如图3-5所示。CMOS传感器具有良好的集成性、低功耗、高速传输和宽动态范围等，在高分辨率和高速场合得到了广泛的应用。但CMOS感光元件中的放大器属于模拟器件，无法保证每个像点的放大率都保持严格一致，致使放大后的图像数据无法代表拍摄物体的原貌，体现在输出结果上，就是图像中出现大量的噪声，品质明显低于CCD传感器。

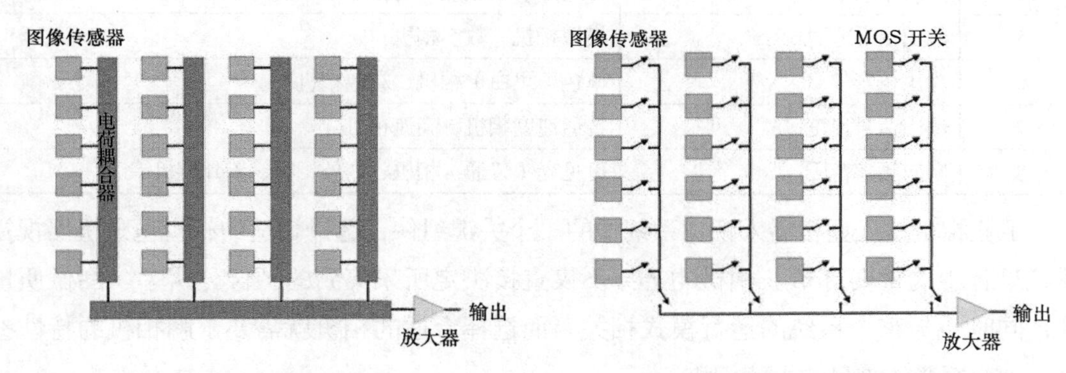

图3-4 CCD传感器工作原理　　图3-5 CMOS传感器工作原理

这两种传感器性能比较见表3-1，其主要差异在于底层技术设置。从技术发展趋势看，CMOS传感器应该是未来的方向，因为CMOS传感器近年来在面阵相机和线阵相机的两个重要参数（即图像速率和噪声等级）方面取得巨大的进步。目前行业普遍已确认CMOS技术将在未来成为主流技术。

表 3-1 CCD 传感器与 CMOS 传感器结构特点比较

性能	CCD 传感器	CMOS 传感器
成像过程	光学信号转换成电信号，再经过放大和转换，由一个输出节点统一输出	每个像素的信号放大器各自进行电荷－电压的转换，以类似 DRAM 的方式读出
集成性	低，集成在半导体单晶材料上，仅能输出模拟电信号，需要 3 组不同电压的电源同步控制电路	高，能将图像信号放大器、信号读取电路、转换电路、信号处理器及控制器等集成到一块芯片上
噪声	小，采用 PN 结或二氧化硅隔离层隔离噪声	大，各元件、电路之间很近，干扰较严重
速度	慢，采用逐个光敏输出，只能按照规定的程序输出	快，有多个电荷－电压转换器和行列开关控制
其他优点	低照度效果好、信噪比高、通透感强、色彩还原能力佳、高解析度、高灵敏度、动态范围广	功耗小、成本低
缺点	成本高、功耗大	在低照度环境和信噪处理方面存在不足

工业相机按照芯片类型、传感器结构特性、扫描方式、分辨率大小、输出信号方式、输出色彩、输出信号速度、响应频率范围等有着不同的分类方法，具体见表3-2。

表3-2　工业相机分类方式

序号	分类方式	工业相机类型
1	芯片类型	CCD 相机、CMOS 相机
2	传感器的结构特性	线阵相机、面阵相机
3	扫描方式	隔行扫描相机、逐行扫描相机
4	分辨率大小	普通分辨率相机、高分辨率相机
5	输出信号方式	模拟相机、数字相机
6	输出色彩	单色（黑白）相机、彩色相机
7	输出信号速度	普通速度相机、高速相机
8	响应频率范围	可见光（普通）相机、红外相机、紫外相机等

工业相机是工业机器人视觉系统中的一个关键组件，选择合适的相机也是机器视觉系统设计中的重要环节。相机的选择不仅直接决定所采集到的图像分辨率、图像质量等，同时也与整个系统的运行模式相关。而选择合适的相机就需要了解相机的特性参数，进而选择能满足需求的相机。

3.2.2　相机的主要技术参数

通常来说，相机的主要技术参数包含以下几种。

1. 传感器尺寸

传感器尺寸是指图像传感器感光区域的面积大小。这个尺寸直接决定了整个系统的物理放大率。如1/4英寸、1/3英寸、1/2英寸、2/3英寸、1英寸等，如图3-6所示。绝大多数模拟相机的传感器的长宽比例为4：3。

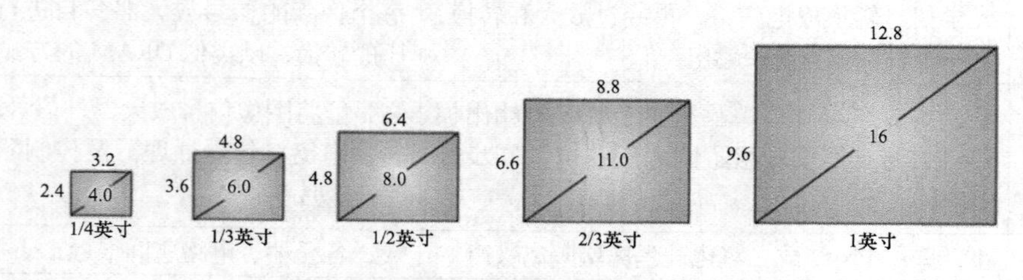

图3-6　图像传感器尺寸（单位：mm）

图像传感器尺寸一般用英寸（″ 或inch）来表示，与电视机尺寸单位统计相同，通常指的是图像传感器的对角线长度。

相机制造业通用的规范如下。

①1英寸=长×宽为12.8 mm×9.6 mm，对角线为16 mm，比例为4：3的传感器所对应的面积。

②1/2英寸传感器的对角线就是1 英寸的一半，即对角线长度为8 mm。

③1/4英寸就是1 英寸的1/4，即对角线长度为4 mm。

传感器尺寸越大，理论上可以聚集更多的感光单元，可以获得更高的像素。在像素不变的情况下，相机传感器尺寸越大，噪点控制能力越强，因为单个感光元件之间的间距越大，相互之间的信号干扰越小。

2. 分辨率

分辨率是相机每次采集图像的像素点数，是相机最为重要的技术参数之一，主要用于衡量相机对物象中明暗细节的分辨能力，用以描述图像细节分辨程度，通常以横向和纵向像素点的数量来衡量。相机分辨率的高低，取决于相机中CCD传感器上像素的多少，通过把更多的像素紧密地排放在一起，可以得到更好的画质，通常其表示成水平像素点数×垂直像素点数的形式，如图3-7所示。

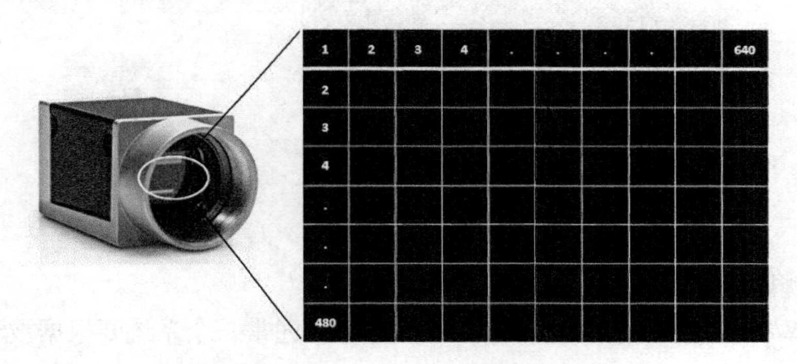

图3-7　分辨率为640×480像素的相机

对于数字相机而言，分辨率一般是直接与光电传感器的像元数对应的，像元大小和像元数（分辨率）共同决定了相机靶面的大小。数字相机像元尺寸为3～10 μm，一般像元尺寸越小，制造难度越大，图像质量也越不容易提高。

模拟相机的分辨率则是取决于视频制式，如，PAL制为768×576像素，NTSC制为640×480像素，见表3-3。

表 3-3　模拟相机标准

标准	使用地	帧率 /（帧·秒$^{-1}$）	彩色或黑白	分辨率 / 像素
PAL	欧洲	25	彩色	768×576
NTSC	美国、日本	30	彩色	640×480
CCIR	欧洲	25	黑白	768×676
RS-170	美国、日本	30	黑白	640×480

可以看出，不同标准对应不同的分辨率等参数，需要将这些参数正确设置到图像采集卡中，才能获得准确的图像。就同类相机而言，分辨率越高，相机的档次越高，但是

并非分辨率越高越好，需要仔细权衡得失。画质与效能高级的镜头性能、自动曝光性能、自动对焦性能等多种因素密切相关。

3. 像素与像素深度

像素是传感器感光面上最小感光单位。像素深度是每个像素数据的位数，一般常用的是8 bit，对于数字相机一般还会有10 bit、12 bit、14 bit等。例如对于像素深度为8 bit的500万像素，则整张图片应该有500万像素×8/1 024/1 024=38.15M（注：8 bit=1 Byte，1 024 Byte=1 KB，1 024 KB=1 MB，1 024 MB=1 GB）。增加像素深度可以增强测量的精度，但同时也降低了系统的速度，并且提高了系统集成的难度（线缆增加、尺寸变大等）。每个像素都有一个对应位于0~255的值，该值即为像素深度，如图3-8所示。

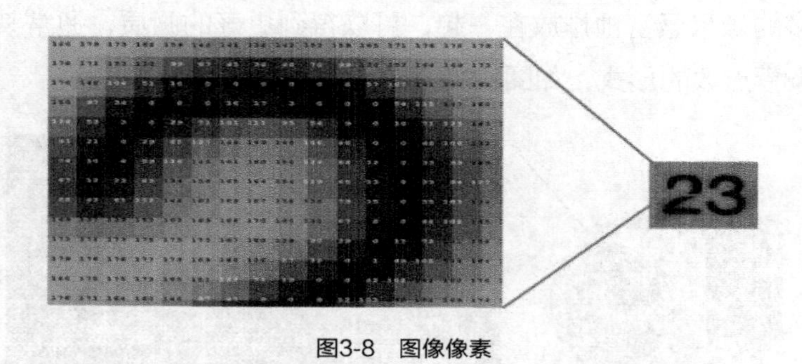

图3-8 图像像素

4. 最大帧率/行频

最大帧率/行频是指相机采集传输图像的速率。通常一个系统要根据被测物体的运动速度和大小、视野范围、测量精度计算得出所需要的相机帧率，以下为不同相机帧率。

①面阵相机：通常为每秒采集的帧数，单位是：帧/秒。

②线阵相机：通常为每秒采集的行数，单位是：行/秒。

③模拟制式相机：这个频率是固定值。

④数字相机：是个可变的值。

5. 曝光方式和快门速度

快门用于控制CCD传感器的曝光时间。如果物体照明不好，快门速度就需要慢些，以增加曝光时间。如果物体要运动，最小的快门速度会高一些。一般情况下，快门速度一般可达到10 μs，高速相机还可以更快。以下为线阵相机与面阵相机曝光方式。

①线阵相机：均采用逐行曝光的方式。

②面阵相机：采用帧曝光、场曝光和滚动行曝光等常见方式。

6. 特征分辨率

特征分辨率是指相机能够分辨的实际物理尺寸大小。特征分辨率与视场和分辨率密切相关。其中，视场是指相机实际所拍摄到的物理范围大小，如图3-9所示。

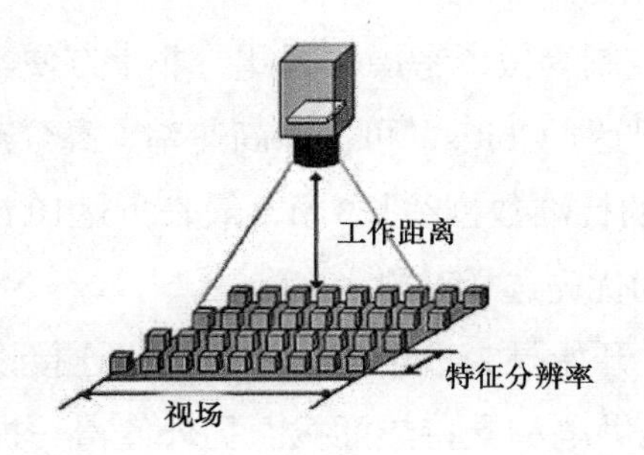

图3-9　相机特征分辨率

物体最小的特征一般至少需要两个像素来表示，根据视场和相机分辨率，我们可以计算出特征分辨率。特征分辨率的计算式为

$$特征分辨率=视场/分辨率\times 2 \tag{3-1}$$

例如，相机分辨率为640×480像素，横向的视场是60 mm，那么在横向的特征分辨率为60/640×2=0.1 875 mm。

7. 数据接口类型

根据信号的传递方式，分为模拟数据接口和数字接口类型。

模拟相机以模拟电平的方式表达视频信号，其优点是技术成熟、成本低廉、对应的图像采集卡价格也比较低，8 bit的图像采集卡可以提供256级的灰度，对于大部分的图像应用已经足够了。模拟相机的缺点包括帧率不高、分辨率不高等，在高速、高精度工业机器人视觉系统应用中难以满足要求。

数字相机采用数字信号进行信息传递，数字相机先把图像信号数字化后通过数字接口传到计算机中。常见的数字相机接口有Firewire、CameraLink、GigE和USB，如图3-10所示。

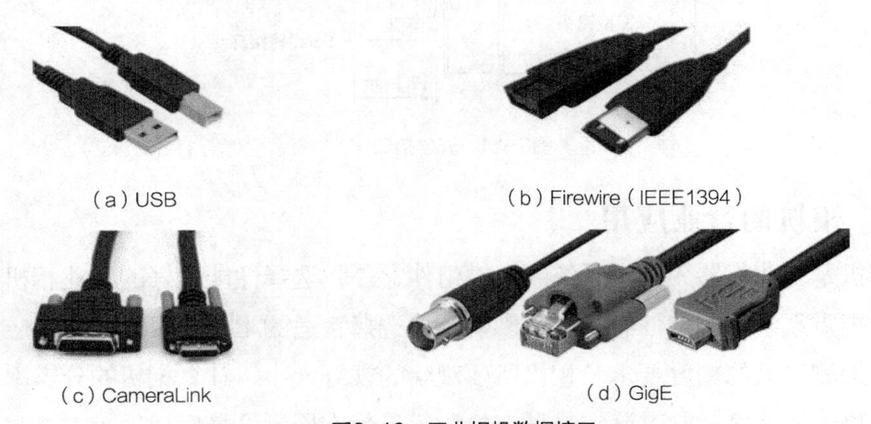

图3-10　工业相机数据接口

CameraLink是一个工业高速串口数据连接标准，它是由 National Instruments（简称 NI）、摄像头供应商和其他图像采集公司在2000年10月联合推出的，它在一开始就对接

线、数据格式触发、相机控制等做了考虑，因此，非常方便工业机器人视觉系统应用。CameraLink的数据传输率可达1 Gbit/s，可提供高速率、高分辨率和高数字化率，信噪比也大大改善。CameraLink的标准数据线长3 m，最长可达10 m，在高速或高分辨率的应用场合，CameraLink将作为优先选择对象。

Firewire即IEEE1394，开始是为数字相机和计算机连接设计的，它的特点是速度快（400 Mbit/s），通过总线供电和支持热插拔。另外值得一提的是，如果计算机上自带Firewire接口，就不需要为相机额外购买一块图像采集卡。

GigE即千兆以太网接口，它综合了高速数据传输和远距离传输的特点，而且电缆易于获取、性价比高（一般网线即可）。

USB相机较多地用在商用娱乐上，例如USB摄像头，USB工业相机型号也比较少，在工业中的使用程度不高。但正是因为USB摄像头价格低廉，所以通常把USB摄像头作为工业机器人视觉学习的入门硬件平台。

8. 光学接口

光学接口是指工业相机与镜头之间的接口，常用的镜头接口有C型、CS型、F型等。

C与CS接口的区别在于镜头与相机接触面至镜头焦平面的距离不同，C型接口此距离为17.5 mm，CS型接口此距离为12.5 mm，如图3-11所示。F型接口此距离为46.5 mm，接口类型为卡口。F型接口一般用于大靶面相机，即靶面超过1英寸的相机。

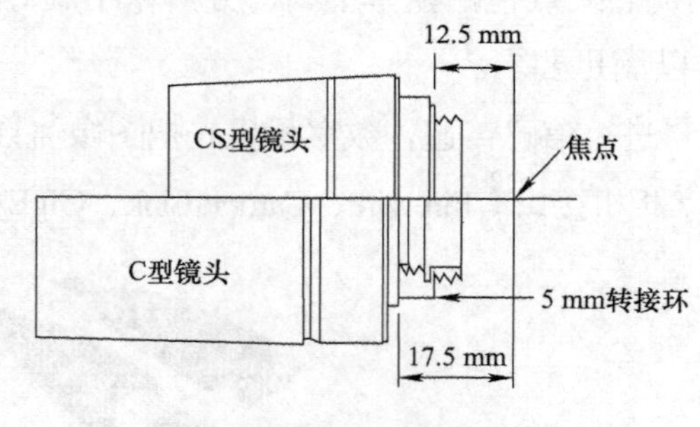

图3-11　光学接口

3.2.3　相机的行业应用

工业相机是工业机器人视觉系统的关键组件之一，选择性能良好的工业相机，对于工业机器人视觉系统的稳定性有着重要影响。在选择合适的工业相机时，首先应明确需求，根据待检测产品的精度要求及相机所要观察的视野大小，计算相机的分辨率；接着明确待检测物体的速度，同时确定是动态检测还是静态检测；最后根据相关参数来选择硬件类型。

在搭建工业机器人视觉系统过程中，工业相机的选型建议从以下步骤着手。

1. 相机类型

CCD提供很好的图像质量、抗噪能力，尽管增加了外部电路使得系统的尺寸变大，但是在电路设计时可以更加灵活，更好地提升CCD相机某些特别关注的性能。CCD更适合于对相机性能要求非常高，而对成本控制不太严格的应用领域，如天文、高清晰的医疗X光影像，以及其他需要长时间曝光、对图像噪声要求比较严格的应用场合。目前CCD工业相机仍然在视觉检测方案中占据主导地位。

CMOS具有成品率高、集成度高、功耗小、价格低等优点，但本身图像的噪声比较多。目前的CMOS技术不断发展，已经克服了早期的许多缺点，发展到了图像品质方面可以与CCD技术相较量的水平。CMOS适用于要求空间小、体积小、功耗低而对图像噪声和质量要求不是特别高的场合，如大部分辅助光照明的工业检测应用、安防保安应用和大部分消费性商业数码相机。

2. 分辨率确定

根据待测物体的尺寸估算出视野的大小，再结合检测精度，利用式（3-2）确定检测系统工业相机的分辨率。

CCD芯片上x方向像素数量（x方向分辨率）=视野范围（x方向）/检测像素精度
CCD芯片上y方向像素数量（y方向分辨率）=视野范围（y方向）/检测像素精度　（3-2）

考虑到相机边缘视野的畸变以及系统的稳定性要求，理论计算的分辨率为工业相机所要求的最低分辨率。

例如待测物体尺寸为8 mm × 8 mm，要求检测像素精度为0.02 mm，则估算视野范围为10 mm × 10 mm，根据式（3-2）计算得出x/y方向上分辨率=10/0.02=500像素。根据相机常用分辨率规格，选用分辨率为640 × 480像素≈30万像素以上的相机即可满足。

3. 线阵相机/面阵相机

面阵工业相机的CCD感光区为矩形，如图3-12所示，每次能够对物体进行整体成像，可以直接获得一幅完整的图像。在大多数工业应用中，都采用面阵相机。

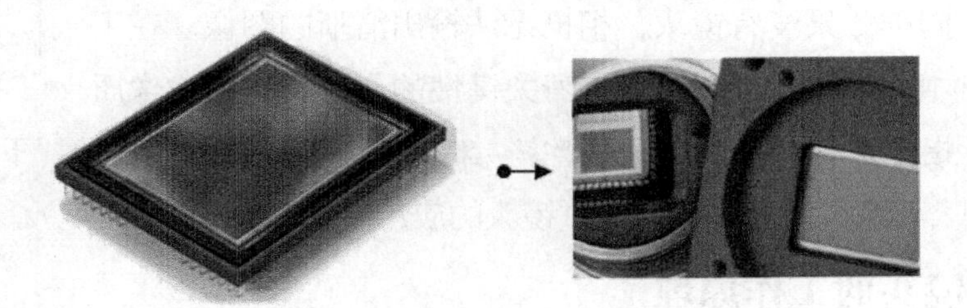

图3-12　面阵传感器芯片及相机

线阵工业相机顾名思义是呈“线”状的，如图3-13所示，虽然也是二维图像，但长度可达数千像素，而宽度却只有几个像素。一般只在两种情况下使用这种相机，一是被测视野为细长的带状，多用于滚筒上检测的问题，实现对运动物体的连续监测；二是需要极大的视野或极高的精度。线阵型工业相机价格昂贵，线阵相机只用在极特殊情况下的工业、医疗、科研与安全领域的图像处理。

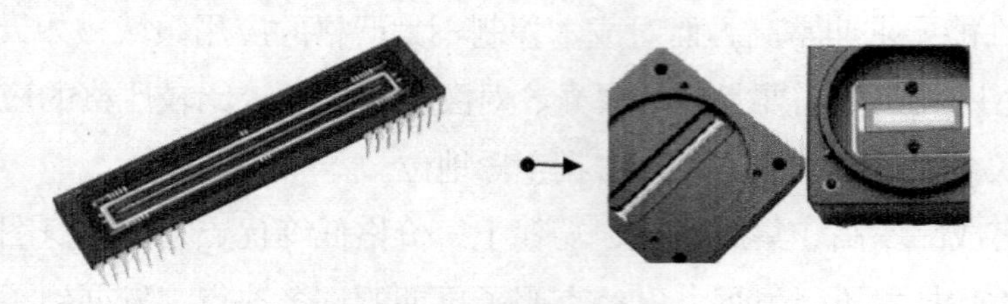

图3-13　线阵传感器芯片及相机

对于静止检测或者一般低速的检测，优先考虑面阵相机；对于大幅面高速运动或者滚轴等运动的特殊应用考虑使用线阵相机。

4. 相机帧率

被测物体尽可能选取静止检测，这样能够降低整个项目的成本，但是会影响检测效率。

当被测物体有运动要求时，要选择帧数较高的工业相机，一般来说分辨率越高，帧数越低。对于具体帧率的选择，不应盲目地选择高速相机，虽然高速相机帧率高，但是一般需要外加强光照射，会提高项目成本及图像处理速度。相机帧率需要根据相对运动速度来定，只要在检测区域内，能捕捉到被测物即可。

5. 相机触发方式

对于静态检测，产品连续运动不能提供触发信号时可选择连续采集模式；对于动态检测，产品连续运动能提供触发信号时可选择软件触发模式；对高速动态检测，产品连续高速运动能提供触发信号时可选择硬件触发模式。

3.3　镜头工作原理及应用

相机的镜头相当于人眼的晶状体，如果没有晶状体，人眼看不到任何物体，同样如果没有镜头，相机无法输出清晰的图像。在工业机器人视觉中，镜头对成像质量有着关键性的作用，它对成像质量的几个主要指标都有影响，包括分辨率、对比度、景深及各种像差。下面主要介绍镜头的工作原理、镜头的主要技术参数、镜头的应用等内容。

3.3.1　镜头的工作原理

如果把工业相机比喻成人眼，则相机中的传感器（CCD或CMOS）相当于人眼中的视网膜，镜头就相当于晶状体，它直接关系到监看物体的远近、范围和效果。镜头的作用是聚集光线，使感光器件能获得清晰影像。在工业机器人视觉系统中，镜头直接影响成像质量的优劣以及算法的实现和效果。

镜头从焦距上可分为短焦镜头、中焦镜头、长焦镜头；按视场大小分有广角、标准、远摄镜头；从结构上分有固定光圈定焦镜头、手动光圈定焦镜头、自动光圈定焦镜头、手动变焦镜头、自动变焦镜头、自动光圈电动变焦镜头、电动三可变（光圈、焦距、聚焦均可变）镜头；按照用途可分为微距镜头（或者显微镜头）和远心镜头，如图3-14所示。当然，这些分类并没有严格的划分界线。

图3-14 常见镜头分类

镜头是用以成像的光学系统，由一系列光学镜片和镜筒所组成，其作用相当于一个凸透镜，使物体成像，如图3-15所示。

图3-15 典型的镜头结构

镜头成像是利用光的直线传播性质和光的折射与反射规律设计的，被摄景物反射的光线穿过具有聚焦作用的透镜后，会准确地聚焦在像平面上，如图3-16所示，最后以光子为载体，把某一瞬间的被摄景物的光信息量，以能量方式传递给感光材料，最终成为可视的影像。实际应用中，空间中任何物体在相机中的成像位置都可以用小孔成像模型近似表示。

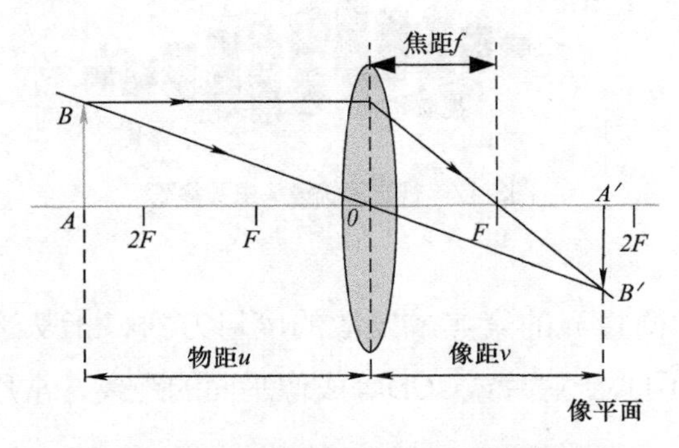

图3-16 理想薄透镜成像（小孔成像）原理

根据光学原理，摄影时景物反射的光线经镜头聚焦作用后汇聚的点，称为焦点，焦点到镜头中心的距离称为焦距。镜头对焦意味着改变镜头本身与CCD传感器的距离，距离改变靠机械装置进行约束。对于一般的工业机器人视觉系统，镜头成像可以直接应用理想薄透镜或是小孔成像原理来确定焦距。其基本公式为

$$\frac{1}{u}+\frac{1}{v}=\frac{1}{f} \tag{3-3}$$

$$m=\frac{\overline{A'B'}}{\overline{AB}}=\frac{v}{u} \tag{3-4}$$

通过式（3-3）、式（3-4）可以得到

$$f=\frac{v}{1+v/u}=\frac{v}{1+m} \tag{3-5}$$

其中，v和u分别是镜头光心到图像传感器的距离和镜头光心到物体的距离，$\overline{A'B'}$和$\overline{AB}$分别是图像的大小和物体的大小。$\frac{v}{u}$就是放大因子（或称为放大倍率）m。

3.3.2　镜头的主要技术参数

镜头有关的光学参数主要有焦距、分辨率、视场、光圈、景深、畸变、工作距离等，镜头支持的CDD尺寸和镜头接口也是镜头的重要参数。一个简单的工业机器人视觉系统的镜头参数，主要包括视场（Field Of View，FOV）、分辨率（Resolution）、工作距离（Working Distance，WD）和景深（Depth Of Field，DOF）（见图3-17）。

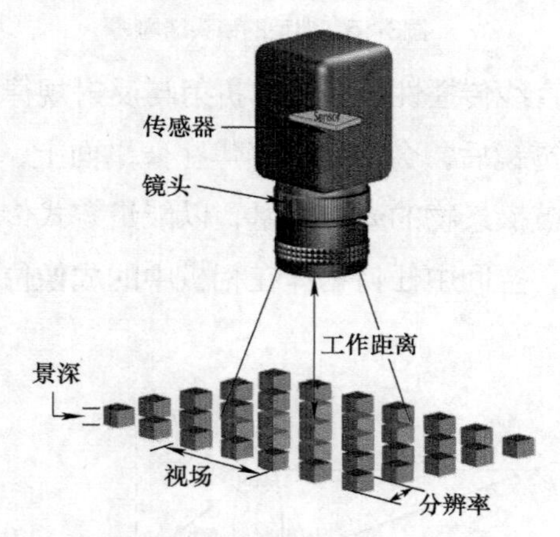

图3-17　视觉系统镜头主要参数

1. 焦距

焦距是光学系统中衡量光的聚焦或发散的度量方式，指从透镜的光心到焦点的距离，也是相机中从镜片中心到底片或CCD等成像平面的距离，常用的镜头焦距有6 mm、

8 mm、12 mm、16 mm、25 mm、35 mm、50 mm、75 mm等。

2. 分辨率

图像系统可以检测到受检验物体上的最小可分辨特征尺寸，即测量系统能够重现的最小细节的尺寸，常用每毫米线对来表示。在多数情况下，视野越小，分辨率越好。选择镜头时必须注意厂商给出的分辨率的定义方式。

需要注意的是，通常情况下，镜头的分辨率与相机的分辨率并不相同。镜头的分辨率受系统衍射极限的影响，而相机的分辨率可以按照前面章节的公式进行计算。工业机器人视觉系统的系统分辨率应该是两者中较小的那个，通常镜头的分辨率一般都比相机分辨率高，绝大多数工业机器人视觉系统都是按视场与CCD像素数的比值来计算视觉系统的分辨率。

3. 视场

视场是指图像采集设备所能够覆盖的范围，它可以是监视器上能够观察到的范围，也可以是设备所输出的数字图像所能覆盖的最大范围。

4. 工作距离

工作距离是指从镜头前部到被检测物体的距离的范围，小于最小工作距离或大于最大工作距离系统均不能正确成像。工作距离与视场大小成正比，对于工作空间很小的视觉系统，需要选用有较小工作距离的镜头，但如果需要在镜头前安装光源或其他工作装置，则必须选用有较大工作距离的镜头来保证空间。

5. 光圈

光圈是一个用来控制镜头通光量的装置，它通常是在镜头内，如图3-18所示。光圈大小用F值表示，以镜头焦距f和通光孔径D的比值来衡量。每个镜头上都标有最大F值，如F1.4，F2，F2.8等。F值越小，光圈越大，F值越大，光圈越小。

图3-18 相机光圈

6. 景深

景深是指在被摄物体聚焦清楚后，在物体前后一定距离内，物体依然可以清晰成像，使镜头保持所需的分辨率。景深随镜头的光圈值、焦距、拍摄距离而变化如图3-19

所示。光圈越大，景深越小；光圈越小，景深越大，光圈与景深的对应关系如图3-20所示。焦距越长，景深越小；焦距越短，景深越大。距离拍摄物体越近，景深越小；距离拍摄物体越远，景深越大。

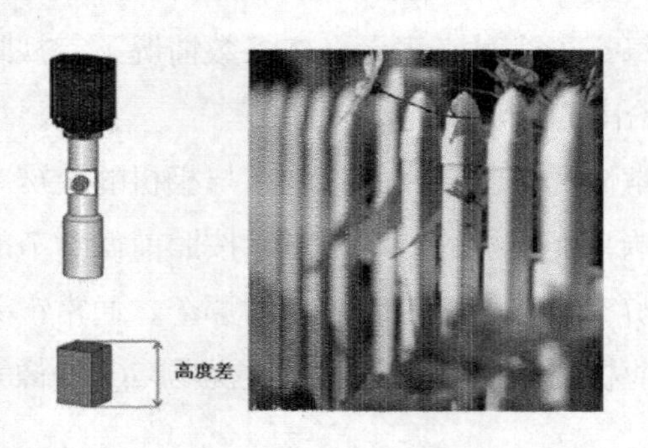

图3-19　在景深范围内的取像效果

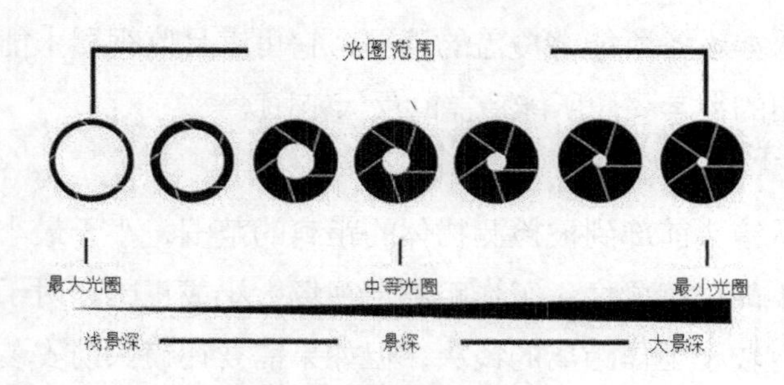

图3-20　光圈与景深关系

7. 镜头支持的CCD尺寸

镜头支持的CCD传感器芯片大小也是镜头的重要内部参数，每种工业机器人视觉镜头都只能兼容不超过一定尺寸的相机。当镜头支持的CCD传感器芯片尺寸小于相机CCD传感器芯片的尺寸，在拍摄图像时，就会在视场边缘出现黑边，如图3-21所示。因此在测量中，为了保证整幅图像的质量，避免较小镜头边缘处的失真，最好使用稍大规格的镜头。

（a）镜头支持的 CCD 传感器芯片尺寸　　（b）CCD 传感器芯片尺寸大于镜头支持的尺寸

图3-21　镜头规格与CCD传感器芯片尺寸的匹配

8. 畸变

畸变是指被摄物平面内的主轴外直线，经光学系统成像后变为曲线，则此光学系统的成像误差称为畸变如图3-22所示。畸变像差只影响像的几何形状，而不影响像的清晰度。在精密测量中，畸变往往会影响测量结果，因此必须通过软件的方法进行标定和补偿。

（a）真实图像

（b）镜头畸变产生的图像

图3-22　图像畸变效果

9. 镜头接口

镜头接口是指相机与镜头之间的接口，常用的镜头接口有C型、CS型。

C型接口是镜头的标准接口之一，CS型接口是C型接口的一个变种，区别仅仅在于镜头定位面到图像传感器光敏面的距离不同， C型接口此距离为17.5 mm，CS型接口此距离为12.5 mm。一个5 mm的垫圈(C/CS 连接环) 可用于将C型接口镜头转换为CS型接口镜头。

镜头与相机接口的选配关系见表3-4与图3-23。

表 3-4　镜头与相机接口的匹配关系

序号	相机接口	镜头接口	配合关系	示意图
1	C 型	C 型	匹配	图 3-23（a）
2	C 型	CS 型	匹配 （需增加 5 mm C/CS 转接环）	图 3-23（b）
3	CS 型	C 型	不匹配	图 3-23（c）
4	CS 型	CS 型	匹配	图 3-23（d）

注意：C 型接口是最初的标准，而 CS 型接口是对其的升级，该升级可降低制造成本并减小传感器尺寸。现在市场上销售的绝大多数相机和镜头都使用 CS 型接口标准。可以通过使用 C/CS 连接环将一个 C 型接口镜头安装到带有 CS 型接口的相机上。如果相机无法聚焦，则可能是因为使用了错误的镜头类型。

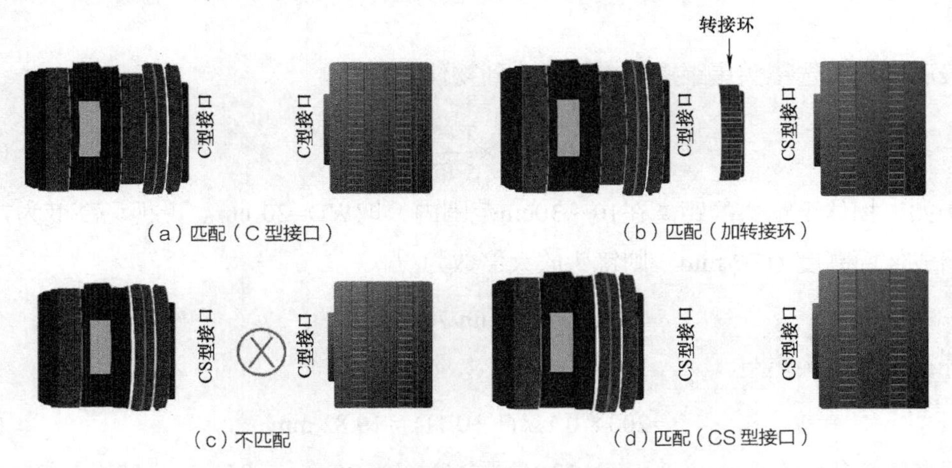

（a）匹配（C 型接口）　（b）匹配（加转接环）

（c）不匹配　（d）匹配（CS 型接口）

图3-23　镜头与相机接口的搭配

3.3.3 镜头的应用

在整个工业机器人视觉系统中，工业机器人视觉镜头是图像采集部分的重要成像部件，其主要作用是将目标成像在图像传感器的光敏面上。镜头的质量直接影响工业机器人视觉系统的整体性能，因此工业机器人视觉镜头选型的正确与否至关重要。在搭建工业机器人视觉系统过程中，镜头的选型建议从以下步骤着手。

1. 计算镜头的焦距

镜头成像原理，如图3-24所示。镜头的焦距主要对视场、工作距离有较大影响。在确定工业机器人视觉镜头焦距之前必须先确定视场、工作距离、相机芯片尺寸等因素。

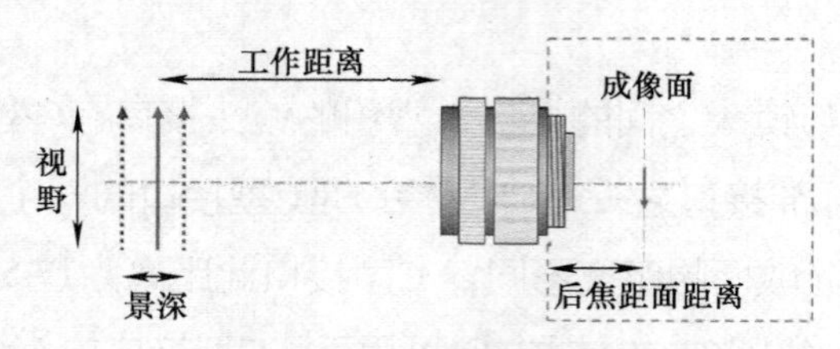

图3-24 镜头成像原理

首先获得物体至镜头的距离（工作距离）（WD），如果是一个范围，取中间值，然后计算图像放大倍数（PMAG）。

$$\text{PMAG}=\frac{\text{图像传感器的长/宽}}{\text{视野的长/宽}}$$

接着利用式（3-6）计算所需的焦距f。

$$f=\text{WD}\times\text{PMAG}/(1+\text{PMAG}) \quad (3\text{-}6)$$

然后选取与计算值最接近的标准镜头产品，并取其焦距值。用上述步骤计算所得出的焦距为满足要求所需的最大焦距，由于在选择镜头时，通常需选择比被测物体视野稍大一点的镜头，以有利于运动控制，根据标准镜头焦距的规格，选择不大于理论焦距的镜头。

最后根据所选镜头焦距重新核算镜头到物体的距离。

$$\text{WD}=f\times\frac{1+\text{PMAG}}{\text{PMAG}} \quad (3\text{-}7)$$

例如，物体至镜头的距离在10～30cm范围内，取WD=20 cm。设视场高度为7 cm，传感器成像面高度为7.7 mm，则镜头放大倍数为

$$\text{PMAG}=7.7\text{ mm}/70\text{ mm}=0.11 \quad (3\text{-}8)$$

计算所需镜头焦距

$$f=200\times0.11/(1+0.11)\approx19.82\text{ mm} \quad (3\text{-}9)$$

标准镜头焦距有6 mm、8 mm、12 mm、16 mm、25 mm、35 mm、50 mm和75 mm。

其中，16 mm镜头的焦距最接近计算值，使用该值重新计算WD。

$$\mathrm{WD}=16\ \mathrm{mm}\times(1+0.11)/0.11\approx161.5\ \mathrm{mm} \tag{3-10}$$

在工业机器人视觉系统实际项目应用中，对于精度要求不高的场合，工业镜头焦距也可按照式（3-11）进行估算。

$$f=\mathrm{WD}\times\frac{\text{图像传感器的长/宽}}{\text{视野的长/宽}} \tag{3-11}$$

2. 选择镜头支持的CCD传感器芯片尺寸

每种工业机器人视觉镜头都只能兼容芯片不超过一定尺寸的相机。因此，选择工业机器人视觉镜头时一定要先确定工业相机的芯片尺寸，为了保证整幅图像的质量，选择的镜头支持的CCD传感器芯片尺寸要大于等于相机CCD传感器芯片的尺寸，否则会引起严重的畸变和像差，例如2/3英寸（1英寸=2.54厘米）的镜头支持最大的工业相机靶面2/3英寸，它是不能支持1英寸以上的工业相机的。

3. 选择镜头光圈

镜头的光圈大小决定图像的亮度，对图像的采集效果起着十分重要的作用。一般来说，光圈选择应符合下列原则。

①对于光线变化不明显的环境，常选用手动光圈镜头，将光圈调到一个比较理想的数值后就可不动了。

②如果光线变化较大，如室外24 h监看，应选用自动光圈，能够根据光线的明暗变化自动调节光圈值的大小，保证图像质量。

③在拍摄高度运动物体、曝光时间很短的应用中，应该选用大光圈镜头，以提高图像亮度。

4. 选择镜头的景深

在工业机器人视觉测量过程中，有些场合必须将工业相机安装成一定角度且要求整个物体成像清晰或被测目标不在同一个平面上时，这就需要考虑景深比较大的镜头。通常情况下，镜头景深选择应遵循以下原则。

①对于对景深有要求的项目，尽可能使用小的光圈。

②在选择放大倍率的工业镜头时，在项目许可下尽可能选用低倍率工业镜头。

③如果项目要求比较苛刻时，倾向选择高景深的尖端工业镜头。

5. 是否需要用远心镜头

远心镜头能够克服成像时由于距离不同而造成的放大倍数不一致现象，使得检测目标在一定范围内运动时得到的尺寸数据几乎不变，通常用于精密测量系统中。一般的表面缺陷检测、判断有无等对物体成像没有严格要求时，可以选用畸变小的远心镜头。

6. 镜头的接口

工业机器人视觉镜头接口和相机接口都分为C、CS、F和其他更大尺寸的接口类型，在实际使用过程中，工业镜头接口与工业相机接口要一致。CS型工业相机可以和CS型、C型镜头配接，但和C型镜头配接时，必须在工业镜头和工业相机之间增加一个5 mm的C/CS转接环，否则可能碰坏CCD成像面的保护玻璃，造成CCD工业相机的损坏。C型工业相机不能和CS型工业镜头配接。

7. 考虑镜头的畸变

畸变是视野中局部放大倍数不一致造成的图像扭曲。由于受制作工艺的影响，镜头畸变是不可避免的，镜头越好畸变越小。一般在精密测量系统等精度要求高的情况下，必须考虑工业机器人视觉镜头的畸变。

3.4 光源基础知识及应用

光源是为确保视觉系统正常取像获得足够光信息而提供照明的装置。光源的目的是将待测区域与背景明显分开，形成有利于图像处理的成像效果，增强待测目标边缘清晰度，消除阴影，克服环境光干扰，保证图像稳定性，降低系统的复杂性和对图像处理算法的要求。合适的光源可以提高系统的检测精度、运行速度及工作效率。

在工业机器人视觉系统中，好的光源与照明方案往往是整个系统成败的关键，起着非常重要的作用，并不是简单的照亮物体。一幅图像如果曝光过度则会隐藏很多重要的信息；出现阴影则会引起边缘误判；图像不规则则会导致阈值选择困难。通过恰当的光源照明设计，可以使图像中的目标信息与背景信息得到最佳分离，尽可能地突出物体特征量，从而大大降低图像处理的算法难度，提高系统的精度和稳定性。

光源设备的选择必须符合所需的几何形状，照明亮度、均匀度、发光的光谱特性也必须符合实际要求，同时还要考虑光源的发光效率和使用寿命。目前工业机器人视觉光源主要采用LED（发光二极管），由于其形状自由度高、使用寿命长、响应速度快、单色性好、颜色多样、综合性价比高等特点在行业内得到了广泛的应用。

3.4.1 光源分类

光源按照颜色可分为白光（复合光）、红光、蓝光、绿光等，另外红外光也比较普及，而紫外光相对应用较少。根据不同光源外形特性进行分类，也是目前的主流分类，主要有环形光源、条形光源、圆顶光源（碗光源/穹顶光源）、点光源、面光源等；按照工作原理/特性，可分为无影光源、同轴光源、点光源、线光源、背光光源、组合光源以及结构光源等。下面主要介绍环形光源、条形光源、圆顶光源、同轴光源、背光光源、线光源、点光源。

1. 环形光源

环形光源能以不同照射角度、不同颜色组合直接照射在被测物体上，可解决多方向照明阴影问题，突显成像特征，如图3-25所示。环形光源是最常见的LED光源之一，由高亮LED经结构优化设计阵列而成，如图3-26所示，性能稳定，安装方便。环形光源具有多种紧凑设计，节省安装空间，可选配漫射板导光，让光线均匀扩散，主要应用于PCB基板检测、IC元件检测、显微镜照明、液晶校正、塑胶容器检测、集成电路印字检查等。

图3-27（a）所示为标准照明下拍摄的塑料盖子内部图片，图3-27（b）所示为环形光源照明下拍摄的图片，光线从内部表面周围反射，能提供均一的照明。

图3-25 照射原理

图3-26 环形光源

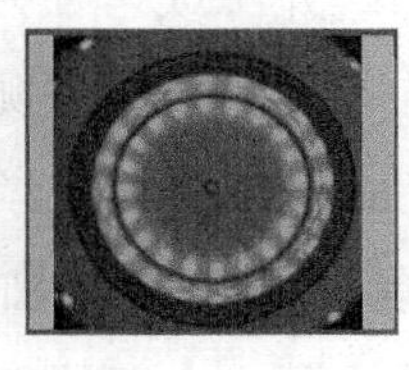

（a）标准照明下

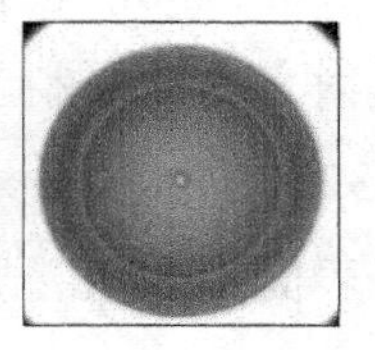

（b）环形光源照明

图3-27 塑料盖子内部

2. 条形光源

条形光源可安装为斜向照射，以漫反射光进行拍摄、辨别时，能够避免产生引起光晕的镜面反射光，如图3-28（a）所示。此外，还可将 CCD 与照明呈相同角度倾斜，如图3-28（b）所示，以获取镜面反射光，从而突显出刻印等的边缘成分。

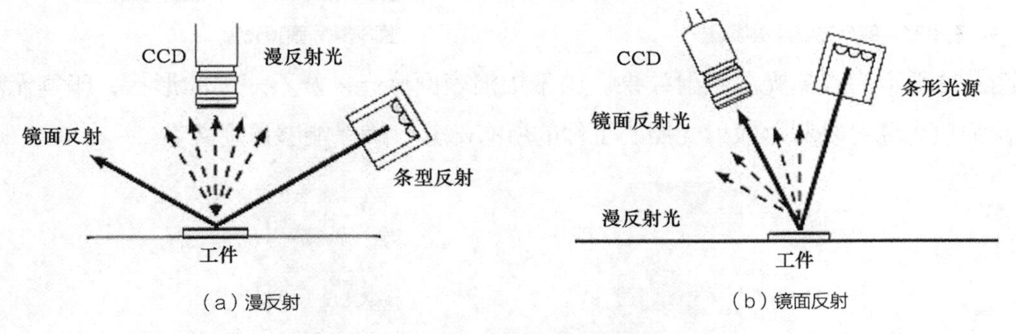

（a）漫反射　　（b）镜面反射

图3-28 条形光源安装原理

条形光源的LED灯珠排布成长条形，如图3-29所示，多用于单边或多边以一定角度照射物体，突出物体的边缘特征，是较大结构被测物的首选光源，可对长尺区域进行均匀照射，同时通过角度改变与安装距离调整可以完成多种照明效果。条形光源特别适用于大尺寸特征的成像场合，其长度从十几毫米到几米不等，光源颜色可根据需求搭配，自由组合，照射角度与安装随意可调。条形光源主要应用于电子元件缝隙检测、金属表面检查、包装盒印刷检测、表面裂缝检测等。图3-30所示为条形光源照明下薄膜部件的图片效果。

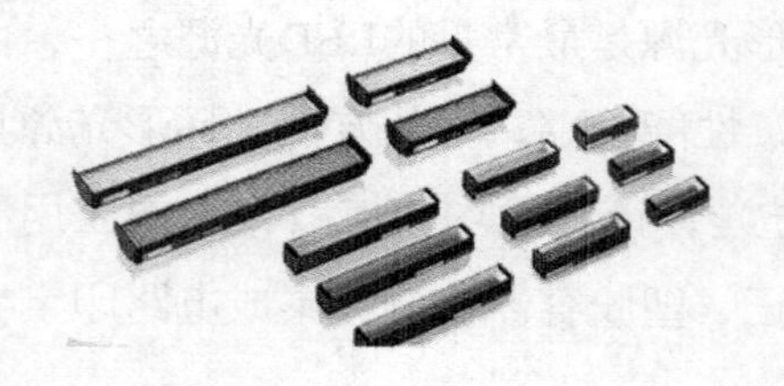

图3-29　条形光源

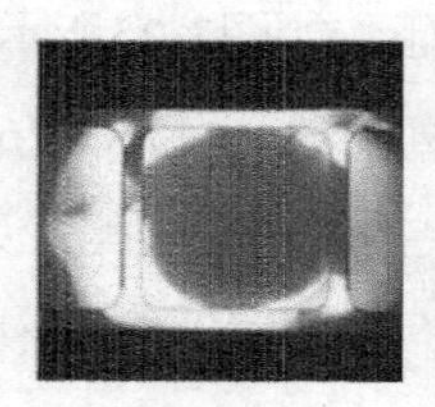

（a）标准照明下

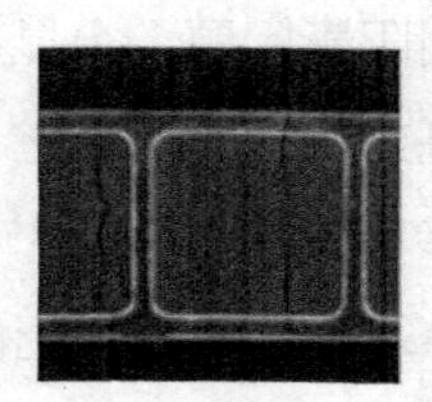

（b）使用条形照明

图3-30　薄膜部件

3. 圆顶光源

圆顶光源也称为碗光源或穹顶光源，结构优化排列的 LED 发出的光线，经球面漫反射之后，平滑、均匀地照射在被测物体表面，是一种漫反射无影光源，如图3-31和图3-32所示。该系列光源具有较大的光扩散面，能够全方位均匀照射在被测物体上，适用于表面有起伏、反光较强的物体，如金属、玻璃、凹凸表面、弧形表面检测等，主要应用于金属罐字符喷码检测、电容器表面破损检测、带玻璃表面的仪器仪表盘检测、电路板上高低不平的电容极性检测等。

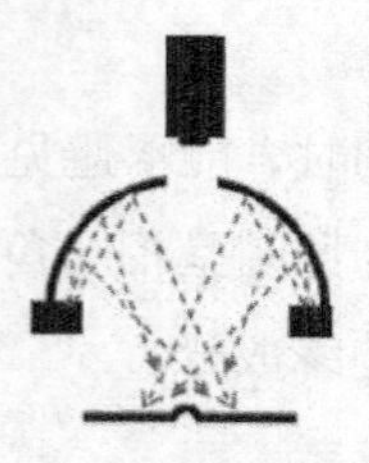

图3-31　圆顶光源照射原理

图3-32　圆顶光源

图3-33所示为圆顶光源照射效果。由于铝箔表面反光以及不规则的形状，印刷无法识别，圆顶光源可以利用散射光照明工件的所有部分，确保能够识别文字。

（a）标准照明下

（b）圆顶光源照明

图3-33　铝箔包装上的印刷

4. 同轴光源

同轴光源由高密度的 LED 阵列发射出高强度均匀光，通过一种带特殊涂层的半透镜面使得工件的反射光和 CCD 相机在同一轴线上，并可消除采集图像的重像，如图3-34所示。

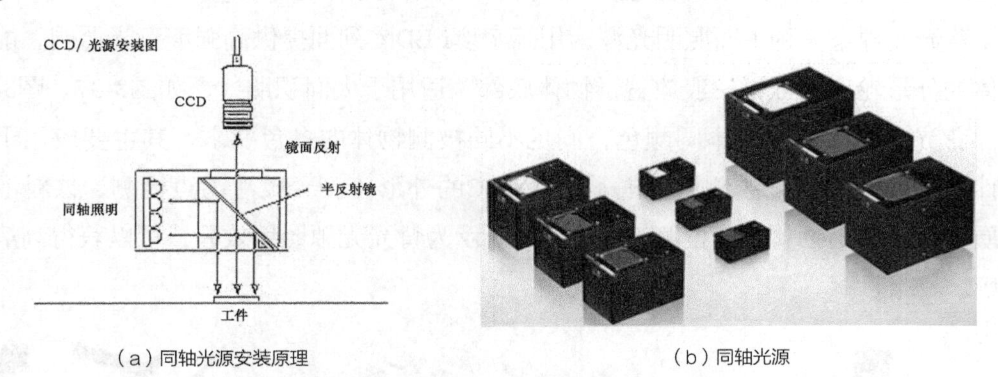

（a）同轴光源安装原理　　（b）同轴光源

图3-34　同轴光源及其工作原理

该光源光线分布非常均匀，具备高对比度，可以消除物体表面不平整引起的阴影，从而减少干扰；部分采用分光镜设计，能够减少光损失，提高成像清晰度，适用于粗糙程度不同、反光强或不平整的表面区域，如经过镜面加工的工件表面划痕检测。该光源主要应用于反射度极高的物体，如金属、玻璃、胶片、晶片等表面的划伤检测，芯片和硅晶片的破损检测，IC字符及定位检测，包装条码识别等。

同轴光源从侧面将光线发射到半反射镜上，反射镜再将光线反射到工件上。镜面反射光可以返回到 CCD，而工件表面如刻印伤痕等凹凸不平的部分产生的漫反射光则不能接收到，这样就使得工件的边缘点形成了对比度。而且，来自工件的光线越远，不能接收到的漫反射光就越多，从而形成更大的图像对比度和清晰度。

图3-35所示为同轴光源的照射效果。冲压部件在标准照明下，边缘不明显，因为漫反射和镜面反射都被相机接收。同轴照明下，凹陷区域的光发生扩散，因此显得较暗，边缘能够轻松识别。图3-36所示为金属加工部件的照射效果，同轴照明下，能够突出刻印边缘。

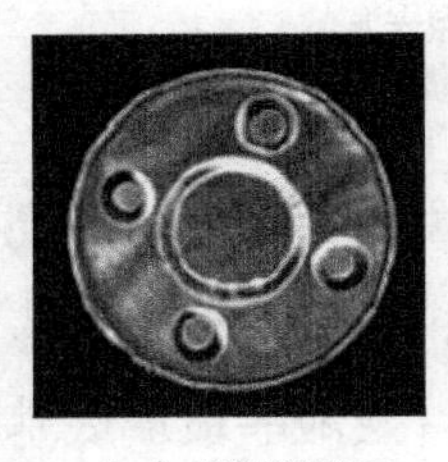

（a）标准照明下

（b）同轴照明下

图3-35　冲压部件

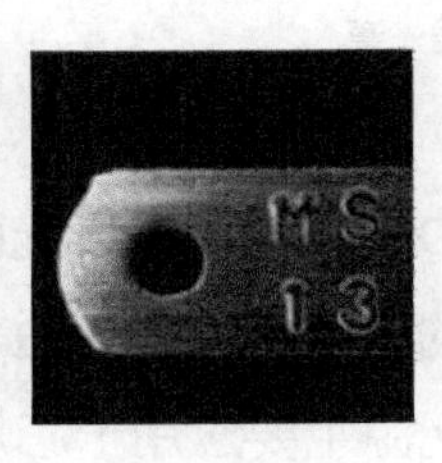

（a）标准照明下

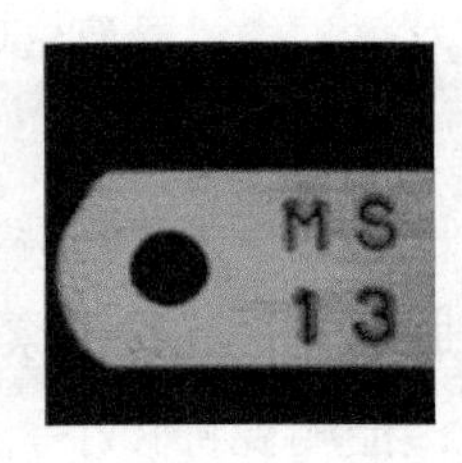

（b）同轴照明下

图3-36　金属加工部件

5. 背光光源

通用照明技术中，光源位于工业相机和工件之间，使用正面打光，通过获取工件表面的反光而获得工件的表面信息。而背光光源通常情况下使用时工件位于背光光源和镜头之间，通过工件阻挡光线通过，从而获取工件的轮廓信息。

背光光源是一种平面照明光源，用高密度LED阵列面提供高强度背光照明，能突出物体的外形轮廓特征，一般放置于物体底部，适用于大面积照射，如图3-37、图3-38所示。背光光源能调配出不同颜色，满足不同被测物体的多色要求，其主要应用于机械零件尺寸及边缘缺陷的测量、电子元件和IC的外形检测、胶片污点检测、饮料液位及杂质检测、透明物体划痕检测等。图3-39所示为背光光源照射效果，可以获得高清晰的轮廓。

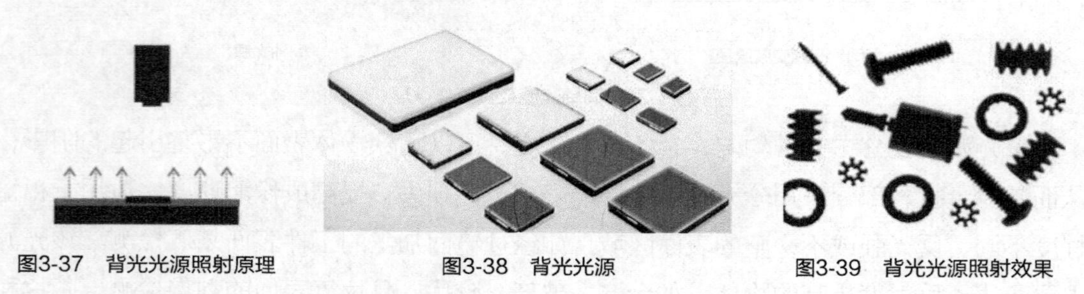

图3-37　背光光源照射原理　　图3-38　背光光源　　图3-39　背光光源照射效果

6. 线光源

线光源采用高亮LED排布，通过导光柱聚光，光线呈一条亮带，通常用于线阵相机，采用侧向照射或底部照射。线光源也可以不使用聚光透镜让光线发散，增加照射面积也可在前段添加分光镜，转变为同轴线光源，如图3-40所示。线光源主要应用于液晶屏表面灰尘检测、玻璃划痕及内部裂纹检测、布匹纺织均匀检测等。

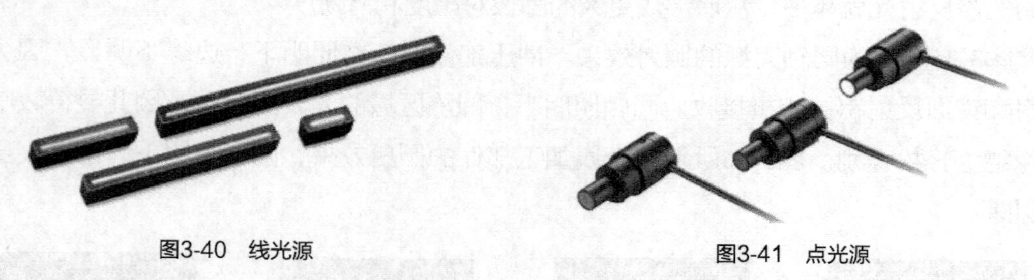

图3-40　线光源　　图3-41　点光源

7. 点光源

点光源为大功率LED，体积小，发光强度高，如图3-41所示，可以实现小范围高亮度照明，是光纤卤素灯的替代品，尤其适合作为镜头的同轴光源等，多配合远心镜头使用，检测视野较小。点光源主要应用于芯片检测、Mark点定位、晶片及液晶玻璃底基校正等。此外，它还可以与C接口长焦镜头配合使用，在没有空间安装的地方，实现远距离照明。

同时，如果和远心镜头配合，点光源还可以作为平行光源使用。

3.4.2　光源影响要素

工业机器人视觉系统的核心是图像采集和图像处理。在工业机器人视觉系统中，所有信息均来源于图像，因此图像质量对整个视觉系统至关重要。合适的光源能够突出被观察特征与背景的差异，形成有利于图像处理的成像效果，克服环境光的干扰，进而保证图像的稳定性和连续性。

选择工业机器人视觉光源时应考虑以下基本要素。

1. 对比度

对比度对工业机器人视觉来说至关重要。工业机器人视觉应用光源的主要目的是使需要被观察的图像特征与需要被忽略的图像特征之间产生最大的对比度，从而方便特征的区分。对比度可以定义为在特征与其周围的区域之间有足够的灰度量区别。好的照明应该能够保证需要检测的特征突出区别于其他的背景。

2. 亮度

当选择两种光源时，尽量选择较亮的那个。当光源不够亮时，可能会出现以下3种情况。第一，相机的信噪比不够。由于光源的亮度不够，图像的对比度就不够，在图像上出现噪声的可能性也随即增大。第二，光源的亮度不够，必然要加大光圈，从而减小了景深。第三，当光源的亮度不够时，自然光等随机光对系统的影响会更大。

3. 光源均匀性

不均匀的光会造成不均匀的反射。光源均匀性涉及3个方面。第一，对于视野，在相机视野范围内应该是均匀的。简单地说，图像中暗的区域就是缺少反射光，而亮点就是此处反射光太强了；第二，不均匀的光会使视野范围内部分区域的光比其他区域多，从而造成物体表面反射不均匀（假设物体表面对光的反射是相同的）；第三，均匀的光源会补偿物体表面的角度变化，即使物体表面的几何形状不同，光源在各部分的反射也是均匀的。

4. 光源颜色

光源的颜色及测量物体表面的颜色决定了反射到相机的光能的大小及波长。良好的光源颜色选择，可以使需要被观察的特征与需要被忽略的图像特征之间产生最大的对比度，即特征与其周围的区域之间有足够的灰度量区别，从而易于特征的区分。

当与被检测物体的颜色形成互补关系时，合适的光源颜色可以显著增强检测特征，降低环境干扰。互补色是色环中正好相对的颜色。使用互补色光线照射物体时，物体呈现的颜色将接近黑色。我们根据色彩圆盘，如图3-42所示，用相反的颜色照射，可以达到最高级别的对比度。如，用冷色光照射暖色光的物体，颜色会变暗；用冷色光照射冷色光的物体，颜色则会变亮。

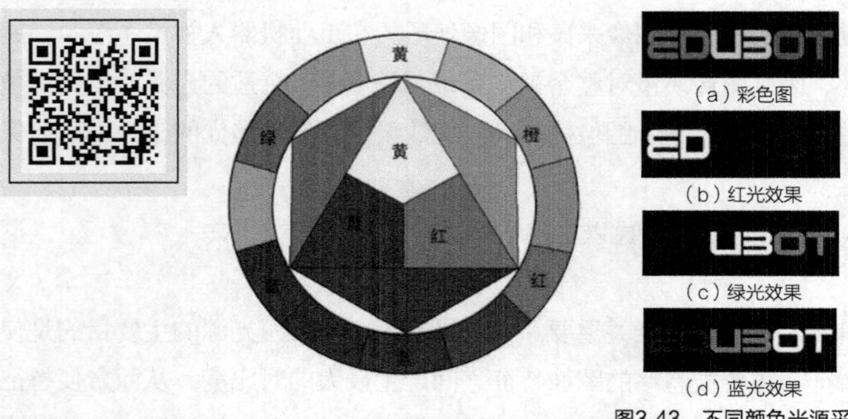

图3-42　互补色对照关系

图3-43　不同颜色光源采集图像的效果

为了最大程度区分被观察物和背景，通常用与被测物表面颜色相反色温的光线照射，图像可以达到最高级别的对比度，例如，当被观察物为绿色时，选择红色光源照射能够提高对比度。相同色温的光线照射，可以有效滤除不需要的特征，例如，当被观察物中混杂一些我们不希望看到的杂质时，通常选择与杂质颜色相同的背景光源颜色，这样可以在视觉效果上滤除杂质干扰。因此，灵活利用色温特性，对我们选择光源很有帮助。不同颜色光源采集图像的效果，如图3-43所示。

此外，在一些场合为了防止杂光干扰，可以在镜头前面添加滤光片，如图3-44所示。滤光片在工业机器人视觉系统中主要与镜头或者光源配合，可以阻断或者选择性地让部分波长的光线通过，也可以调制出颜色比较纯的光，其工作原理，如图3-45所示。

图3-44　滤光片

偏光镜片
偏光板
光源A
光源B

图3-45　滤光工作原理

5. 照明方式

良好的照明方式可以保证需要检测的特征突出区别于其他背景。照明方式有很多种，例如，前向照明、背向照明、同轴照明等，不同照明方式的特点及适用场合见表3-5。

表 3-5　不同照明方式的特点及使用场合

照明方式	示意图	特点及适用场合
高角度照射		图像整体较亮，适合表面不反光物体或需要获取高对比度物体图像的场合 高角度照射一般采用环状或点状照明。环灯是一种常用的通用照明方式，其很容易安装在镜头上，可给漫反射表面提供足够的照明
低角度照射		低角度照明属于暗场照明。低角度照明时，图像背景为黑，特征为白，可以突出被测物轮廓及表面凹凸变化，常应用于表面部分有突起或表面纹理有变化的场合
多角度照射		多角度照明常应用半球形的均匀照明，可以减小影子及镜面反射，图像整体效果较柔和，适合物体表面反光或者表面有复杂的角度的场合，如，电路板照明、曲面物体检测等
背光照射		背光照射能够产生很强的对比度，图像效果为黑白分明的被测物轮廓，但可能会丢失物体的表面特征，常用于测量物体的尺寸和确定物体的方向
同轴光照射		同轴光照明的图像效果为明亮背景上的黑色特征，用于反光厉害的平面物体检测，还适合受周围环境影响产生阴影的场合，检测面积不明显的物体

当需要突出物体轮廓时，通常采用背光照明，即被观察物位于光源和高速相机之间。

6. 鲁棒性

另一个测试光源的方法是看光源是否对部件的位置敏感度最小。当光源放置在相机视野的不同区域或不同角度时，结果图像应该不会随之变化。方向性很强的光源，增大了对高亮区域的镜面反射发生的可能性，不利于后面的特征提取。

好的光源能够使图像特征非常明显，不仅使相机能够拍摄到部件，而且能够产生最大的对比度和足够的亮度并且对部件的位置变化不敏感。具体的光源选取方法还在于实践经验。

3.5 图像处理系统

图像处理系统是工业机器人视觉系统的关键和核心，主要用于图像处理及分析。图像处理系统是一系列图像处理及分析算法模块，用户可根据检测要求设计开发相应的功能，通过图像数据的复杂计算和处理，最终得到系统设计所需要的信息，然后通过与之相连接的外部设备以各种形式输出检测结果及响应。

常用的图像处理系统有两种：一种是基于智能相机的嵌入式图像处理系统，它能够直接将图像处理系统集成到芯片中，并将常用的图像处理算法，如几何边缘的提取、Blob、灰度直方图、OCV/OVR、一维码/二维码、简单的定位和搜索等封装成固定的模块，用户可直接应用而无需编程；另一种是基于计算机的图像处理系统，通常与工业相机配合使用，需要在计算机环境中才能运行，图像处理功能利用“软件平台+工具包”开发，结构及功能复杂，但是可多路并行处理。

3.5.1 嵌入式图像处理系统

嵌入式图像处理系统通常内置在智能相机中，能脱离计算机对图像进行运算处理，包含图像预处理、图像标定、特征定位与识别、尺寸测量、缺陷检测、结果分析等功能，用户通过计算机端配套软件平台进行工具配置，无须任何代码编程，只需拖拉操作就可以完成图像设置及特征定位，程序下载入相机后可进行独立的检测，并将检测结果直接返回给控制单元或执行机构。这类系统使用方便，性能稳定，因此在工业领域得到广泛应用。

常用的嵌入式图像处理系统有信捷智能相机、康耐视（Cognex）智能相机，如图3-46所示。

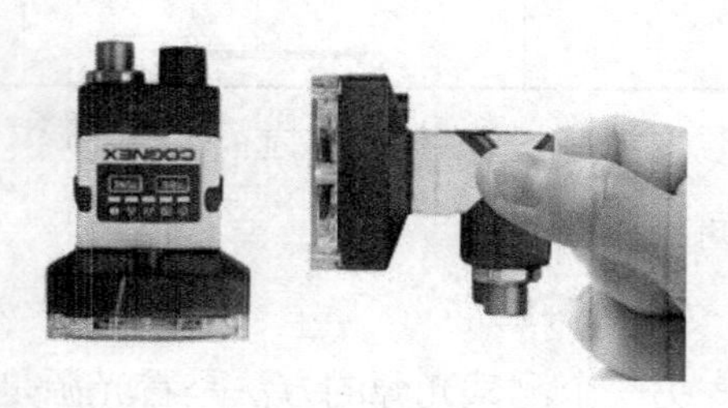

图3-46 智能相机

嵌入式智能相机集图像的采集、处理、通信等功能于一体，实现单机运行，对于模块化、通用型场合具有很好的适用性，能够极大简化系统复杂程度，缩短项目开发周期。

嵌入式智能相机是功能强大的视觉工具，配合工业机器人视觉系统，完全能够满足工业实际大多数视觉应用，通过对图像进行编辑和组态，将任务下载至嵌入式智能相机中，脱离计算机，智能相机即可根据所设置和编程的方式，单机独立运行。

通常嵌入式智能相机具有如下工具。

1. 引导工具

引导工具能够在元件方向、尺寸和外貌等方面差异很大的环境中可靠并且准确地定位元件。

2. 检测工具

检测工具可验证零件的正确装配并且在元件表面查找缺陷，能提供强大的反复检查结果，而不管元件的方向有何变化，允许用户简单通过缺陷类型分类缺陷，可以检查电气的正确装配。

3. 测量工具

测量工具可测量特征间的距离，验证误差并且定位边线，能够对关键元件维度进行高精度计算，而不管元件的方向有何变化。

4. 识别工具

识别工具能可靠地读取标签上或者直接标记在部件上的一维码、二维码、文字字符，以及颜色的识别；能够处理由于加工退化和标记技术而引起的低对比度、形状差的代码、字符、颜色等，如激光蚀刻。

3.5.2 基于计算机的图像处理系统

基于计算机的图像处理系统，虽然需要用户针对不同的应用场合设计开发相应的功能，但其灵活性强，功能强大，当前比较流行的开发模式是“软件平台+工具包”。

软件平台主要有VC++、C#、LabVIEW、VB、Delphi、Java等，其中VC++、C#、LabVIEW的功能特点和应用场合见表3-6。

表 3-6 视觉系统开发软件平台对比

软件平台	功能特点
VC++	最通用，功能最强大；用户多，和 Windows 搭配，运行性能较好，可以自己写算法，也可以用工具包，而且基本上工具包都支持 VC++ 的开发，是图像处理功能开发的主要选择平台
C#	比较容易上手，特别是完成界面等功能比用 VC++ 难度低了很多，已经逐渐成为流行的开发平台，可以调用标准的库或者使用 C# 与 C++ 混合编程开发算法。目前很多相机厂商的 SDK 都开始使用 C# 做应用程序
LabVIEW	NI 的图形化开发平台，开发速度快，特别适用于工业控制行业或者自动化测试行业。由于使用 LabVIEW 进行测试测量的广泛性，在 LabVIEW 的基础上，调用 NI 的 Vision 图像工具包开发，开发周期短，维护较为容易

常用的工具包包括源代码开放的OpenCV、德国MVTec的Halcon、美国MathWorks的Matlab、美国康耐视的VisionPro、加拿大的Maxtor Image Library、NI公司的NI Vision等。

1. OpenCV

OpenCV（Intel Open Source Computer Vision Library）是Intel公司面向应用程序开发者开发的计算机视觉库，其中包含了300多种图像处理和计算机视觉方面的C/C++程序。

OpenCV具有以下功能特点。

①源代码开放，开发者可以自由地调用函数库中的相关处理函数。

②具备强大的图像和矩阵运算能力，可大大减少开发者的编程工作量，有效提高开发效率和程序运行的可靠性。

③基于C/C++语言开发，具有很好的可移植性，可根据需要在MS-Windows和Linux两种平台运行，用于图像实时处理。

④可以进行图像/视频的载入、保存和采集的常规操作，具有低级和高级的应用程序接口（API）。

2. Halcon

Halcon是德国MVTec公司开发的一套完善的标准工业机器人视觉算法包，拥有应用广泛的工业机器人视觉集成开发环境。Halcon为大量的图像获取设备（如100余种工业相机和图像采集卡）提供接口，包括GenlCam、GigE和IIDC1394，保证了硬件的独立性；支持Windows、Linux和Mac OS X操作环境，整个函数库可以用C、C++、C#、Visual basic和Delphi等多种普通编程语言访问。

3. Matlab

Matlab是由美国MathWorks公司开发的一款用于概念设计、算法开发、建模仿真、实时实现的科学计算类软件。Matlab图像处理工具箱提供一套全方位的可参照的标准算法和图形工具，用于进行图像处理、分析、可视化和算法开发。

Matlab图像处理工具箱支持多种多样的图像类型，包括高动态范围、千兆像素分辨率、ICC兼容色彩和断层扫描图像，其图形工具可用于探索图像、检查像素区域、调节对比度、分析形状及纹理、调节图像色彩平衡、创建轮廓或柱状图等。

4. VisionPro

VisionPro是美国康耐视公司开发的一套标准机器视觉算法软件，包含图像预处理、图像拼接、图像标定、视觉定位、测量、结果分析等功能，该软件可以直接与各类型相机、采集卡等相连，可以直接输出检测结果，并提供二次开发接口。

5. Maxtor Image Library

Maxtor Image Library简称MIL，为加拿大Maxtor公司开发的高级图像处理软件开发包，它是一个集图像采集、传输、处理、分析和显示于一身的完整的程序库，包含了大量的优化函数可用于图像处理。MIL软件包是一种硬件独立、有标准组件的32位图像库，它有一整套指令，针对图像的处理和特殊操作，包括斑痕分析、图像校准、口径测定、二维数据读写、测量、图案识别及光学符号识别操作。

6. NI Vision

NI Vision是专为开发机器视觉和科学成像应用的工程师及科学家而设计的视觉模块，包括NI Vision Builder和IMAQ Vision两部分。NI Vision Builder是一个交互式的开发环境，开发人员无须编程，即能快速完成视觉应用系统的模型建立；IMAQ Vision是一套包含各种图像处理函数的功能库。 NI Vision Builder与IMAQ Vision软件配合工作，能大大简化视觉系统的开发工作。

NI Vision有以下功能特点：高级机器视觉、图像处理功能以及显示工具；高速模式匹配可以定位大小方向各异的多种对象，甚至在光线不佳时也可实现；用于计算82个参数的颗粒分析(Blob Analysis)，包括对象的面积、周长和位置；包括用于一维和二维代码的可培训OCR和OVR工具；用于纠正透镜变形和相机视角的图像校准功能；灰度、彩色和二进制图像处理及分析。

思考题

1. 工业机器人视觉系统由哪几部分组成？

2. 简述工业机器人视觉系统的工作过程。

3. 工业机器人视觉系统的安装方式有哪两种？

4. 工业相机常用的图像传感器有哪两种？有什么区别？

5. 工业相机的主要技术参数有哪些？

6. 搭建工业机器人视觉系统时，依据样品需求检测如何进行相机选型？

7. 镜头的主要技术参数有哪些？

8. 镜头选型时，根据已知检测条件，如检测视野、工作距离、相机芯片大小，如何计算所需的镜头焦距？

9. 在进行硬件选型时，镜头支持的CCD传感器芯片尺寸与相机传感器芯片的尺寸是什么关系？

10. 镜头与相机接口如何选配？做出示意图。

11. 常用的光源按照结构类型分类有哪些？

12. 光源的照明形式有哪几种？分别适用于什么场合？

13. 常见的工业光源颜色有哪些？它们的RGB 值分别是什么？

14. 常用的图像处理系统有哪些？

15. 工业机器人视觉处理系统中基于计算机的图像处理系统运行的软件平台有哪些？

第4章 智能视觉系统

随着科技的日渐成熟，机器视觉得到了飞速发展。由于嵌入式技术的发展，近几年智能相机性能显著提高，越来越多必须依赖于计算机处理的应用开始向智能相机平台倾斜。低成本、高可靠性及易于安装维护等优势，使得机器视觉在制造业上的规模性应用越来越普遍。目前，机器视觉应用范围也逐步扩大，由起初的电子制造业和半导体生产企业，发展到了食品包装，汽车零部件，交通运输和医药制品等多个行业。

4.1 智能相机简介

智能相机是集高速微处理器、内存、程序存储、图像采集、图像处理为一体的相机。提供了具有多功能、模块化、高可靠性、易于实现的机器视觉解决方案。

智能相机常用品牌主要包括：Cognex、信捷X-SIGHT、DALSA、Baumer等，如图4-1所示。

（a）Cognex

（b）信捷 X-SIGHT

（c）DALSA

（d）Baumer

图4-1 智能相机品牌

4.1.1　系统构成

智能相机一般由图像采集单元、图像处理单元、图像处理软件、网络通信单元等构成，如图4-2所示，各部分的功能如下。

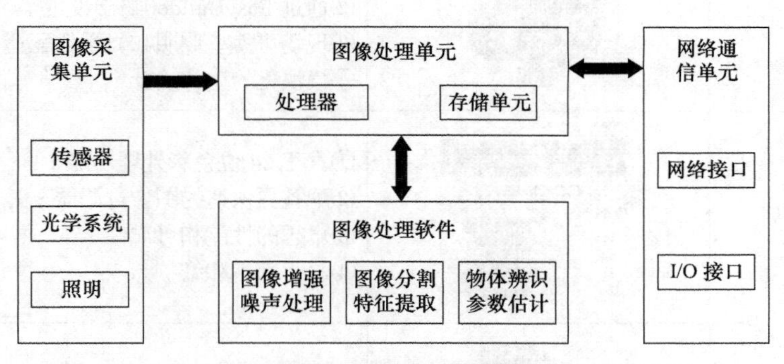

图4-2　工业机器人视觉系统构成

1. 图像采集单元

在智能相机中，图像采集单元相当于普通意义上的CCD/CMOS相机和图像采集卡。它将光学图像转换为模拟/数字图像，并输出至图像处理单元。

2. 图像处理单元

图像处理单元类似于图像采集、处理卡。它可对图像采集单元的图像数据进行实时的存储，并在图像处理软件的支持下进行图像处理。

3. 图像处理软件

图像处理软件主要在图像处理单元硬件环境的支持下，完成图像处理功能，如几何边缘的提取、Blob、灰度直方图、OCV/OVR、简单的定位和搜索等。在智能相机中，以上算法都封装成固定的模块，用户可直接应用而无须编程。

4. 网络通信单元

网络通信装置是智能相机的重要组成部分，主要完成控制信息、图像数据的通信任务。智能相机一般均内置以太网通信装置，并支持多种标准网络和总线协议，从而使多台智能相机构成更大的工业机器人视觉系统。

4.1.2　常用系列

本节以康耐视（Cognex）的In-Sight系列智能相机进行讲解。美国康耐视在工业机器人视觉行业中是具有代表性的品牌，下面主要介绍康耐视In-Sight 2000系列智能相机相关的功能介绍、软件使用等内容。

下面针对康耐视的In-Sight系列智能相机作简要的功能特征比较，见表4-1。

表 4-1　In-Sight 系列智能相机功能特征比较

系列	参考图片	功能特征
In-Sight 2000 系列		①功能较强的 In-Sight 视觉工具； ②通过 EasyBuilder 易于设置； ③现场可换型照明和光学件配置； ④模块化的主体设计
In-Sight 5000 系列		①真正 24 位色彩处理功能； ②配备更快速的图像过滤器； ③卓越的性能和可靠性； ④易于部署和维护
In-Sight 9000 系列		①仅有的独立线扫描系统； ②检查长方形、圆柱形和连续运动的部件

4.1.3　智能相机介绍

1. 智能相机配件

康耐视In-Sight 2000系列智能相机具有集成度高、灵活性强、外观小巧精致的特点，可根据应用需求选择合适的配件。其主要的配件包括：照明和滤镜、灯罩、镜头、固定支架、电缆、电源，见表4-2。

表 4-2　In-Sight 2000 系列智能相机配件

序号	名称	参考图片	说明
1	照明和滤镜		漫射罩的白色 LED 环灯，可根据需要更换成红、蓝和 IR 环形灯及滤镜
2	灯罩		偏光灯罩结合白色 LED 环形灯可以减少明亮零件表面上不必要的反射。长距离应用中可以使用透明罩提高图像亮度
3	镜头		8 mm S 型接口 /M12 镜头。可根据需要更换成 3.6 mm、6 mm、12 mm、16 mm、25 mm S 型接口 /M12 镜头
4	固定支架		可以使用多个支架和适配器将 In-Sight 2000 视觉传感器安装至生产线上的几乎任何检测位置。可安装至冲洗区域或其他苛刻环境中

续表

序号	名称	参考图片	说明
5	电缆		多种长度的网线、电源线和 I/O 电缆。需要额外 I/O 时，CIO-1400 I/O 扩展模块可扩展 7 个通用输入和 8 个输出
6	电源		提供紧凑型 DIN 导轨 24 V 直流电源

备注：此处列出的为该系列智能相机的所有配件，用户可根据需要进行搭配。

2. 智能相机面板及接口

在使用该系列智能相机过程中，可以通过面板上部分快捷功能键以及特定LED显示灯来提高使用效率。智能相机面板介绍及接口定义参考见表4-3、表4-4。

表 4-3　面板及接口详细表

序号	说　明
1	触发按键
2	电源、I/O 及 RS-232 连接器（信号分布见表 4-4）
3	——
4	以太网连接器
5	电源指示灯
6	触发状态指示灯
7	通过 / 失败指示灯
8	网络状态指示灯
9 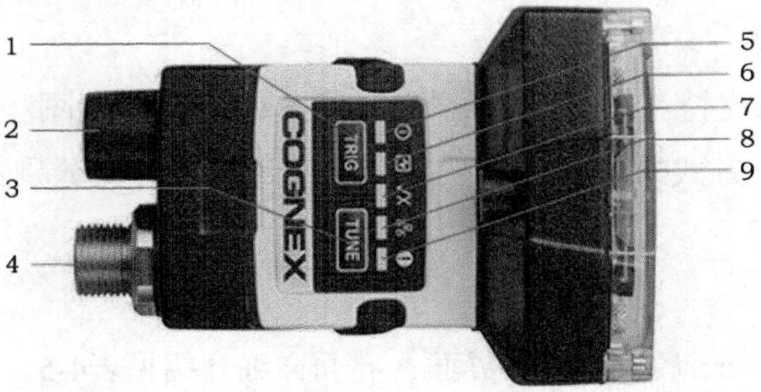	故障指示灯

表 4-4　电源、I/O 及 RS-232 线缆信号分布表

针脚号	信号信息	线缆颜色
1	HS OUT2	黄色
2	RS-232 Tx	白色 / 黄色
3	RS-232 Rx	棕色
4	HS OUT 3	白色 / 棕色
5	IN 0	紫色
6	INPUT COMMON	白色 / 紫色
7	+24V DC	红色
8	GND	黑色
9	OUTPUT COMMON	绿色
10	TRIGGER	橙色
11	HS OUT 0	蓝色
12	HS OUT 1	灰色

智能相机正常工作中需要外部提供24V直流电源，可以通过外部信号触发方式（使用TRIGGER信号+INPUT COMMON信号）控制智能相机拍摄图片。

4.1.4　软件介绍

In-Sight Explorer 软件支持In-Sight 2000系列智能相机的组态编程工作。下面主要针对该软件的重点功能进行讲解。

1. 软件功能介绍

In-Sight Explorer支持“电子表格视图”与“EasyBuilder视图”，不同的视图下可通过“电子表格函数”方式与封装好的“应用程序步骤”方式分别进行智能相机的组态编程。

2. 界面介绍

打开In-Sight Explorer后进入软件界面，界面详细介绍见表4-5。

表 4-5　In-Sight Explorer 界面详细

序号	说　　明
1	标题栏，显示当前连接的智能相机型号信息
2	菜单栏
3	工具栏，具体内容可以通过“菜单栏”中的“工具栏”进行调整
4	In-Sight 网络窗口，显示目标相机
5	应用程序步骤导航窗口，组态编写工作流程向导
6	选中目标的具体详细设置窗口，可对选中目标进行相关设置
7	图像显示工作窗口，主要工作区域，以及图片显示区域
8	选择板窗口，可查看输出结果、I/O 等信息 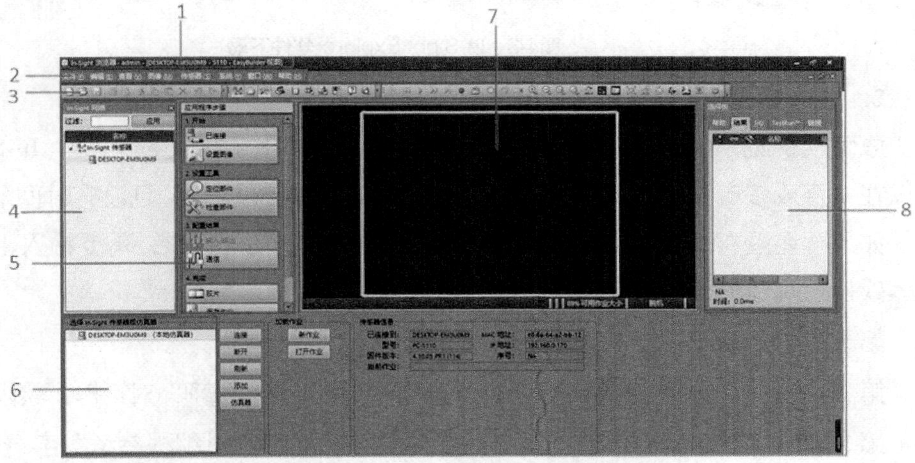

4.2　智能相机连接

4.2.1　软件安装

1. 下载

In-Sight Explorer软件可通过康耐视官方网站进行下载。软件下载路径：Home→Support→In-Sight→软件和固件，选择需要的版本进行下载，如图4-3所示。

图4-3 In-Sight Explorer软件下载

2. 仿真器密钥生成器

康耐视视觉系统的注册用户，只要在同一个网络上至少安装了一个 In-Sight 系统，可以在一台或多台计算机上安装和运行 In-Sight Explorer 软件，且没有时间限制。

如果要在没有 In-Sight 系统的情况下运行 In-Sight Explorer，需要输入密钥，解锁模拟器软件。具体操作步骤如下。

第 1 步：启动 In-Sight Explorer。

第 2 步：在“系统”菜单下，选择“选项”。将显示“选项”对话框，默认选中模拟。

第 3 步：在对话框的注册项里，找到 8 位字符的“脱机编程参考”字符串。

第 4 步：将该字符串复制到下面标为“脱机编程参考”的文本框中，然后按“获取密钥”按钮生成解锁“脱机编程”的密钥，如图4-4所示。

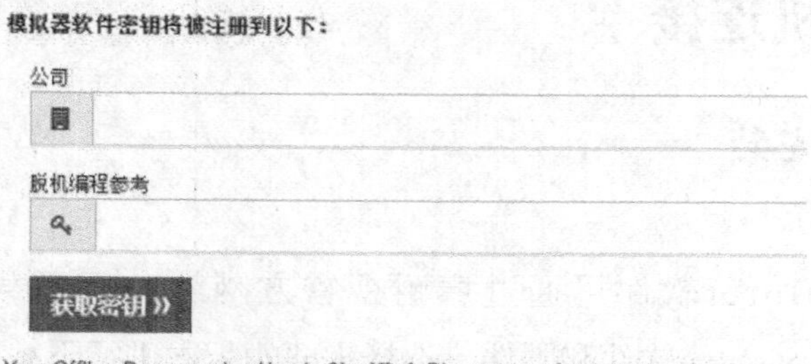

图4-4 获取密钥

备注：密钥生成器路径：Home → Support → In-Sight → In-Sight 模拟器软件密钥。

4.2.2　联机设置

智能相机在编程组态时需要进行设备硬件连接，通过网线将计算机与相机连接。只有连接完成才能够通过计算机编写、测试智能相机组态编程作业，如图4-5所示。

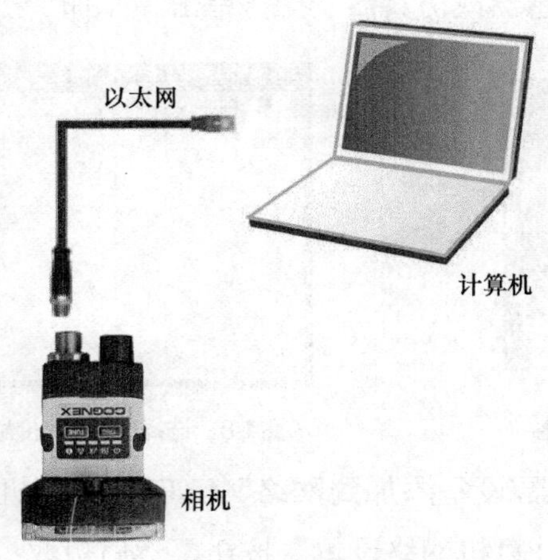

图4-5　以太网连接方式

在联机之前需要给智能相机供电，计算机装有In-Sight Explorer软件。具体连接步骤如下。

1. 设置计算机IP地址

设置路径：控制面板→网络和Internet→网络和共享中心→本地连接→属性→Internet协议版本4（TCP/IPv4）属性。

设置计算机IP为：192.168.0.12，子网掩码：255.255.255.0，DNS保持默认配置，如图4-6所示。

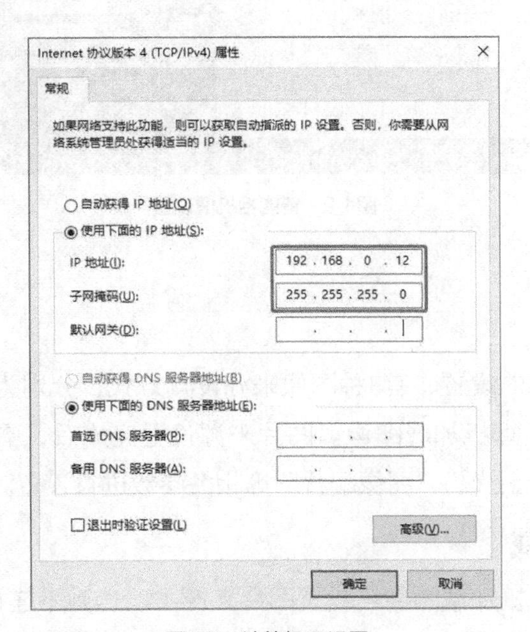

图4-6　计算机IP设置

2. 添加智能相机

①打开In-Sight Explorer软件，单击“应用程序步骤”中的“已连接”按钮，如图4-7所示。

②在“选择In-Sight传感器或仿真器”栏，单击“添加”按钮，如图4-8所示。

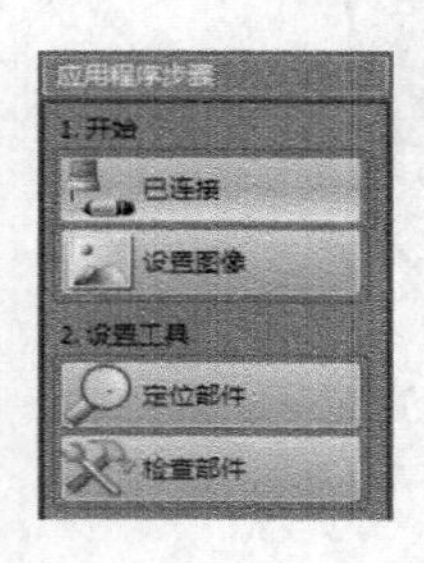

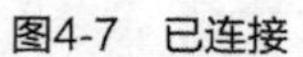
图4-7 已连接

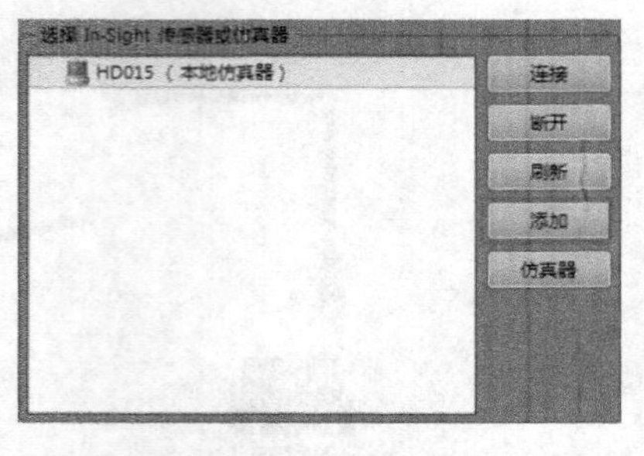

图4-8 选择In-Sight传感器或仿真器

③在弹出的“将传感器/设备添加到网络”窗口进行相机IP配置：选中“使用下列网络设置”，单击“复制计算机网络设置”按钮，然后更改“IP地址”，将其设置与计算机的同一网段，此处IP地址为：192.168.0.10，默认网关：255.255.255.0 ，如图4-9所示。单击“应用”按钮，稍等片刻，设置生效。

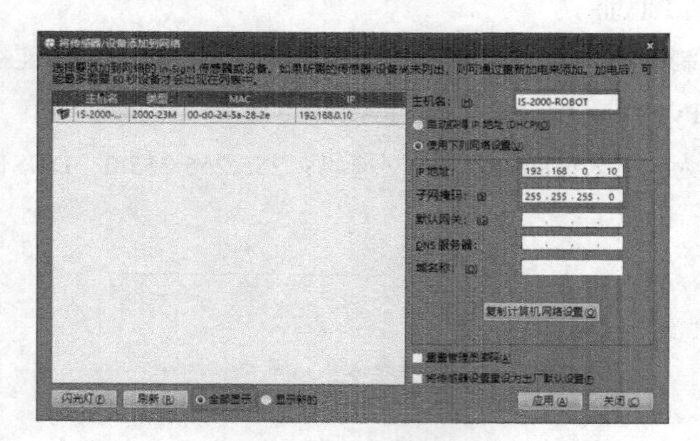

图4-9 智能相机IP设置

4.3 设置图像

此处进行图像来源的设置，有3种图像来源设置方式，分别为触发器、实况视频、从计算机加载图像。图片来源设置完成后，需要对“触发器类型”“灯光配置”“图像配置”等相关参数进行设置。

4.3.1 图像加载

本节介绍“从计算机加载图像”设置图片来源，以达到不连接实体智能相机也可以获取图片的功能。设置方法如下。

第1步：单击“应用程序步骤”中的“设置图像”按钮，如图4-10所示。

第2步：在“采集/加载图像”栏单击“从计算机加载图像”按钮，如图4-11所示。

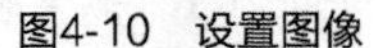

图4-10　设置图像

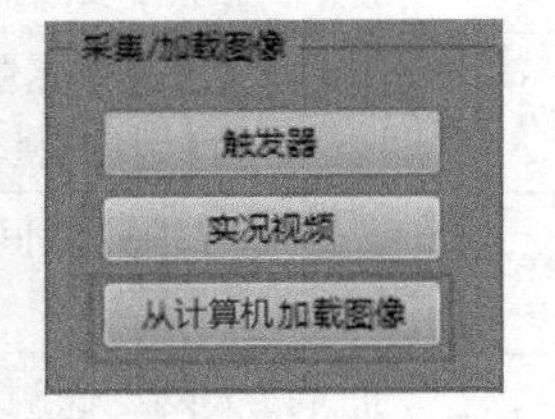

图4-11　从计算机加载图像

第3步：在“记录/回放选项”中设置回放文件夹路径，如图4-12所示。

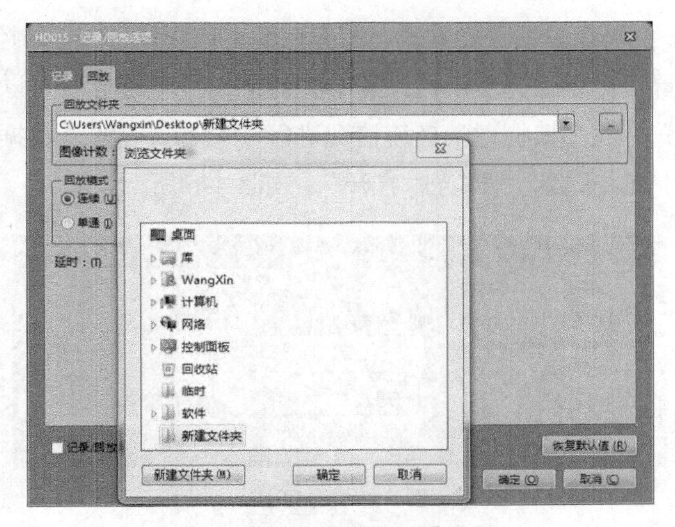

图4-12　“记录/回放选项”窗口

4.3.2　触发器

“触发器”中可以设置智能相机拍摄的多种触发方式，包括相机、连续、手动、工业以太网4种方式，如图4-13所示。具体触发方式含义见表4-6。

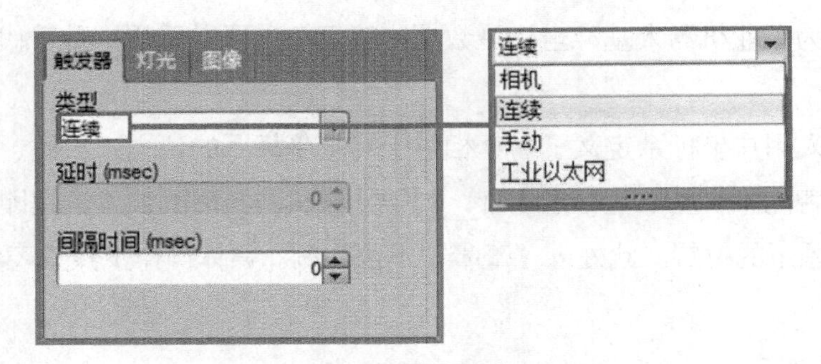

图4-13　触发方式

表 4-6 触发方式含义

序号	触发器类型	说明	应用场景
1	相机	通过“电源 /I/O 电缆”中的 TRIGGER 信号触发智能相机拍照，采集图像	外触发智能相机拍照
2	手动	通过手动单击“In-Sight Explorer”软件中的“触发器”按钮进行触发拍照，采集图像	手动单击触发拍照
3	连续	通过设置拍照时间间隔进行连续触发智能相机拍照，采集图像	连续触发智能相机拍照
4	工业以太网	通过以太网发送触发指令触发智能相机拍照，采集图像	软件触发智能相机拍照

4.3.3 灯光

通过“灯光”栏可以设置曝光方式、图像亮度、曝光时间、光源控制模式等参数。自动曝光只能设置目标图像亮度不能设置曝光时间，手动曝光既可以设置目标图像亮度，也能设置曝光时间。根据现场环境情况进行“曝光”设置，数据越大图案越亮。“光源控制模式”默认设置为“曝光时打开”，如图4-14所示。。

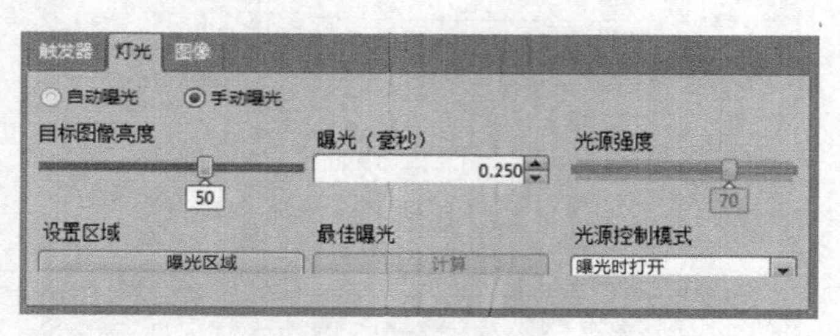

图4-14 灯光设置

4.3.4 图像校准

图像校准的目的是将智能相机像素坐标系转换成实际长度对应的坐标系。智能相机输出的像素坐标经过转换后变为以智能相机视场原点为基准的二维坐标，该坐标数据需要进一步转换为工业机器人坐标系中的数据才能被工业机器人识别使用。直接将该二维坐标数据转换为工业机器人基准坐标系数据比较复杂，可以采用一种替代方案完成转换工作。

工业机器人用户坐标系定义了一个相对于其基坐标系的位置，因此，将工业机器人用户坐标系与智能相机基准坐标系重合，则智能相机转换后的二维数据即为工业机器人在该用户坐标系下的位置。此处以“毫米”单位为例。具体操作步骤见表4-7。

表 4-7　图像校准与工业机器人坐标系

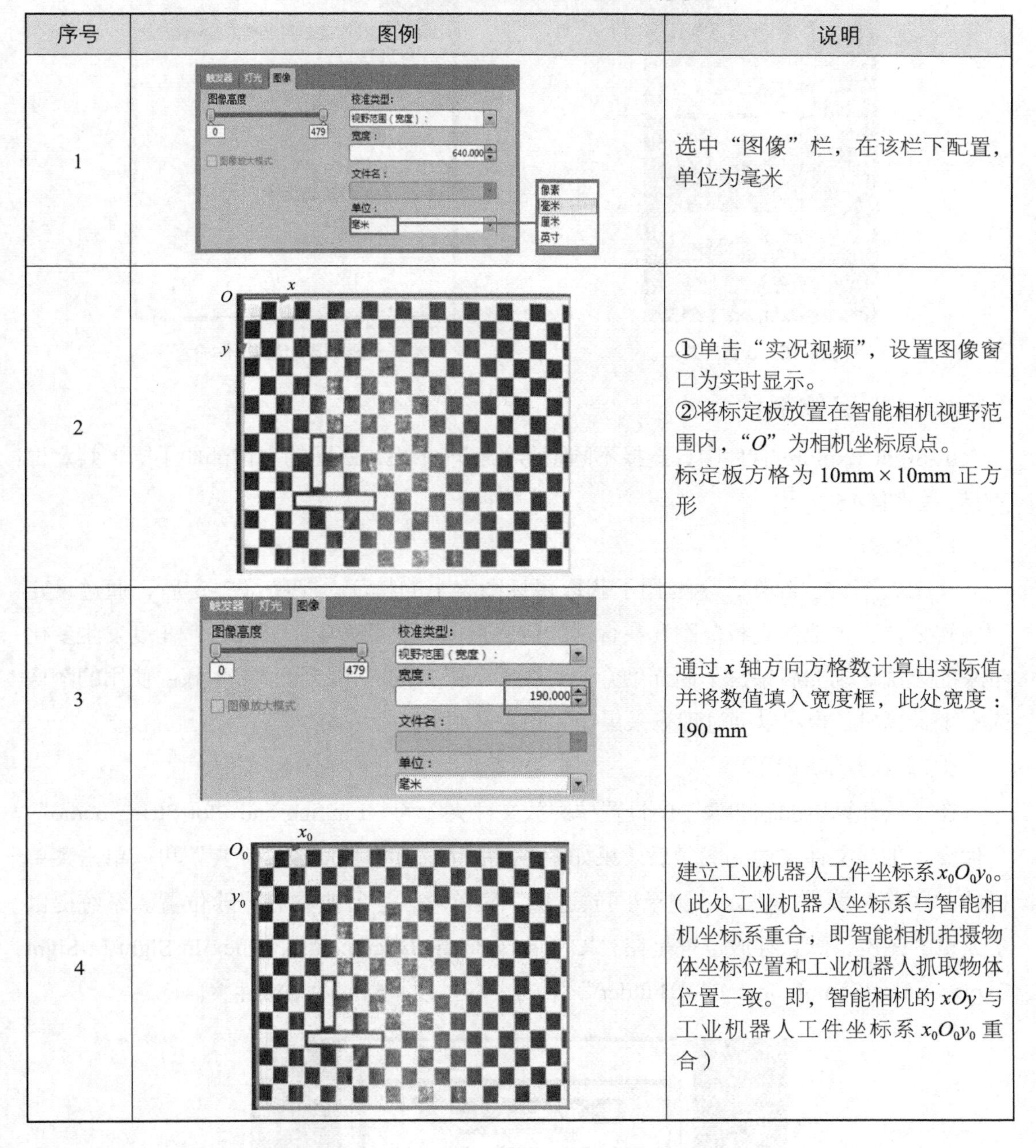

序号	图例	说明
1		选中“图像”栏，在该栏下配置，单位为毫米
2		①单击“实况视频”，设置图像窗口为实时显示。 ②将标定板放置在智能相机视野范围内，“O”为相机坐标原点。 标定板方格为 10mm × 10mm 正方形
3		通过 x 轴方向方格数计算出实际值并将数值填入宽度框，此处宽度：190 mm
4		建立工业机器人工件坐标系 $x_0O_0y_0$。（此处工业机器人坐标系与智能相机坐标系重合，即智能相机拍摄物体坐标位置和工业机器人抓取物体位置一致。即，智能相机的 xOy 与工业机器人工件坐标系 $x_0O_0y_0$ 重合）

4.4　设置工具

通过设置工具栏（见图4-15）下方的“定位部件”“检查部件”进行工具组态的使用配置。

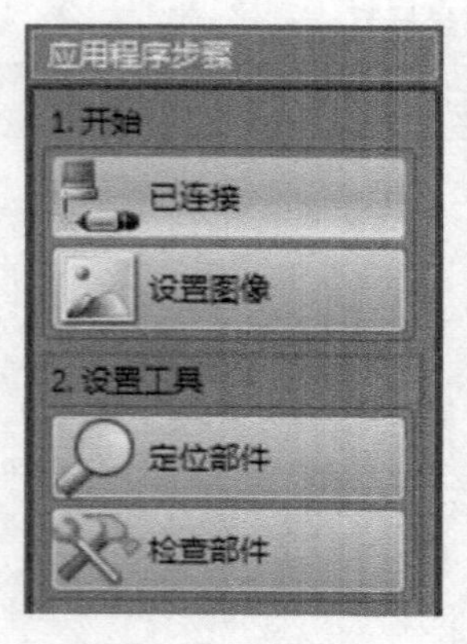

图4-15 设置工具

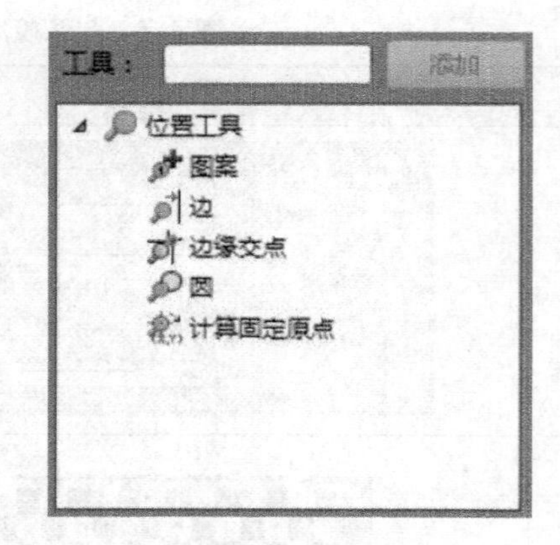

图4-16 定位部件

4.4.1 定位部件

In-Sight Explorer软件中，选择不同型号的智能相机，匹配的定位部件不同，其定位工具，如图4-16所示。

1. 图案

“图案”定位部件，主要用于获取目标图案上的特征。把特征锁定后，通过设定“旋转公差”“部件查找范围”在合适的值，可以解决图像中特征位置、角度发生变化带来的无法识别的后果。下面详细介绍“图案”工具的应用步骤，本步骤中使用的图像来源于计算机，也可以通过现场采集作为图像来源。

（1）获取本地图像

在“从计算机加载图像”中设置“回放文件夹”为“Linking and Plot String demo”文件夹。加载文件夹中的图像后效果如图4-17所示。其中“回放文件夹”可以单击菜单栏的“图像”菜单，进入“记录/回放选项”菜单项，进行查看和修改位置。系统提供了大量的图例，默认存放位置是在 “C:\Users\Public\Documents\Cognex\In-Sight\In-Sight Explorer 5.xx\Sample Jobs\EasyBuilder\”下的“4x”或“5x”两个文件夹。

图4-17 名片图像

（2）添加定位工具—“图案”

在“应用程序步骤”下单击图4-18所示的“定位部件”按钮。在图4-19中选择“图案”单击“添加”按钮。

图4-18 定位部件

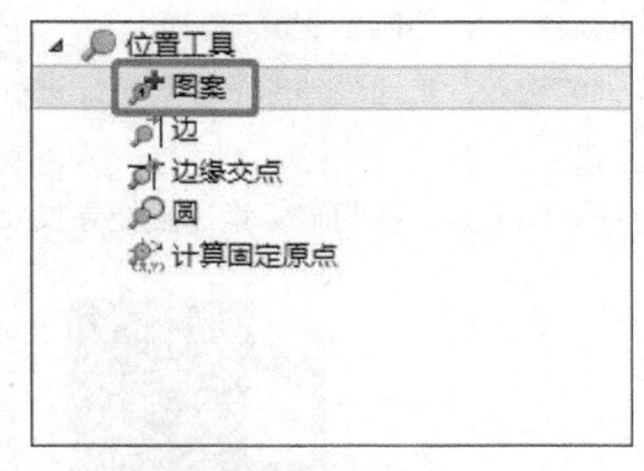

图4-19 添加工具

（3）设置模型区域与搜索区域

将训练区域覆盖目标图案，并把搜索区域设置为目标图像计划搜索区域，如图4-20所示。

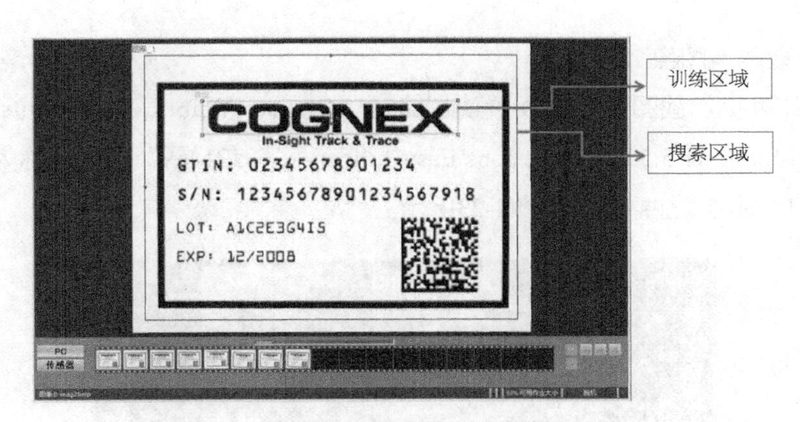

图4-20 搜索区域和训练区域

（4）设置“名称”及“相关参数”

为了准确查找部件，需要对部分参数进行设置，具体设置，如图4-21所示。

图4-21 名称及相关参数设置

①旋转公差：是指检测物件的旋转角度。

②部件查找范围：是指搜索物件的区域。

③名称：是对物件进行命名，此处设置名称："名片"。

④已启用：是控制左侧窗口编辑。

⑤训练输入：是通过外部信号对特征进行训练。

2. 边

边线处理工具，在明暗像素过渡处寻找分界线，应用案例，如图4-22所示。

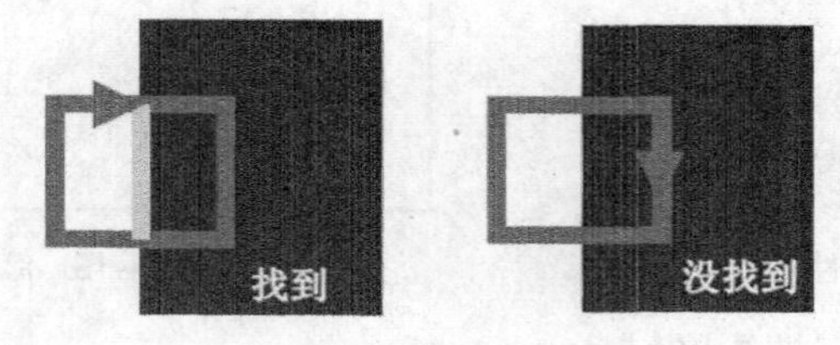

图4-22　边定位应用

以下案列是通过定位食品袋边缘来检测物体的位置及角度，来讲解边定位工具使用步骤。

（1）获取本地图像

在"从计算机加载图像"中设置使用路径"C:\Users\Public\Documents\Cognex\In-Sight\In-Sight Explorer 5.5.0\Sample Jobs\EasyBuilder\4x\OCRMax"下，名称为"Sample 1 - OCRMax"的图例，加载后，如图4-23所示。

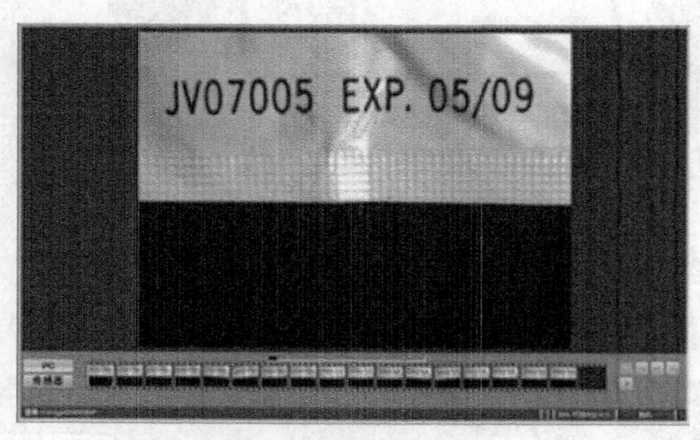

图4-23　食品袋边缘图像

（2）添加"边"工具

在"应用程序步骤"下单击图4-24所示的"定位部件"按钮。在图4-25中选中"边"，单击"添加"按钮。

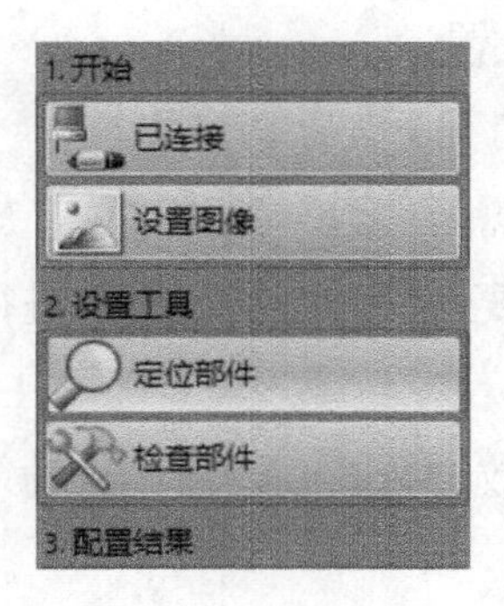

图4-24　定位部件

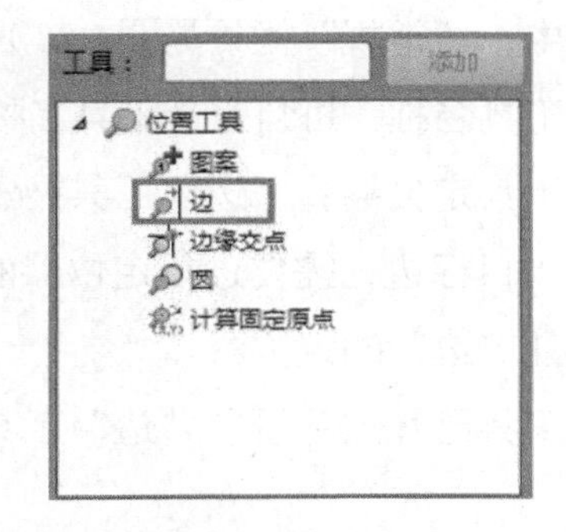

图4-25　添加工具

（3）设置“边”工具

单击“添加”按钮之后，会出现当前界面中检索到的所有边图像，且用蓝色线表示出来，如图4-26（a）所示。通过单击选中的蓝色边，蓝色变为紫色，表明将其设为目标边，单击“确定”按钮后，图像显示窗口会出现“边”工具，如图4-26（b）所示。

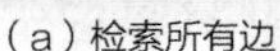
（a）检索所有边

（b）添加“边”工具后

图4-26　“边”工具添加

（4）设置“边”搜索区

添加“边”工具后可以通过“边”搜索框对“边”搜索范围进行调整，尽量保持目标边位于“边”搜索框的中央位置，如图4-27所示。

图4-27　“边”搜索区配置

（5）设置“常规”及“相关参数”

调整好“边”的搜索区域后，可根据需求在“常规”“设置”栏进行对应的参数设置。其中，“常规”栏（见图4-28）可以进行如下设置。

①工具名称：可自定义工具名称，不重命名的情况下为默认名称。

②工具定位器：“边”工具搜索参考特征，若需要“边”发生移位、旋转后依然可以搜索到目标边，需要进行定位器的配置，此时需要使用“图案”工具进行特征标注，作为该处“边”的定位器。

③工具已开启：设置“边”工具的有效性。无效、有效或者通过外输入进行有效性控制。

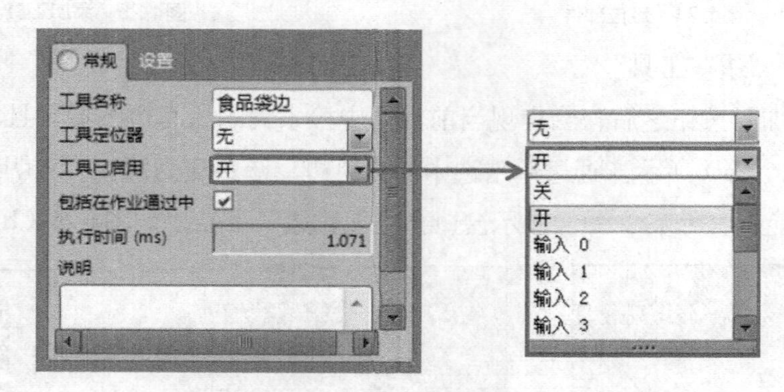

图4-28　“边”工具“常规”栏

在“设置”栏（见图4-29）可进行如下参数配置。

①边缘对比度：可通过边缘对比度来过滤模糊边的干扰，默认设置为25。

②边缘转换：设置边的检索方式：“由浅到深”“由深到浅”“两者”，默认为“两者”；

③边缘宽度：设置能被检索到的边缘宽度，范围为1~50，默认为“3”。

④查找依据：设置查找依据有“最佳得分”“第一条边”“最后一条边”，默认为“最佳得分”。

⑤角度范围：设置检索“边”允许的角度值，范围为0~10。

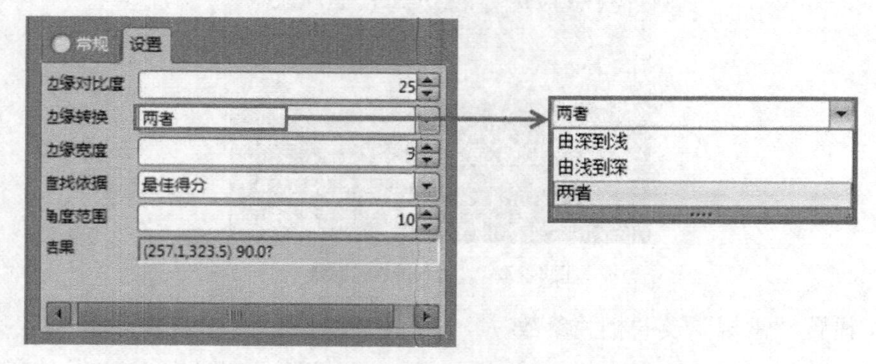

图4-29 “边”工具“设置”栏

3. 圆

“圆”工具用来检索视野图片中的目标圆是否存在。下面以一个带有定位器工具的智能相机组态编程案例讲解“圆”工具的使用，步骤如下。

（1）获取本地图像

在“从计算机加载图像”中设置使用路径“C:\Users\Public\Documents\Cognex\In-Sight\In-Sight Explorer 5.5.0\Sample Jobs\EasyBuilder\5x”下，名称为“Pipe Flange Inspection”的图例，加载后，如图4-30所示。

图4-30 工件图片加载

（2）添加定位工具—“图案”

选择完整工件作为特征参考，训练区域、检索区域、旋转公差、工具名称等参数设置，如图4-31所示。

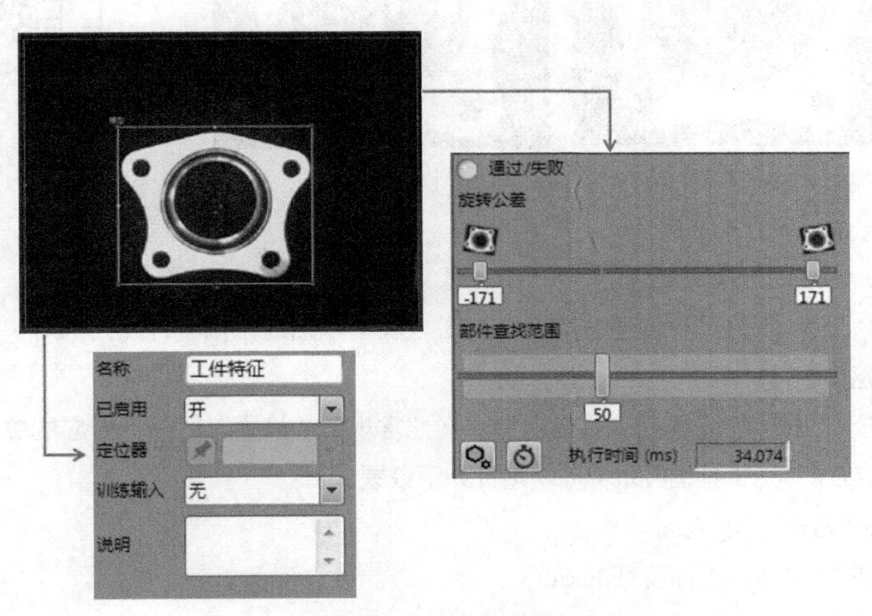

图4-31 “图案”工具相关配置

（3）添加定位工具

在“应用程序步骤”下单击图4-32所示的“定位部件”按钮。在图4-33中选择“圆”单击“添加”按钮。

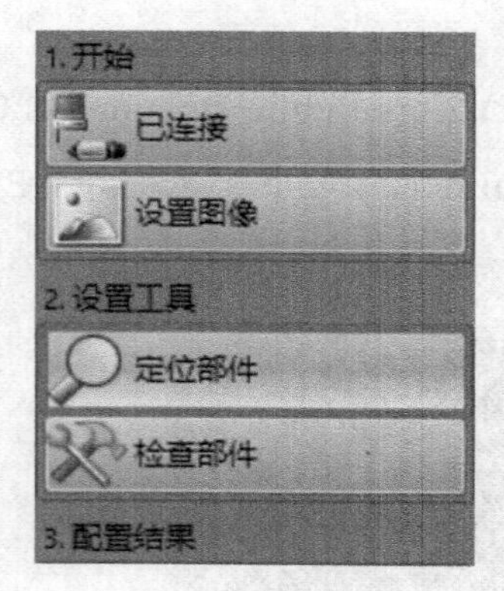

图4-32 定位部件

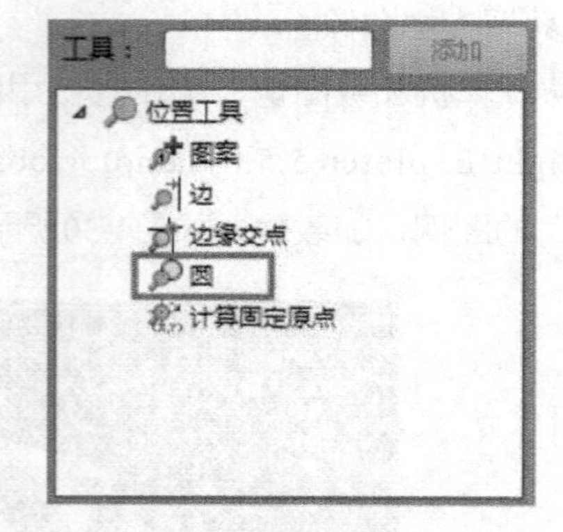

图4-33 添加工具

（4）设置圆搜索区域

单击“添加”按钮之后会出现当前界面中检索到的所有圆形图像，并用蓝色线表示出来，如图4-34（a）所示。通过单击选中的蓝色边，蓝色变为紫色，表明将其设为目标边，单击“确定”按钮后，图像显示窗口会出现“圆”工具，如图4-34（b）所示。

（a）圆检索

（b）圆选定

图4-34 “圆”工具添加

（5）“常规”及“设置”

添加“圆”工具后可以通过“圆”框对“圆”范围进行调整，此处未对“圆”模型区域做调整。

调整好“圆”的区域后，可根据需求在“常规”“设置”栏进行对应的参数设置。其中，“常规”栏（见图4-35）可以进行如下设置。

①工具名称：圆_内圈

②工具定位器：工件特征.Fixture

③工具已开启：开

在“设置”栏（见图4-36）可进行如下参数配置。

①边缘对比度：25。

②边缘转换：“两者”。

③边缘宽度：3。

④查找依据：“最佳得分”。

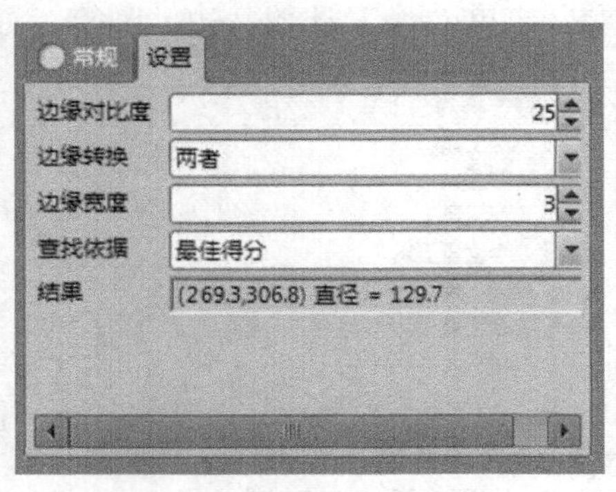

图 4-35 “圆”工具“常规”栏

图4-36 “圆”工具“设置”栏

（6）运行测试

单击“运行作业”按钮后，直接单击图像窗口下方对应的图像就可以对建立完成的智能相机组态编程进行测试，图4-37所示为测试结果，可以看出由于设置了“图案”特征作为“圆”工具的定位器，即使工件旋转或者移位也可以检测到内圈圆。

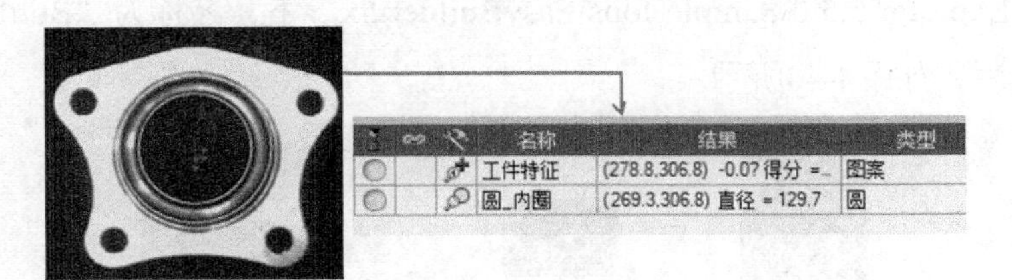

（a）未移位、未旋转工件测试

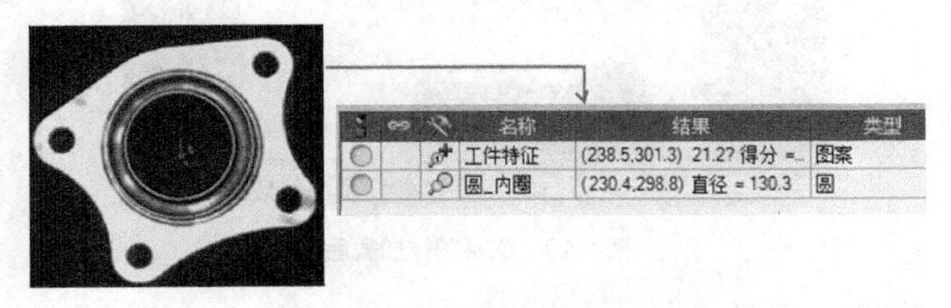

（b）移位且旋转工件测试

图 4-37 运行测试

4.4.2 检查部件

检测工具主要检测工件的有无或其他特殊特性，不输出检测目标的位置。由于检测工件位置的不确定性，检测工具一般需要基于定位工具来使用，保证检测工件被准确识别。需要根据待检测物体的特征选择检测工具。

In-Sight Explorer软件中，针对不同型号的智能相机所匹配的检查部件不同，其检测部件，如图4-38所示。

1. 存在/不存在工具

“存在/不存在工具”主要用于判定某特征在图像中存在或不存在。主要包括：对比度、图案、亮度、像素计数、边、圆等，如图4-39所示。

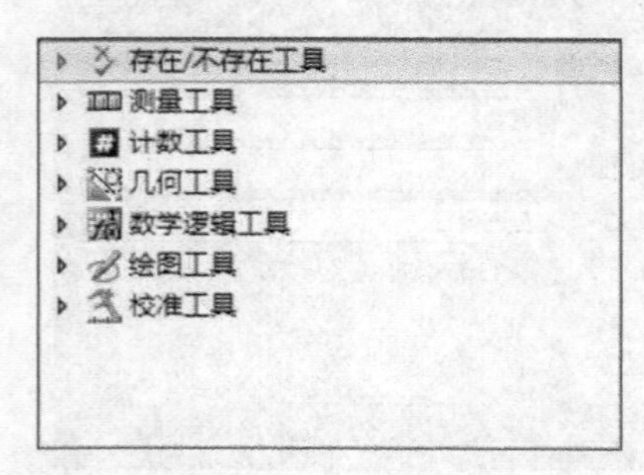

图4-38　检查部件

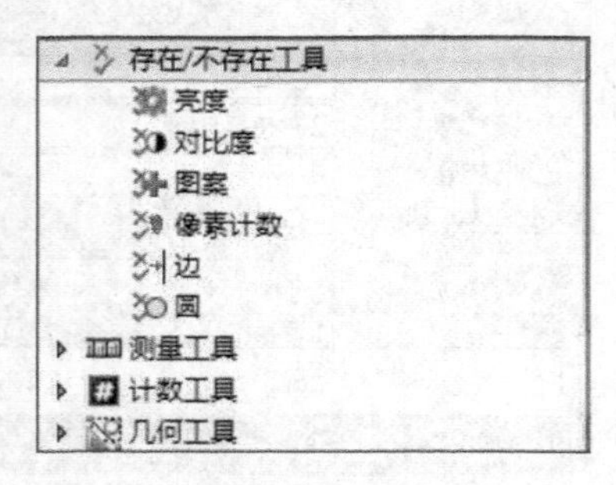

图4-39　存在/不存在工具

下面以一个带有定位器工具智能相机组态编程实例来介绍“对比度”工具的使用。本实例检测目的是检查可乐罐中是否有液体。智能相机组态编程步骤如下。

（1）加载本地图像

在“从计算机加载图像”中设置使用路径“C:\Users\Public\Documents\Cognex\In-Sight\In-Sight Explorer 5.5.0\Sample Jobs\EasyBuilder\5x”下，名称为“Bottle Inspection”的图例，加载后，如图4-40所示。

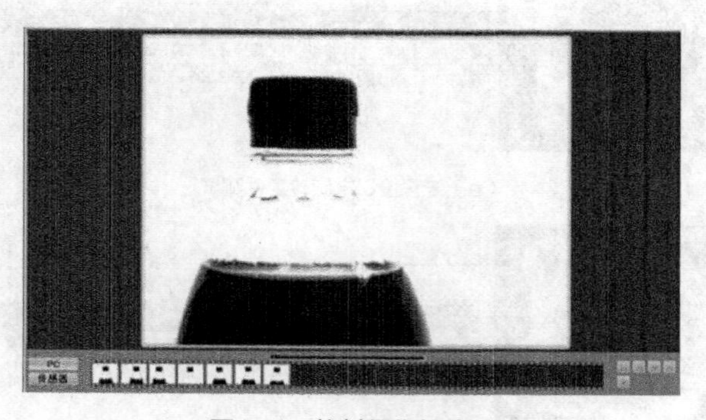

图4-40　饮料图像加载后

（2）添加“图案”工具

选择图例中第一张图片进行组态编辑，此处选择可乐瓶盖上侧作为特征训练区域，并设置“图案”工具相关参数（见图4-41）如下。

名称：图案_瓶盖上侧。

旋转公差：－140~140。

部件查找范围：46。

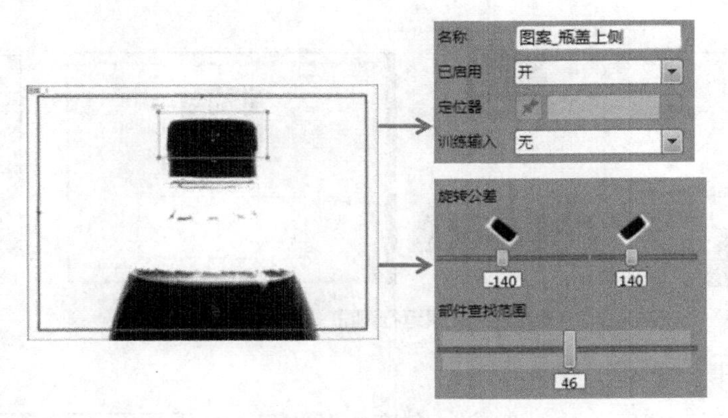

图4-41　“图案”设置

（3）添加检查部件—“对比度”

以“图案_瓶盖上侧”作为定位器，设置“对比度”工具，选择可乐瓶内液体空气过渡处作为对比度搜索区域，并进行相关设置，设置步骤如下。

① 单击“检查部件”按钮，工具栏显示相关工具，在“存在/不存在工具”展开项中选中“对比度”选项，单击“添加”按钮。

② 设置形状：“矩形”，拖动对比度区域框到合理位置（见图4-42）。单击“确定”按钮。

③设置“对比度”的相关参数（见图4-42）。

名称：对比度_液空交界处。

定位器：图案_瓶盖上侧.Fixture。

对比度范围以及通过范围：67~235。

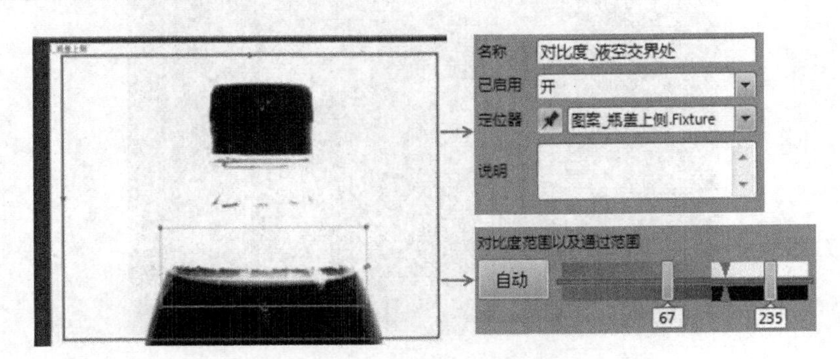

图4-42　“对比度”工具设置

（4）运行测试

单击“运行作业”按钮后，直接切换图片就可以测试已编写组态程序的运行结果（见图4-43），此图只给出3张图片的运行结果。绿色框表示对比度结果通过即查找到液位，红色框表示对比度结果失败即未查找到液位。

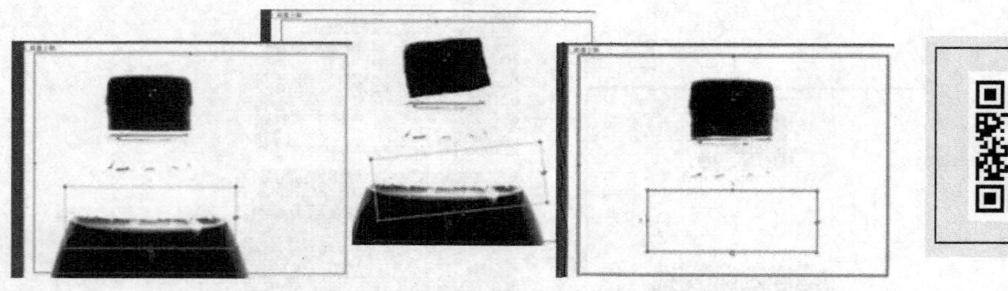

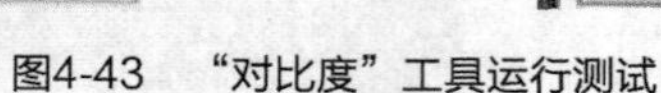

图4-43 “对比度”工具运行测试

2. 测量工具

测量工具用于测量图像中的距离、角度、圆直径、圆同心度、测量半径。该智能相机的测量工具种类，如图4-44所示。

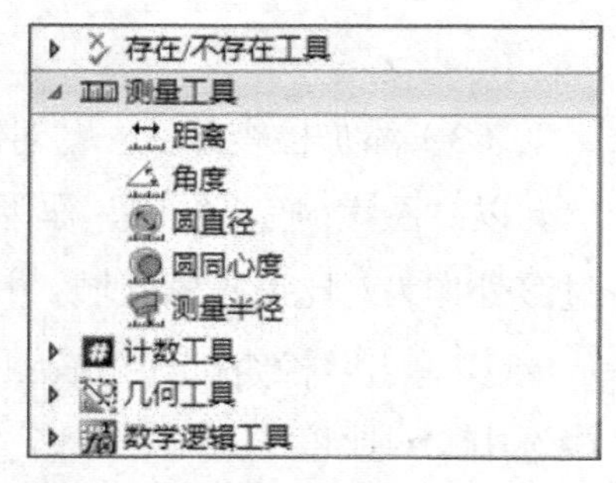

图4-44 测量工具

本节以测量四边形工件的角度为例，介绍测量工具的使用，测量工具组态编程步骤如下。

（1）获取本地图像

在“从计算机加载图片”中设置使用路径“C:\Users\Public\Documents\Cognex\In-Sight\In-Sight Explorer 5.5.0\Sample Jobs\EasyBuilder\5x”下，名称为“Dual Fiducial”的图例，加载后如图4-45所示。

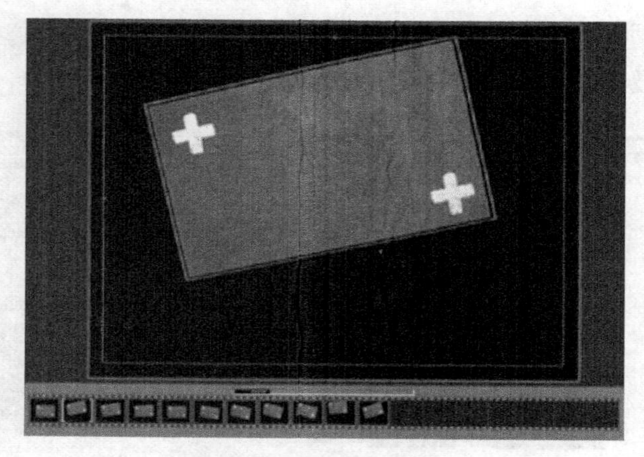

图4-45 四边形工件加载

（2）添加定位工具—“图案”

以加载图像的第一张图像作为组态编程参考图像，添加“图案”工具标定特征区域。此处以完整的四边形作为一个特征进行提取。实现通过检索不同位置、角度的完整四边形后对四边形左上角的角度进行测量，检索不到完整四边形则不对其进行角度测量。当角度满足89.6°～89.8°为可接受结果，否则为不可接受结果。“图案”工具相关设置，如图4-46所示。

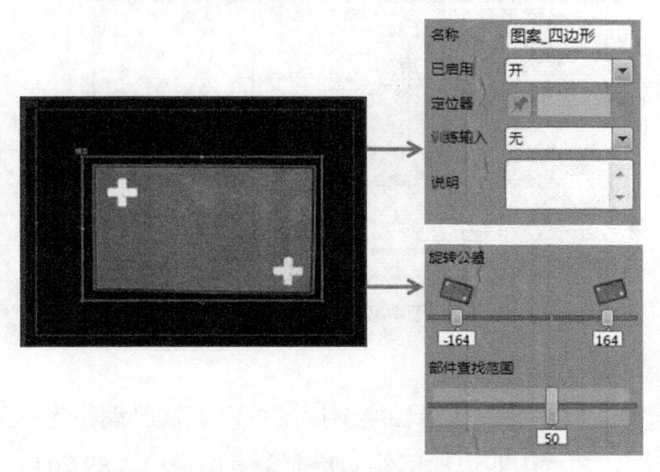

图4-46　“图案”工具设置

（3）配置测量工具—“角度”

单击“测量工具”→“角度”→“添加”按钮。弹出添加的角度工具，在图像窗口单击需要被测量角度的两条边（图4-47所示的黄色框内侧），产生角度测量工具。添加“角度”工具后进行角度相关设置，如图4-48所示。

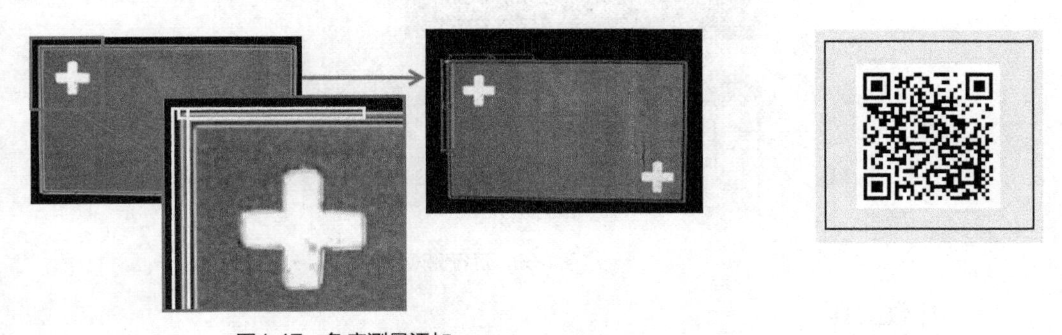

图4-47　角度测量添加

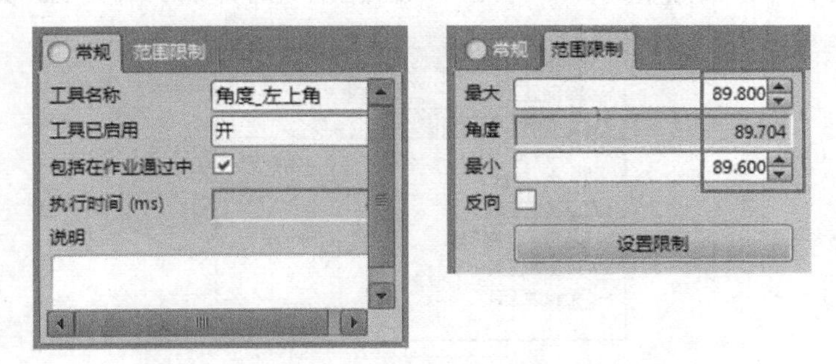

图4-48　“角度”配置

设置了“角度”工具后会在“选择板”窗口出现两个边工具，分别双击“边”工具进行对应的配置，如图4-49所示。

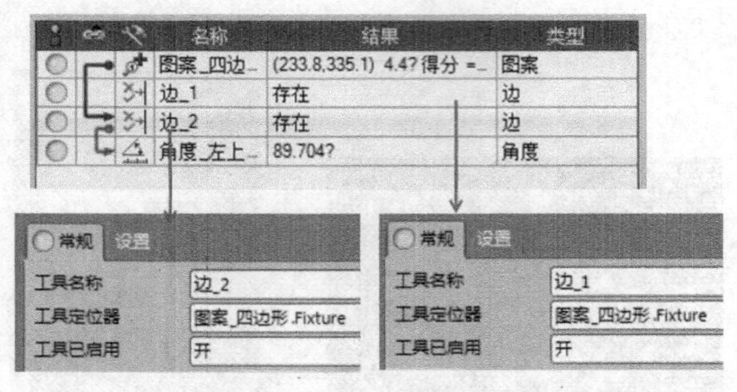

图4-49 “边”设置

（4）运行测试

单击“运行作业”按钮后，直接切换图片就可以测试已编组态程序的运行结果，如图4-50所示，此处选定图片中四边形工件的特征角度测量值为89.704°。

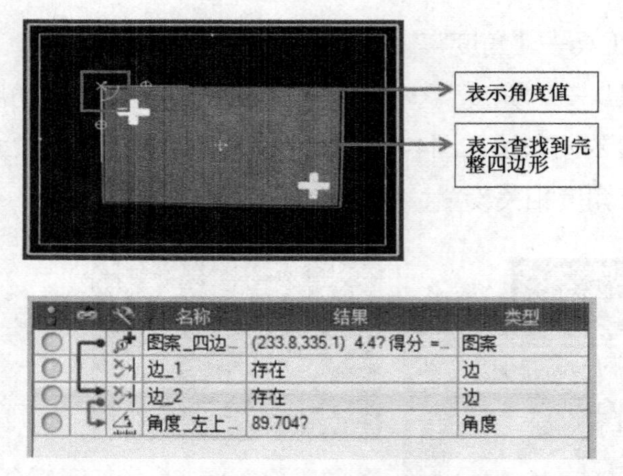

图4-50 运行测试

3. 计数工具

计数工具用于计算图像中的各种特征。该智能相机的计数工具类别，如图4-51所示。

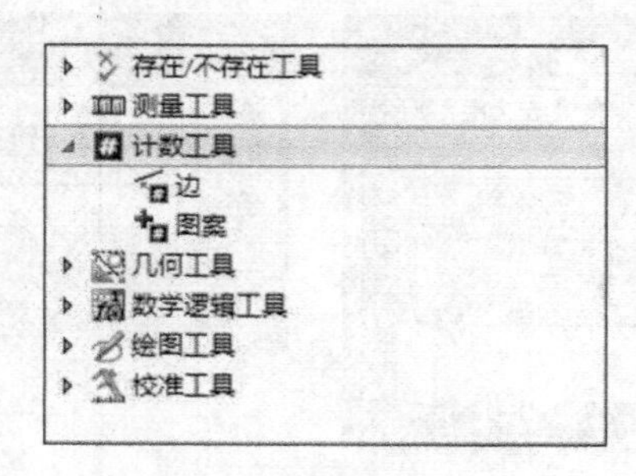

图4-51 计数工具

下面以计数工件上横板个数为例来介绍计数工具的使用，测量工具组态编程步骤如下。

（1）获取本地图像

在“从计算机加载图片”中设置使用路径“C:\Users\Public\Documents\Cognex\In-Sight\In-Sight Explorer 5.5.0\Sample Jobs\EasyBuilder\5x”下，名称为“Bracket Assembly Verification”的图例，加载后，如图4-52所示。

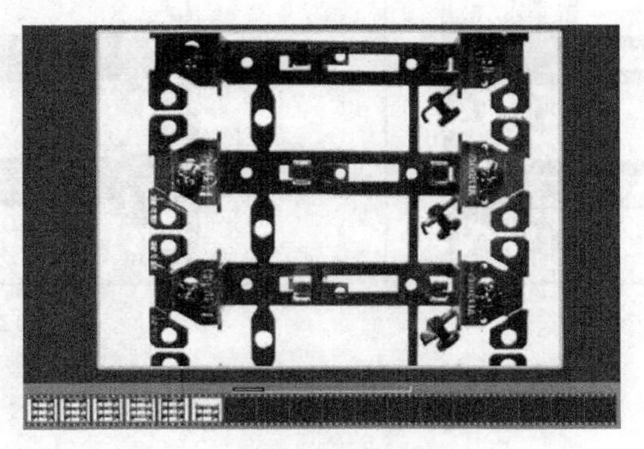

图4-52 钣金横板个数检测（1）

（2）添加计数工具

单击“检查部件”→“计数工具”→“图案”→“添加”按钮。然后分别调整“搜索区域”与“模型区域”到合理位置后（见图4-53）单击“确定”按钮。添加“图案”工具之后进行相关配置，如图4-54所示。

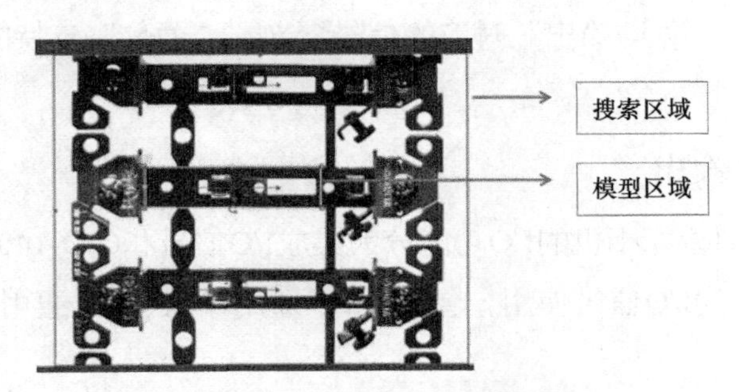

图4-53 “图案”工具添加

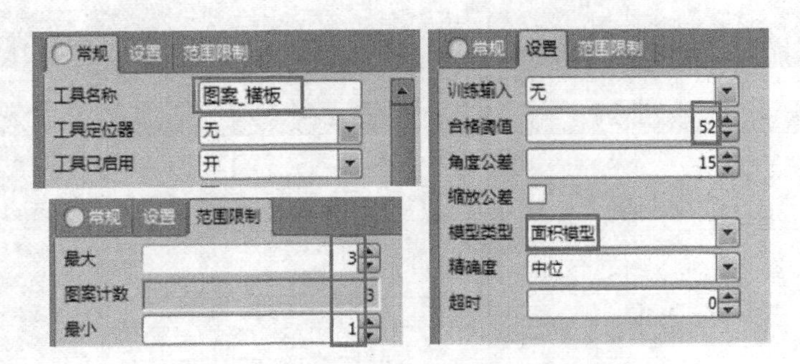

图4-54 “图案”相关参数设置

（3）运行测试

单击“运行作业”按钮后，直接切换图片就可以测试已编组态程序的运行结果，运行结果，如图4-55所示。

（a）3个横板

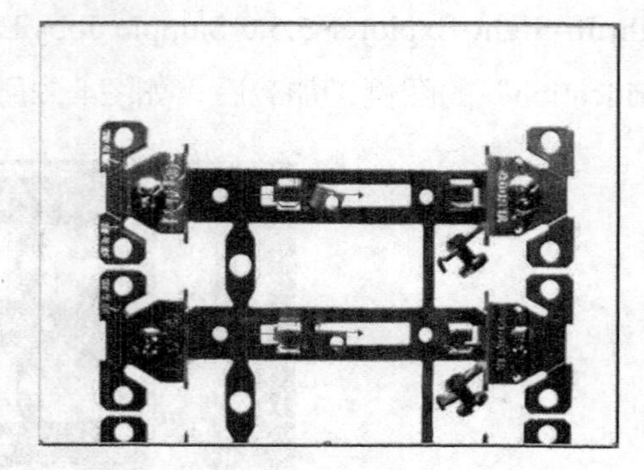

（b）2个横板

图4-55　钣金横板个数检测（2）

4.5　配置结果

在“配置结果”步骤可进行“输入/输出”及“通信”的配置。其中“输入/输出”主要对智能相机“电源线和 I/O电缆”中的I/O信号进行配置，而“通信”主要包含智能相机工作的输出结果与其他设备间的通信设置。“输入/输出”对应的信号含义、“通信”支持的通信模式与智能相机型号一一对应。

4.5.1　输入/输出

In-Sight 2000系列智能相机的I/O功能分为集成I/O信号和CIO-1400扩展模块，下面介绍智能相机自身集成的I/O信号使用，包括：1个通用输入、4个通用输出和3种作业指示灯，如图4-56所示。

离散 I/O

	名称	信号类型	边缘类型	作业结果	强制	
输入						
0	IN 0	用户数据		未定义	无	
输出						
Direct 0	HSOUT 0	作业结果		未定义	无	详细信息...
Direct 1	HSOUT 1	作业结果		未定义	无	详细信息...
Direct 2	HSOUT 2	作业结果		未定义	无	详细信息...
Direct 3	HSOUT 3	作业结果		未定义	无	详细信息...
LED 4 (Green)	Green LED	作业结果		作业通过	无	详细信息...
LED 4 (Red)	Red LED	作业结果		作业失败	无	详细信息...
LED 5	Yellow LED	作业结果		未定义	无	详细信息...

图4-56　输入/输出

输入/输出信号配置主要在与外部设备进行交互时使用，属于I/O数字信号范畴，需要在智能相机中进行信号配置。

输入信号类型包括：用户数据、重设计数器、事件触发器、联机/脱机、更改作业（脉冲）等，如图4-57所示。

离散 I/O

	名称	信号类型	边缘类型	作业结果	强制	
输入						
0	IN 0	用户数据		用户数据		
输出						
Direct 0	HSOUT 0	作业结果				详细信息...
Direct 1	HSOUT 1	作业结果				详细信息...
Direct 2	HSOUT 2	作业结果		未定义	无	详细信息...
Direct 3	HSOUT 3	作业结果		未定义	无	详细信息...
LED 4 (Green)	Green LED	作业结果		作业通过	无	详细信息...
LED 4 (Red)	Red LED	作业结果		作业失败	无	详细信息...
LED 5	Yellow LED	作业结果		未定义	无	详细信息...

用户数据
重设计数器
事件触发器
联机/脱机
更改作业（脉冲）

图4-57 输入信号类型

输出信号类型包括：作业结果、高、低、采集开始、采集结束、作业已完成等信号，如图4-58所示。

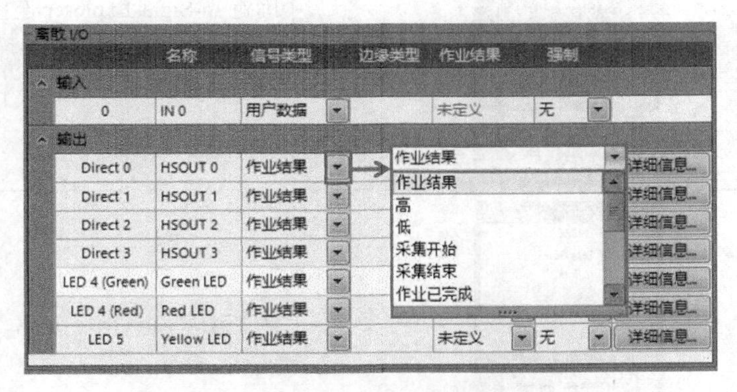

图4-58 输出信号类型

4.5.2 通信

康耐视In-Sight智能相机支持多种通信方式，包括内置的多种PLC及控制器和其他的通信协议。

①PLC/Motion控制器，包括：西门子PLC、三菱PLC、欧姆龙PLC以及其他品牌控制器通信，如图4-59所示。

②其他设备通信协议包括PROFINET、SLMP、SLMP扫描、TCP/IP、UDP、以太网/IP等，如图4-60所示。

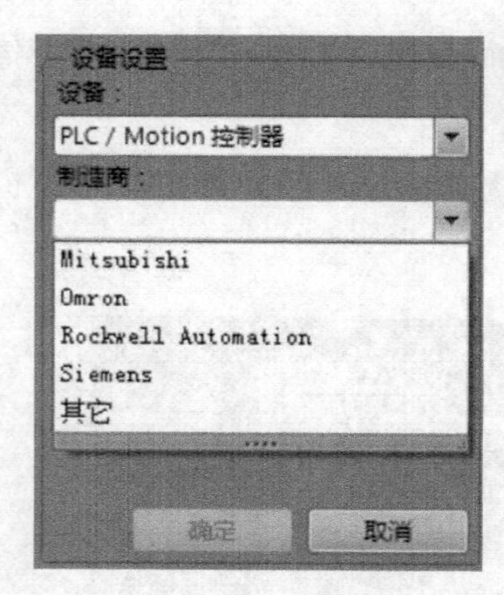

图4-59 控制器选项

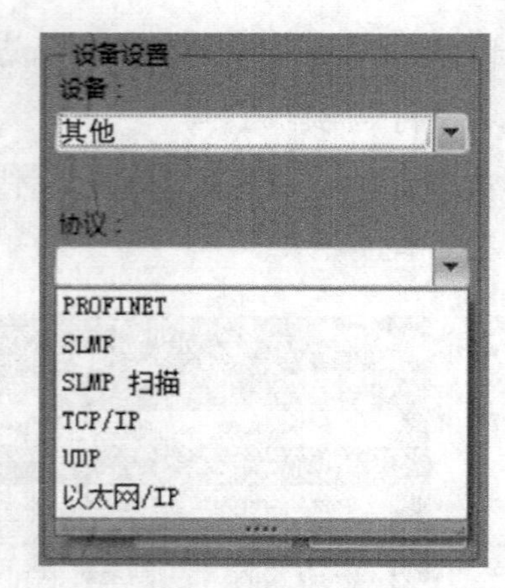

图4-60 通信协议

以配置“PROFINET”通信协议为例介绍通信配置，配置步骤见表4-8。

表 4-8 添加“PROFINET”通信协议

序号	图例	说明
1		确定 In-Sight-Explorer 连接智能相机成功，在应用配置步骤中，选择“3. 配置结果”，单击“通信”按钮
2		在“通信”窗口中，单击“添加设备”按钮
3		在“设备设置”窗口进行如下配置：设备下拉列表中选择“其他”，此时出现协议窗口，在协议下拉列表中选择“PROFINET”选项，单击“确定”按钮
4		单击“确定”按钮后，在“通信”窗口出现“PROFINET”选项

续表

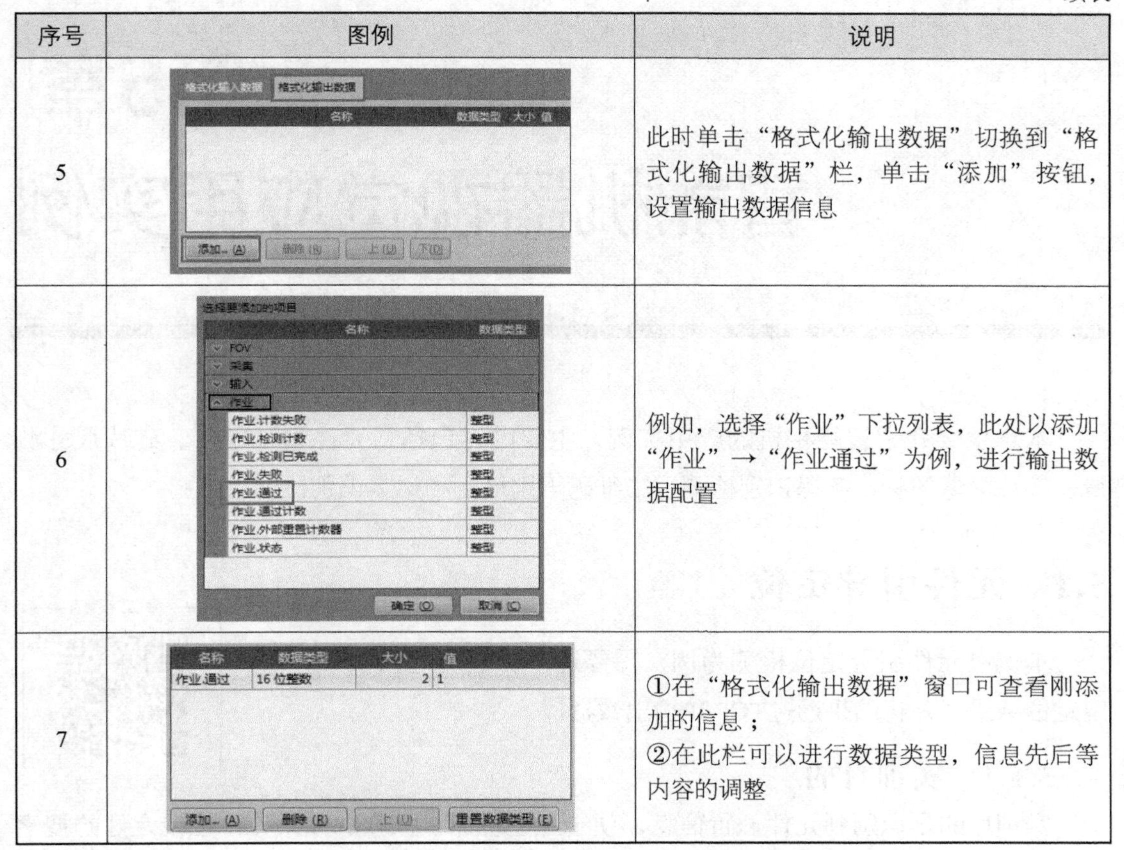

序号	图例	说明
5		此时单击“格式化输出数据”切换到“格式化输出数据”栏，单击“添加”按钮，设置输出数据信息
6		例如，选择“作业”下拉列表，此处以添加“作业”→“作业通过”为例，进行输出数据配置
7		①在“格式化输出数据”窗口可查看刚添加的信息； ②在此栏可以进行数据类型，信息先后等内容的调整

思考题

1. 智能相机的系统由哪几个部分组成？
2. 简述康耐视智能相机采集图像软件下载安装及智能相机的联机步骤。
3. “设置图像”步骤中，包含哪几项配置？
4. 智能相机软件工具中“图像校准”有什么作用？
5. In-Sight 2000-23M型号智能相机可以选择哪些部件作为定位基准？
6. 简要说明In-Sight 2000-23M型号智能相机支持哪些检查部件？
7. 康耐视In-Sight 2000-23M智能相机支持通信方式有哪些？

第5章 智能机器视觉应用实例

本章主要介绍智能相机的应用实例，主要内容包括：元件引导定位、硅片尺寸测量、药片数量统计、条码识别检测、二维码识别检测和文字识别检测。

5.1 元件引导定位

本例以元件引导定位检测为例，需要选择合适的定位工具，输出定位结果，并将结果通过TCP/IP输出数据。

5.1.1 实训目的

实训目的是识别到元件位置信息，便于工业机器人抓取。如果元件在设定好的搜索范围内，智能相机会给出具体x、y及角度值，反之不会输出结果值。

5.1.2 实训原理

实训原理是利用图案工具进行定位，最后输出具体x、y坐标值以及元件旋转角度。本次针对设置工具选择定位部件——图像（见图5-1）。

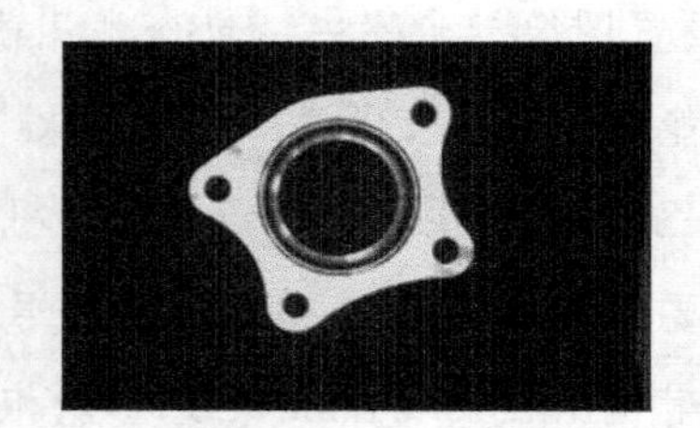

图5-1 元件检测图像

5.1.3 实训步骤

本次图像处理没有连接实体智能相机，因此需要选择一台模拟相机连接处理图像，检测步骤见表5-1。

表 5-1　元件引导定位检测操作步骤

序号	图例	说明
1	传感器(S) 系统(Y) 窗口(W) 帮助(H) 应用程序步 1. 开始 已连 设置 2. 设置工具 定位 检查 3. 配置结果 登录/注销...(L) 创建报告...(R) 备份...(B) 恢复...(E) 恢复自...(F) 克隆至...(C) 更新固件...(U) 将传感器/设备添加到网络...(N) 浏览器主机表...(H) 远程子网...(M) 保存视图版面(S) Shift+F7 选项...(O)	打开 In-Sight Explorer 软件，在 In-Sight Explorer 菜单栏中，选择“系统”→“选项”
2	使用仿真器(U) 模型(M) In-Sight 2000-23M (640x480) In-Sight 2000-130 (800x600) In-Sight 2000-120 颜色 In-Sight 2000-130 颜色 (640x480) In-Sight 2000-130 颜色 (800x600) In-Sight 2000-23M (640x480) In-Sight 2000-23M (800x600) 脱机编程引用：(R) c1e86185 脱机编程密钥：(K) 313ce343 帮助...(H)	在“使用仿真器”前打钩，选择“In-Sight 2000-23M(640×480)”模型，单击“确定”按钮
3	1. 开始 已连接 设置图像 2. 设置工具 采集/加载图像 触发器 实况视频 从计算机加载图像	在应用程序步骤中，单击“设置图像”→“从计算机加载图像”选项
4	DESKTOP-EM3U0M9 - 记录/回放选项 记录 回放 回放文件夹 C:\Users\Public\Documents\Cognex\In-Sight\In-Sight Explorer 5.7.2\Sample Jobs\EasyBuilder 图像计数： 0 回放模式 连续(U) 单遍(I) 延时：(T) 0.5 秒 记录/回放前始终显示此对话框(A) 恢复默认值(R) 确定(O) 取消(C)	在“回放栏”中选择“C:\Users\Public\Documents\Cognex\In-Sight\In-Sight Explorer 5.7.2\Sample Jobs\EasyBuilder”，回放模式选择“连续”，延时设置“0.5秒”，单击“确定”按钮
5	2. 设置工具 定位部件 检查部件 位置工具 图案 边 边缘交点 圆 计算固定原点	在应用程序步骤中，选择“定位部件”→“位置工具”→“图案”→“添加”按钮

续表

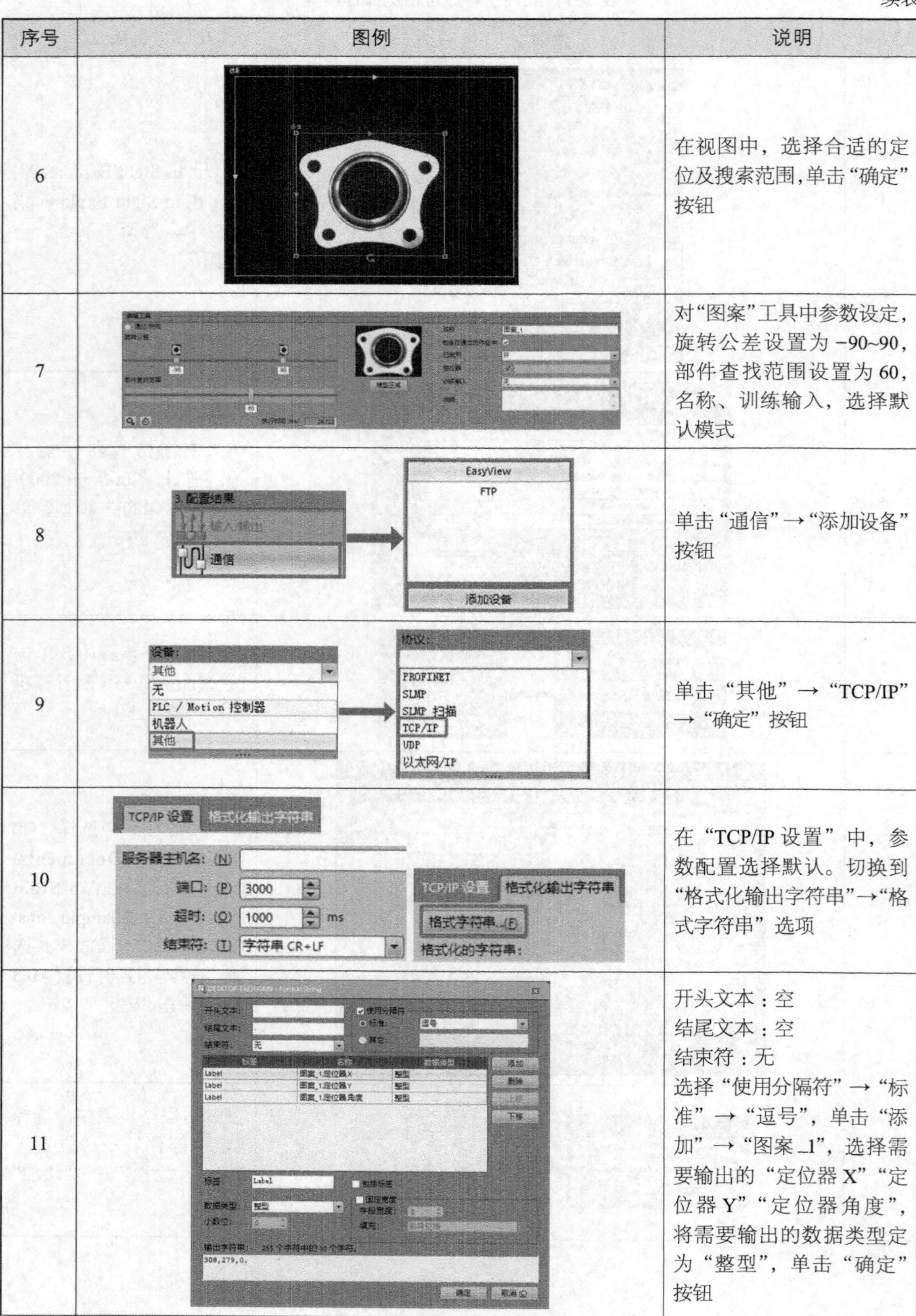

序号	图例	说明
6		在视图中，选择合适的定位及搜索范围，单击“确定”按钮
7		对“图案”工具中参数设定，旋转公差设置为 -90~90，部件查找范围设置为 60，名称、训练输入，选择默认模式
8		单击“通信”→“添加设备”按钮
9		单击“其他”→“TCP/IP”→“确定”按钮
10		在“TCP/IP 设置”中，参数配置选择默认。切换到“格式化输出字符串”→“格式字符串”选项
11		开头文本：空 结尾文本：空 结束符：无 选择“使用分隔符”→“标准”→“逗号”，单击“添加”→“图案_1”，选择需要输出的“定位器 X”“定位器 Y”“定位器角度”，将需要输出的数据类型定为“整型”，单击“确定”按钮

续表

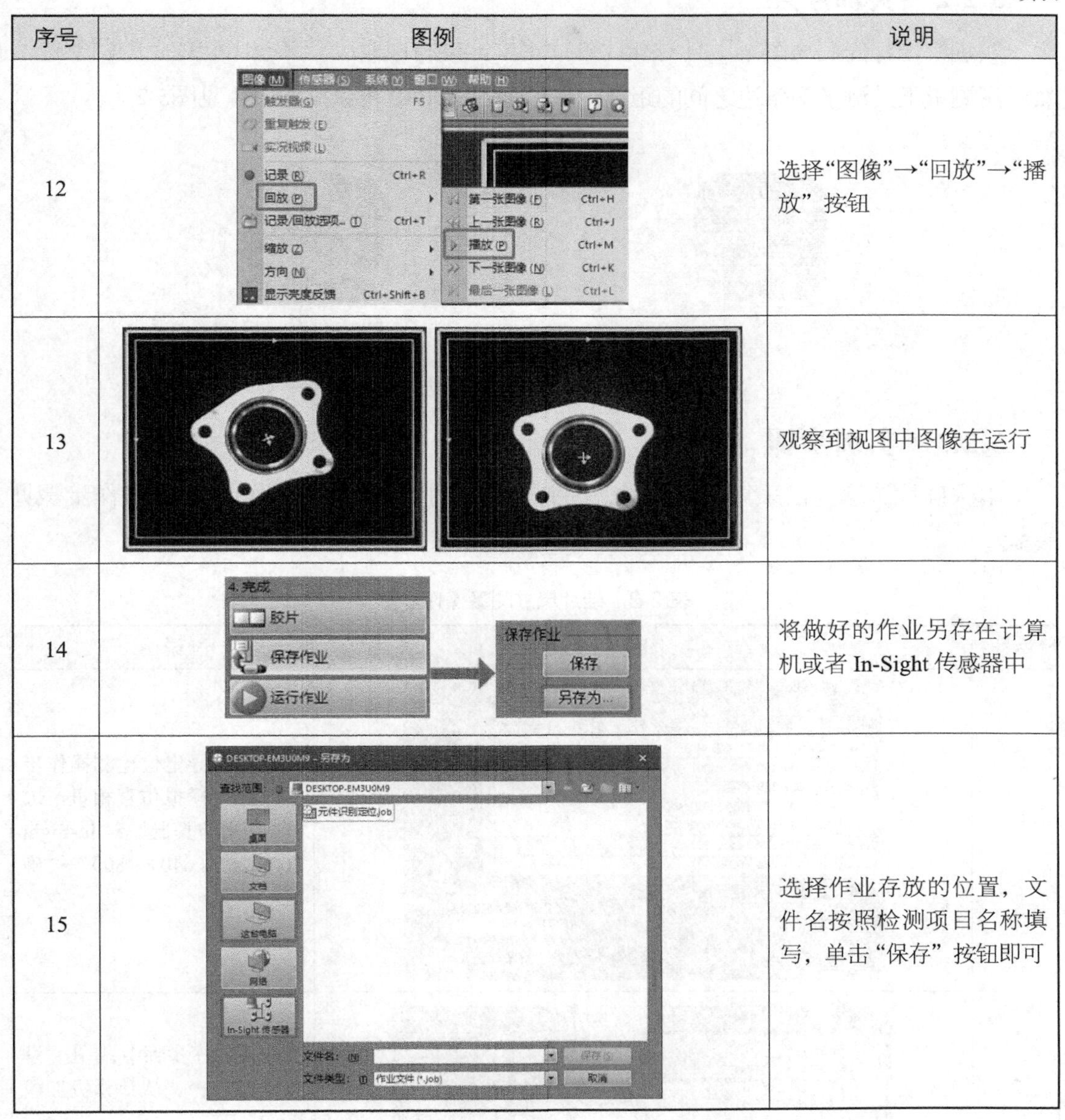

序号	图例	说明
12		选择“图像”→“回放”→“播放”按钮
13		观察到视图中图像在运行
14		将做好的作业另存在计算机或者 In-Sight 传感器中
15		选择作业存放的位置，文件名按照检测项目名称填写，单击“保存”按钮即可

5.2　硅片尺寸测量

本次以硅片尺寸测量为例，检测硅片是否合格，并将结果输出。

5.2.1　实训目的

实训目的是硅片尺寸测量，先对元件进行定位，再进行尺寸测量，输出定位坐标x、y值以及硅片尺寸测量结果值。

5.2.2　实训原理

实训原理是先利用图案工具对硅片进行定位，再利用抓边工具找出硅片上的两条边，然后用测量工具测量两条边之间的距离，最后通过TCP/IP 将数据输出（见图5-2）。

图5-2　硅片尺寸测量图片

5.2.3　实训步骤

本次硅片选取为已采集好的图片，因此，测试时选择仿真器即可。具体操作步骤见表5-2。

表 5-2　硅片尺寸测量操作步骤

序号	图例	说明
1		同元件引导定位检测操作步骤，连接模拟仿真相机，选择“使用仿真器”→“In-Sight 2000-23M（640×480）”→“确定”按钮
2		在应用程序步骤中，单击“设置图像”→“从计算机加载图像”
3		在“回放栏”中选择“C:\Users\Public\Documents\Cognex\In-Sight\In-Sight Explorer 5.7.2\Sample Jobs\Spreadsheet\InspectEdge\SolarCell”，回放模式选择“连续”，延时设置“0.5 秒”，单击“确定”按钮

续表

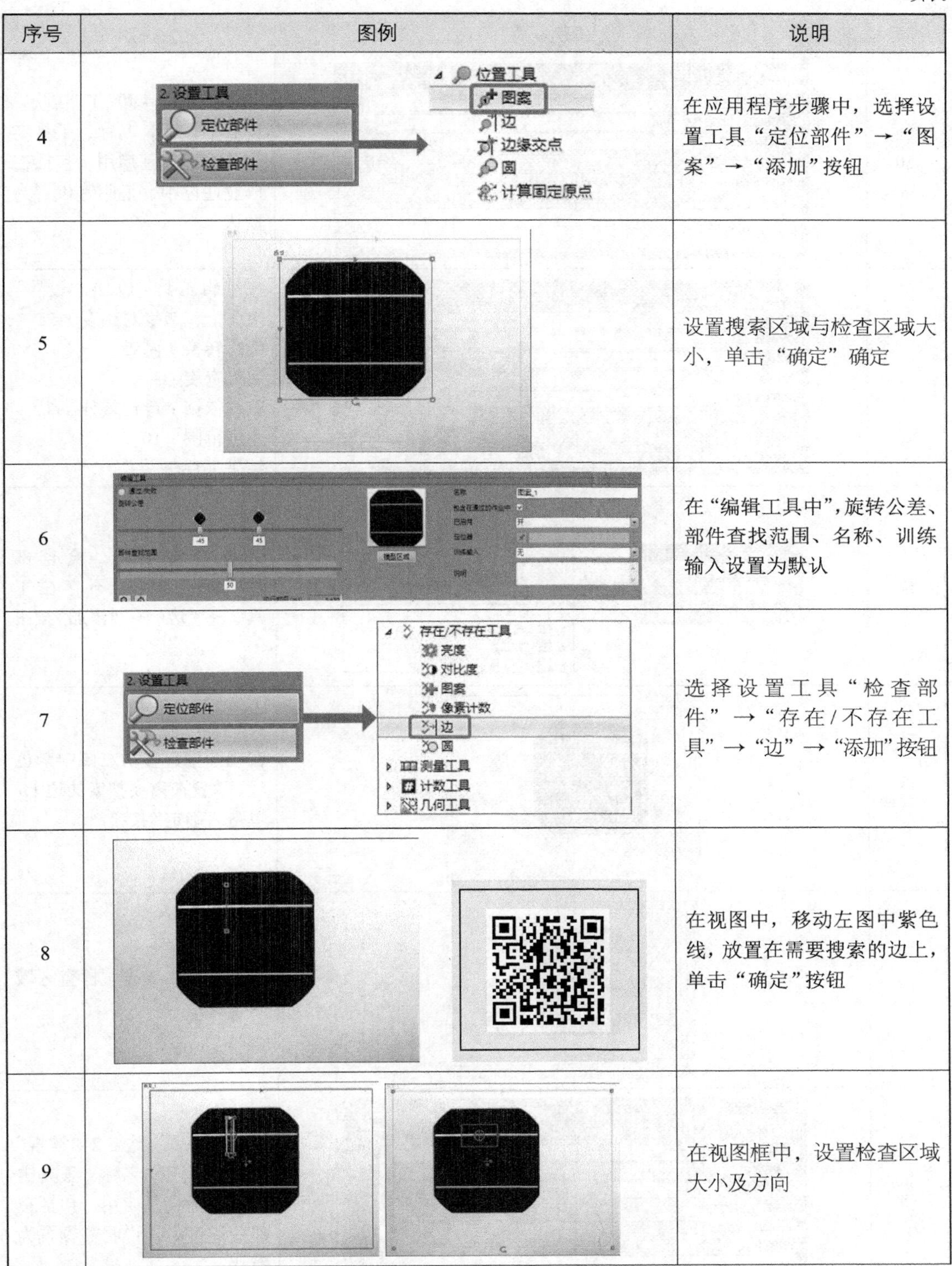

序号	图例	说明
4		在应用程序步骤中，选择设置工具“定位部件”→“图案”→“添加”按钮
5		设置搜索区域与检查区域大小，单击“确定”确定
6		在“编辑工具中”，旋转公差、部件查找范围、名称、训练输入设置为默认
7		选择设置工具“检查部件”→“存在/不存在工具”→“边”→“添加”按钮
8		在视图中，移动左图中紫色线，放置在需要搜索的边上，单击“确定”按钮
9		在视图框中，设置检查区域大小及方向

续表

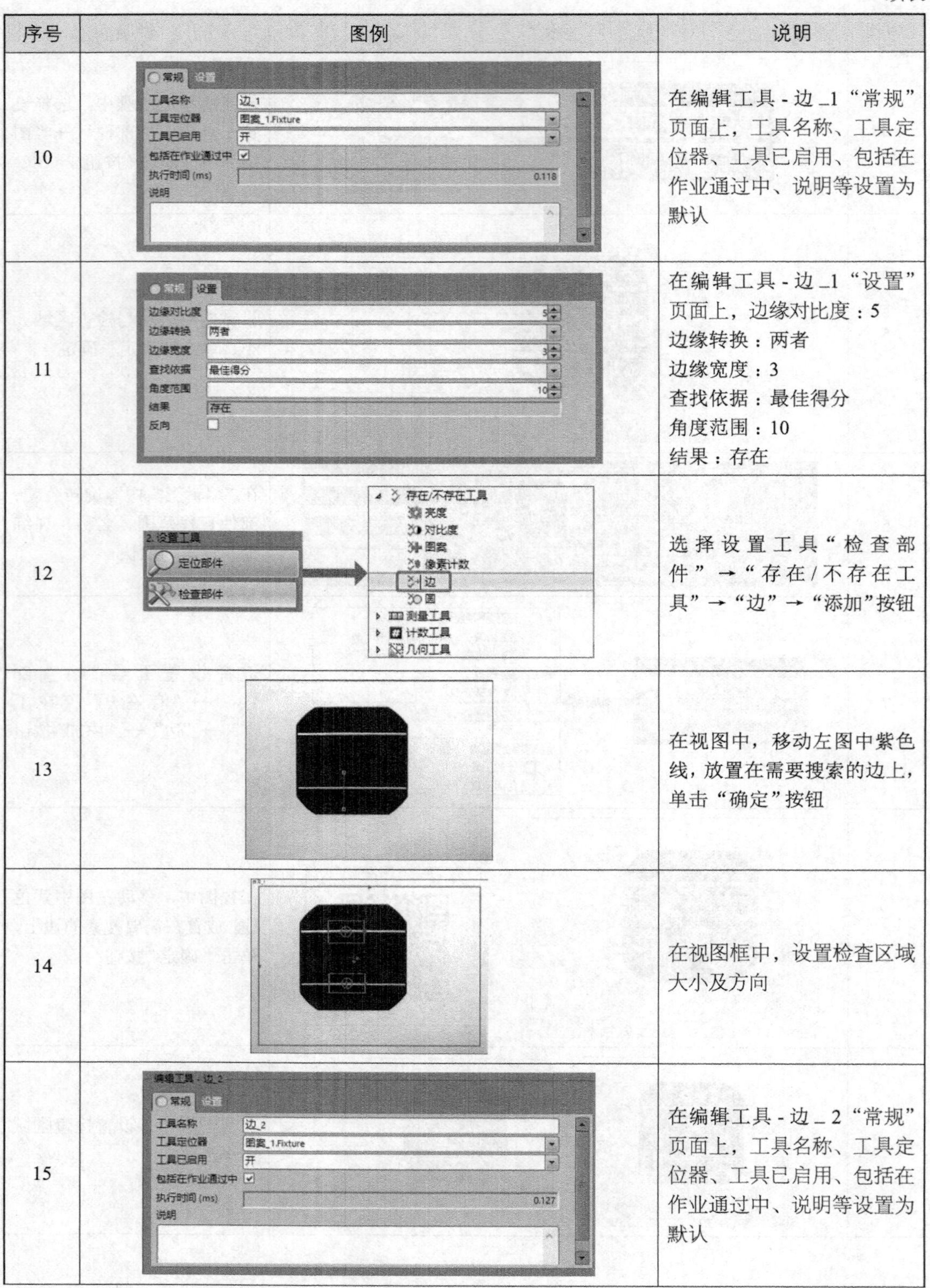

序号	图例	说明
10		在编辑工具 - 边 _1 “常规”页面上，工具名称、工具定位器、工具已启用、包括在作业通过中、说明等设置为默认
11		在编辑工具 - 边 _1 “设置”页面上，边缘对比度：5 边缘转换：两者 边缘宽度：3 查找依据：最佳得分 角度范围：10 结果：存在
12		选择设置工具“检查部件”→“存在 / 不存在工具”→“边”→“添加”按钮
13		在视图中，移动左图中紫色线，放置在需要搜索的边上，单击“确定”按钮
14		在视图框中，设置检查区域大小及方向
15		在编辑工具 - 边 _ 2 “常规”页面上，工具名称、工具定位器、工具已启用、包括在作业通过中、说明等设置为默认

续表

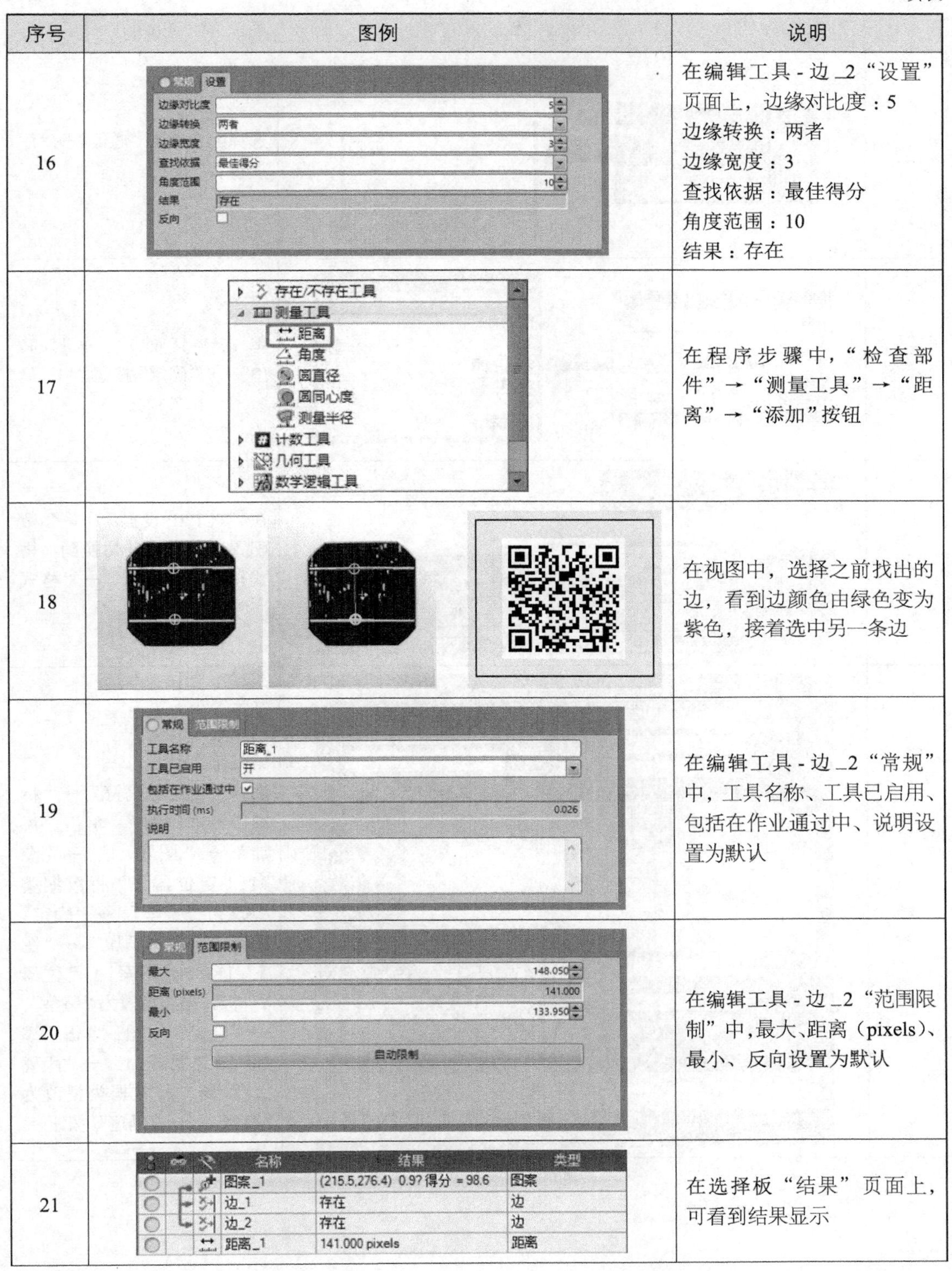

序号	图例	说明
16		在编辑工具 - 边_2“设置”页面上，边缘对比度：5 边缘转换：两者 边缘宽度：3 查找依据：最佳得分 角度范围：10 结果：存在
17		在程序步骤中，“检查部件”→“测量工具”→“距离”→“添加”按钮
18		在视图中，选择之前找出的边，看到边颜色由绿色变为紫色，接着选中另一条边
19		在编辑工具 - 边_2“常规”中，工具名称、工具已启用、包括在作业通过中、说明设置为默认
20		在编辑工具 - 边_2“范围限制”中，最大、距离（pixels）、最小、反向设置为默认
21		在选择板“结果”页面上，可看到结果显示

续表

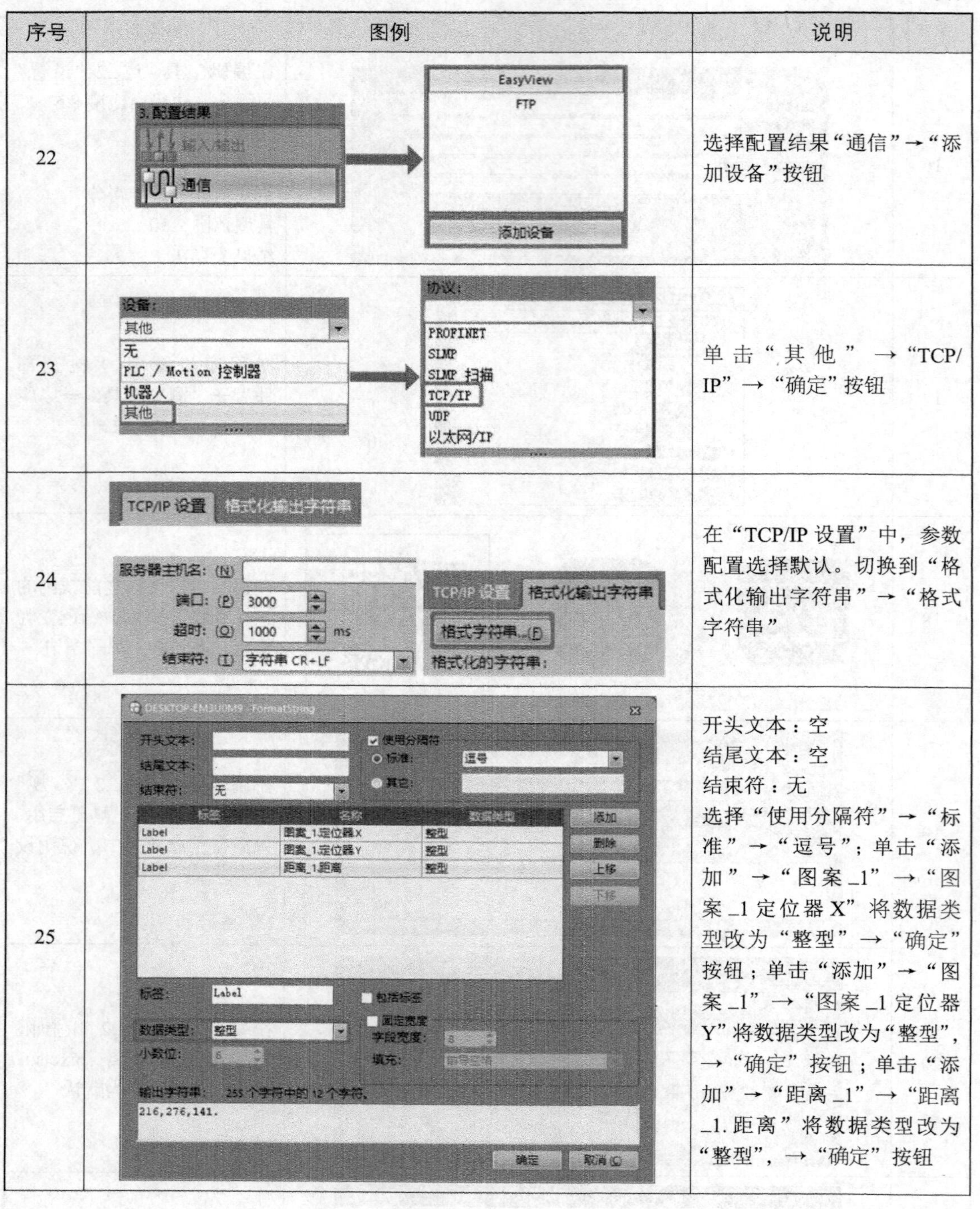

序号	图例	说明
22		选择配置结果“通信”→“添加设备”按钮
23		单击“其他”→“TCP/IP”→“确定”按钮
24		在“TCP/IP设置”中，参数配置选择默认。切换到“格式化输出字符串”→“格式字符串”
25		开头文本：空 结尾文本：空 结束符：无 选择“使用分隔符”→“标准”→“逗号”；单击“添加”→“图案_1”→“图案_1定位器X”将数据类型改为“整型”→“确定”按钮；单击“添加”→“图案_1”→“图案_1定位器Y”将数据类型改为“整型”，→“确定”按钮；单击“添加”→“距离_1”→“距离_1.距离”将数据类型改为“整型”，→“确定”按钮

续表

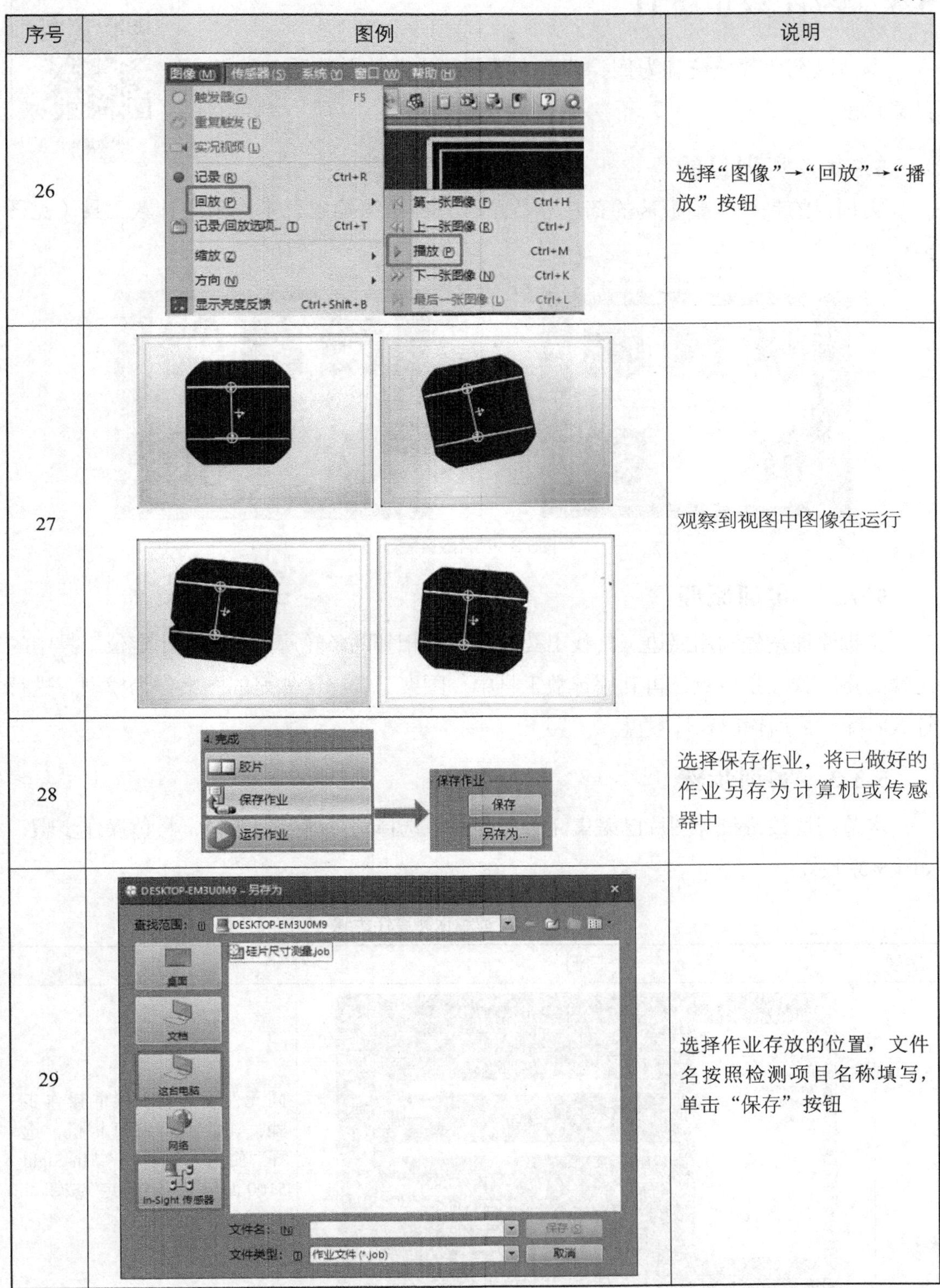

序号	图例	说明
26		选择“图像”→“回放”→“播放”按钮
27		观察到视图中图像在运行
28		选择保存作业，将已做好的作业另存为计算机或传感器中
29		选择作业存放的位置，文件名按照检测项目名称填写，单击“保存”按钮

5.3　药片数量统计

本节以药片数量统计为例，筛选出整板药中药片总数量，并将结果输出。

5.3.1　实训目的

实训目的是识别整板药的药片总数量，并将结果输出，本次采用计数工具（见图5-3）。

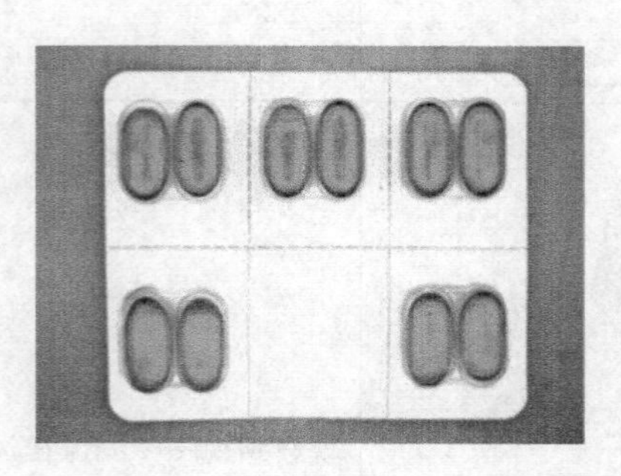

图5-3　药片数量检测

5.3.2　实训原理

实训原理是先利用抓边工具找出药片外包装相邻两条轮廓边，再利用定位工具中的边缘交点，找出定位点，再利用计数工具中“图案”，将已做好的图案作为模型，进行计数匹配，最后输出药片数量。

5.3.3　实训步骤

本节药片数量统计图片已采集完成，因此，选择仿真器处理图像，具体操作步骤，如表5-3所示。

表 5-3　药片数量检测操作步骤

序号	图例	说明
1	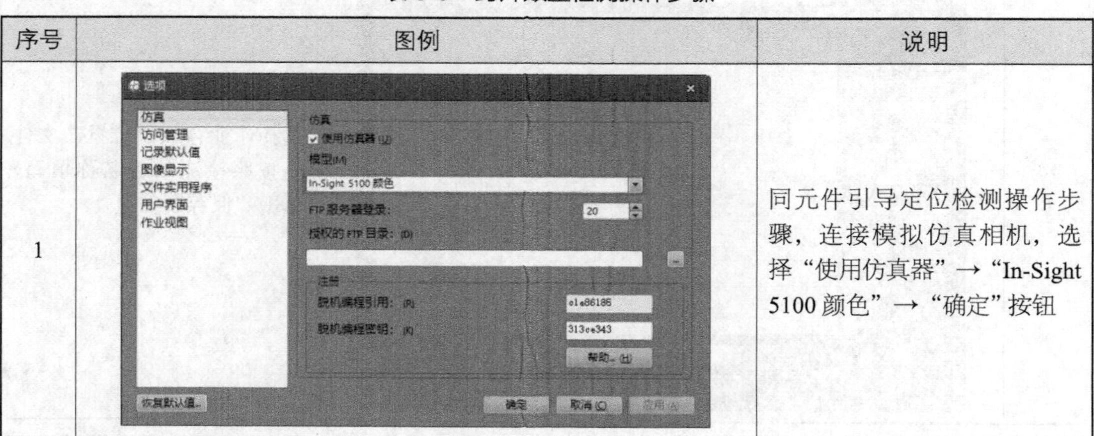	同元件引导定位检测操作步骤，连接模拟仿真相机，选择“使用仿真器”→“In-Sight 5100 颜色”→“确定”按钮

续表

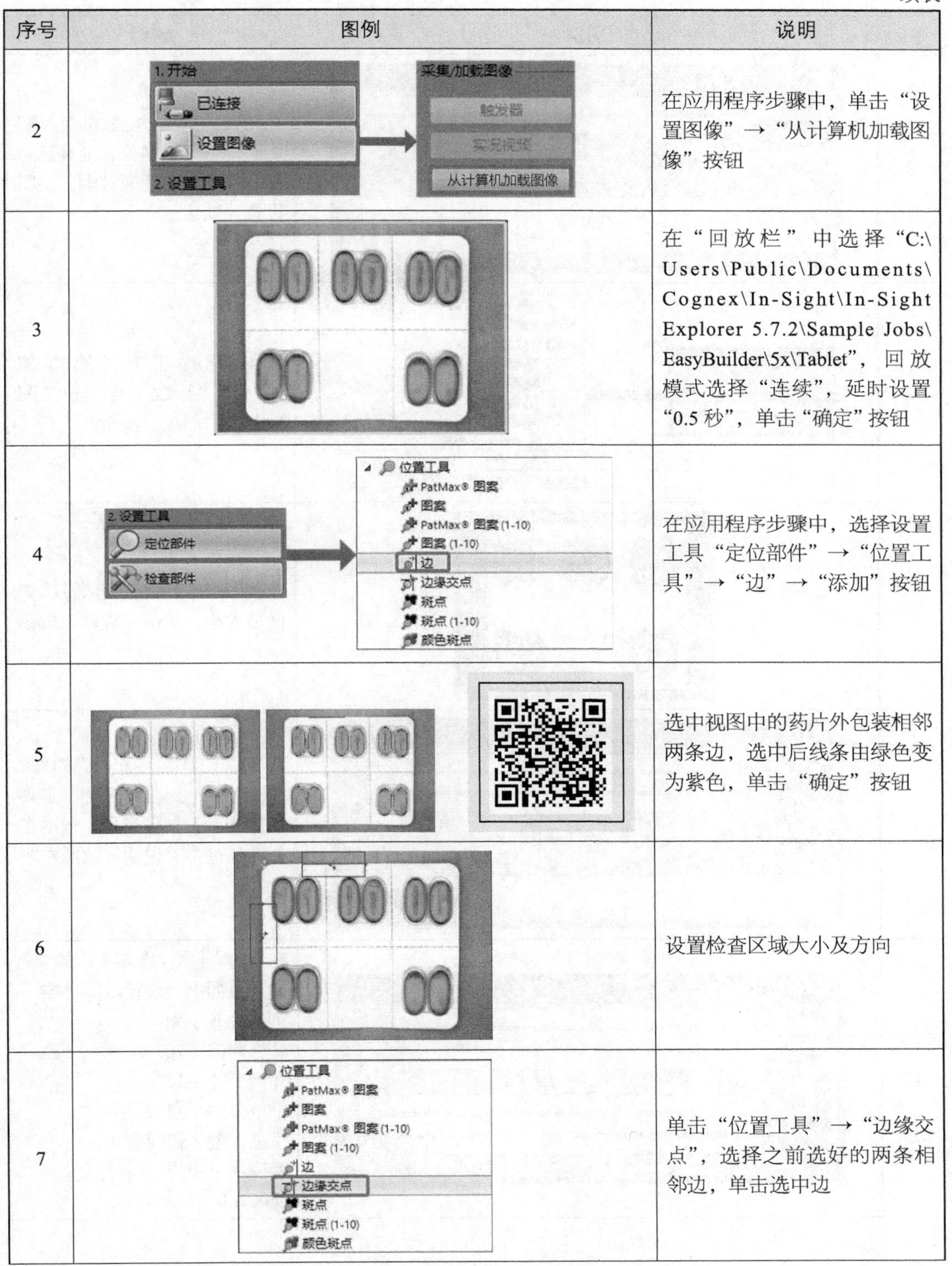

序号	图例	说明
2	1. 开始 已连接 设置图像 2. 设置工具 → 采集/加载图像 触发器 实况视频 从计算机加载图像	在应用程序步骤中，单击“设置图像”→“从计算机加载图像”按钮
3		在“回放栏”中选择“C:\Users\Public\Documents\Cognex\In-Sight\In-Sight Explorer 5.7.2\Sample Jobs\EasyBuilder\5x\Tablet”，回放模式选择“连续”，延时设置“0.5 秒”，单击“确定”按钮
4	2. 设置工具 定位部件 检查部件 → 位置工具 PatMax® 图案 图案 PatMax® 图案 (1-10) 图案 (1-10) 边 边缘交点 斑点 斑点 (1-10) 颜色斑点	在应用程序步骤中，选择设置工具“定位部件”→“位置工具”→“边”→“添加”按钮
5		选中视图中的药片外包装相邻两条边，选中后线条由绿色变为紫色，单击“确定”按钮
6		设置检查区域大小及方向
7	位置工具 PatMax® 图案 图案 PatMax® 图案 (1-10) 图案 (1-10) 边 边缘交点 斑点 斑点 (1-10) 颜色斑点	单击“位置工具”→“边缘交点”，选择之前选好的两条相邻边，单击选中边

续表

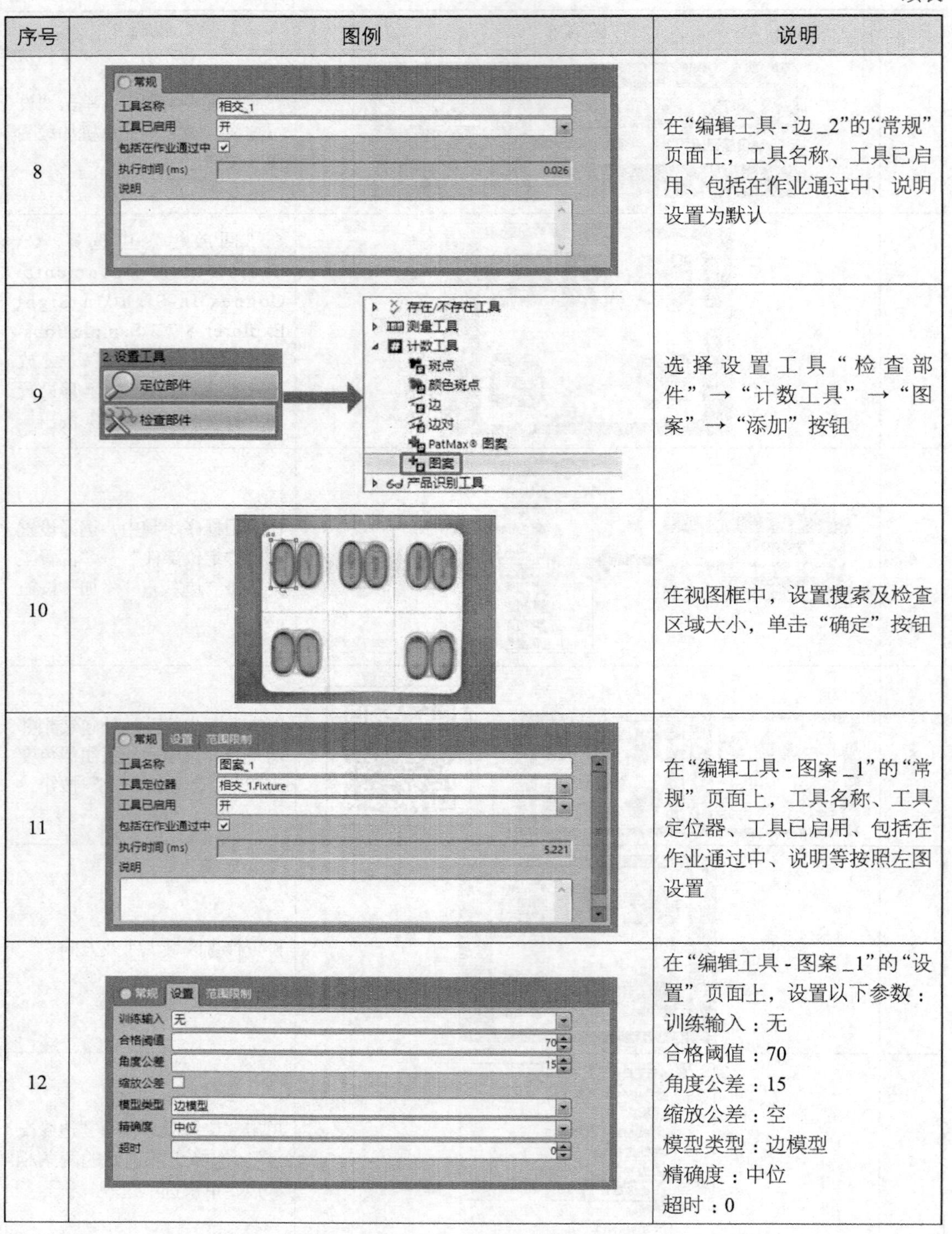

序号	图例	说明
8		在“编辑工具 - 边 _2”的“常规”页面上，工具名称、工具已启用、包括在作业通过中、说明设置为默认
9		选择设置工具“检查部件”→“计数工具”→“图案”→“添加”按钮
10		在视图框中，设置搜索及检查区域大小，单击“确定”按钮
11		在“编辑工具 - 图案 _1”的“常规”页面上，工具名称、工具定位器、工具已启用、包括在作业通过中、说明等按照左图设置
12		在“编辑工具 - 图案 _1”的“设置”页面上，设置以下参数： 训练输入：无 合格阈值：70 角度公差：15 缩放公差：空 模型类型：边模型 精确度：中位 超时：0

续表

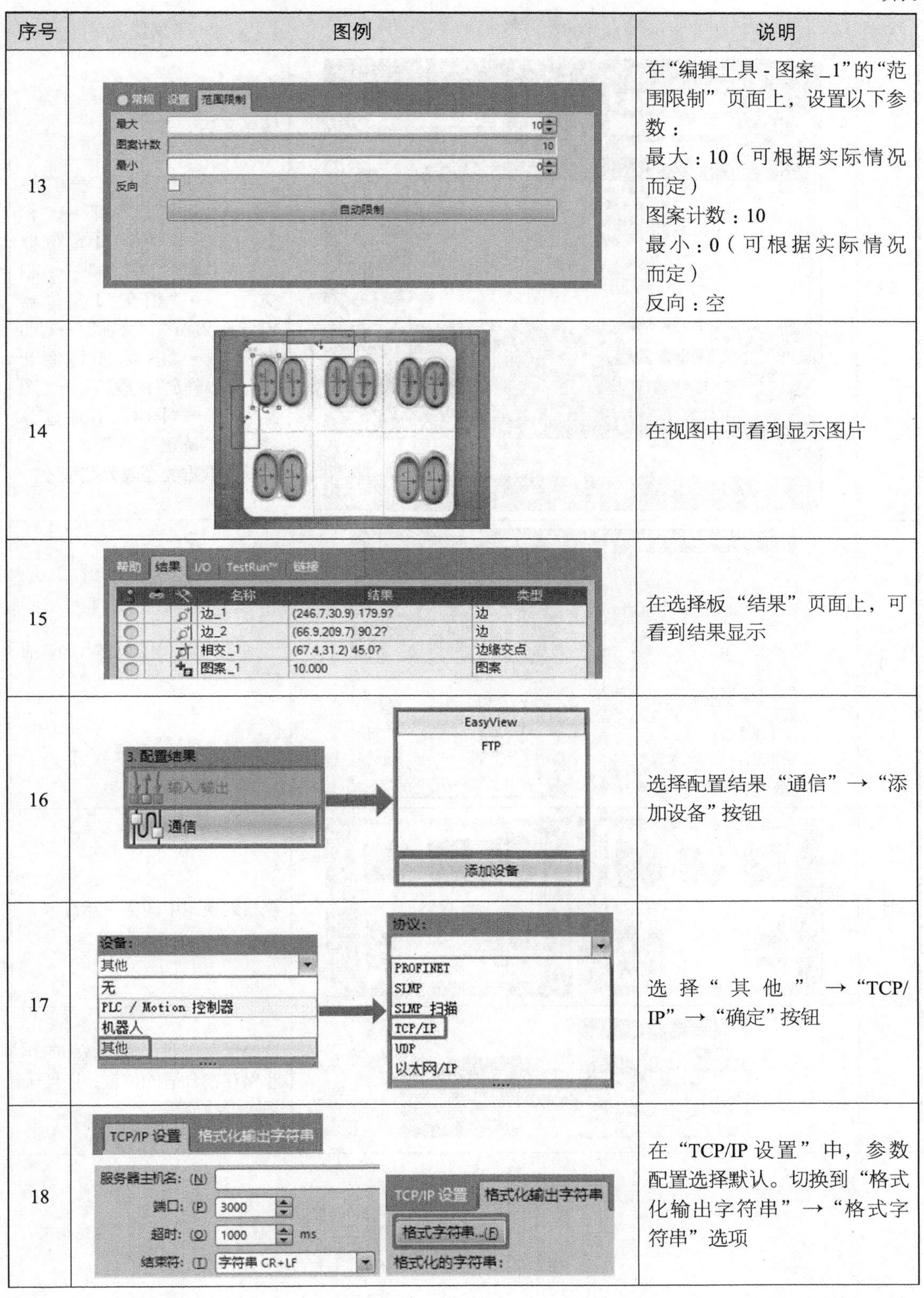

序号	图例	说明
13		在“编辑工具 - 图案 _1”的“范围限制”页面上，设置以下参数： 最大：10（可根据实际情况而定） 图案计数：10 最小：0（可根据实际情况而定） 反向：空
14		在视图中可看到显示图片
15		在选择板“结果”页面上，可看到结果显示
16		选择配置结果“通信”→“添加设备”按钮
17		选择“其他”→“TCP/IP”→“确定”按钮
18		在“TCP/IP 设置”中，参数配置选择默认。切换到“格式化输出字符串”→“格式字符串”选项

续表

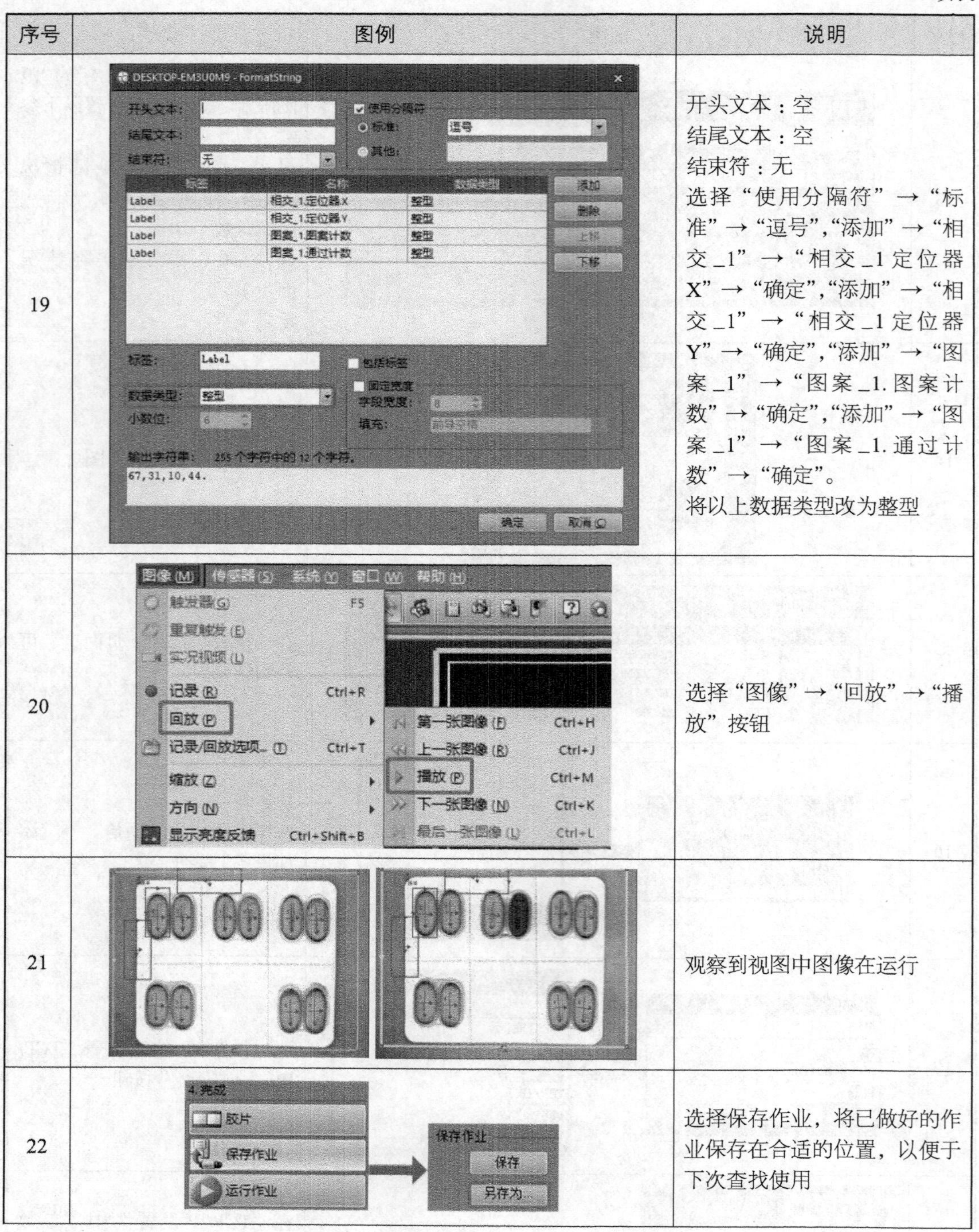

序号	图例	说明
19		开头文本：空 结尾文本：空 结束符：无 选择“使用分隔符”→“标准”→“逗号”,“添加”→“相交_1”→“相交_1 定位器 X”→“确定”,“添加”→“相交_1”→“相交_1 定位器 Y”→“确定”,“添加”→“图案_1”→“图案_1. 图案计数”→“确定”,“添加”→“图案_1”→“图案_1. 通过计数”→“确定”。 将以上数据类型改为整型
20		选择“图像”→“回放”→“播放”按钮
21		观察到视图中图像在运行
22		选择保存作业，将已做好的作业保存在合适的位置，以便于下次查找使用

续表

序号	图例	说明
23	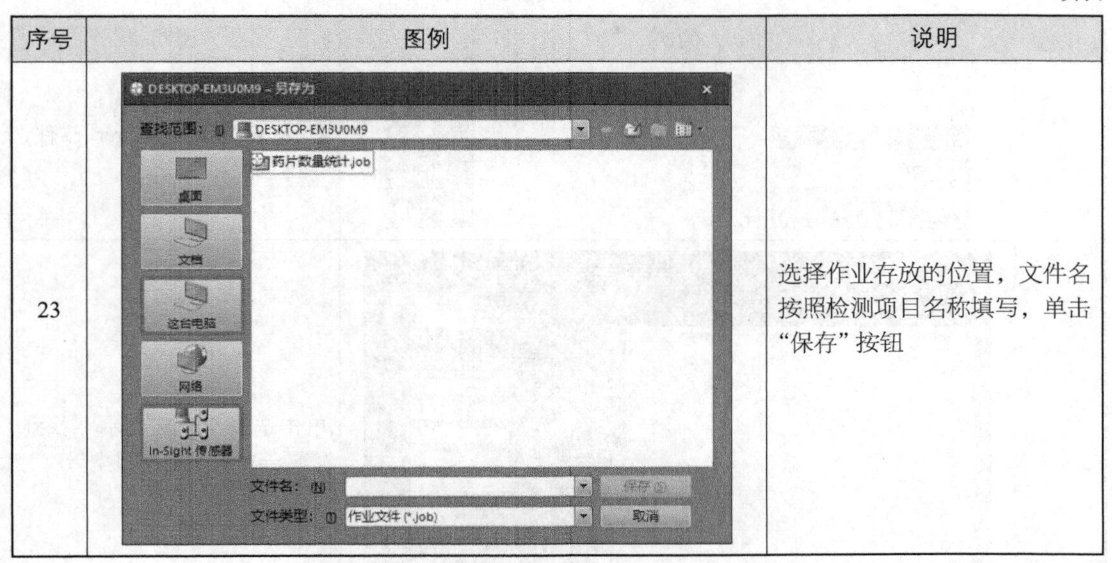	选择作业存放的位置，文件名按照检测项目名称填写，单击“保存”按钮

5.4　条码识别检测

本节以一维条码识别检测为例，稳定识别条码，并将结果输出。

5.4.1　实训目的

实训目的是实时采集图像识别视图中的一维条码，并将一维代码结果输出（见图5-4）。

图5-4　一维代码识别检测

5.4.2　实训原理

实训原理是利用软件应用程序步骤“检查部件”→“产品识别工具”→“读取一维代码”，并将结果代码及通过计数输出。

5.4.3　实训步骤

一维代码识别操作步骤见表5-4。

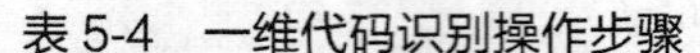

表 5-4　一维代码识别操作步骤

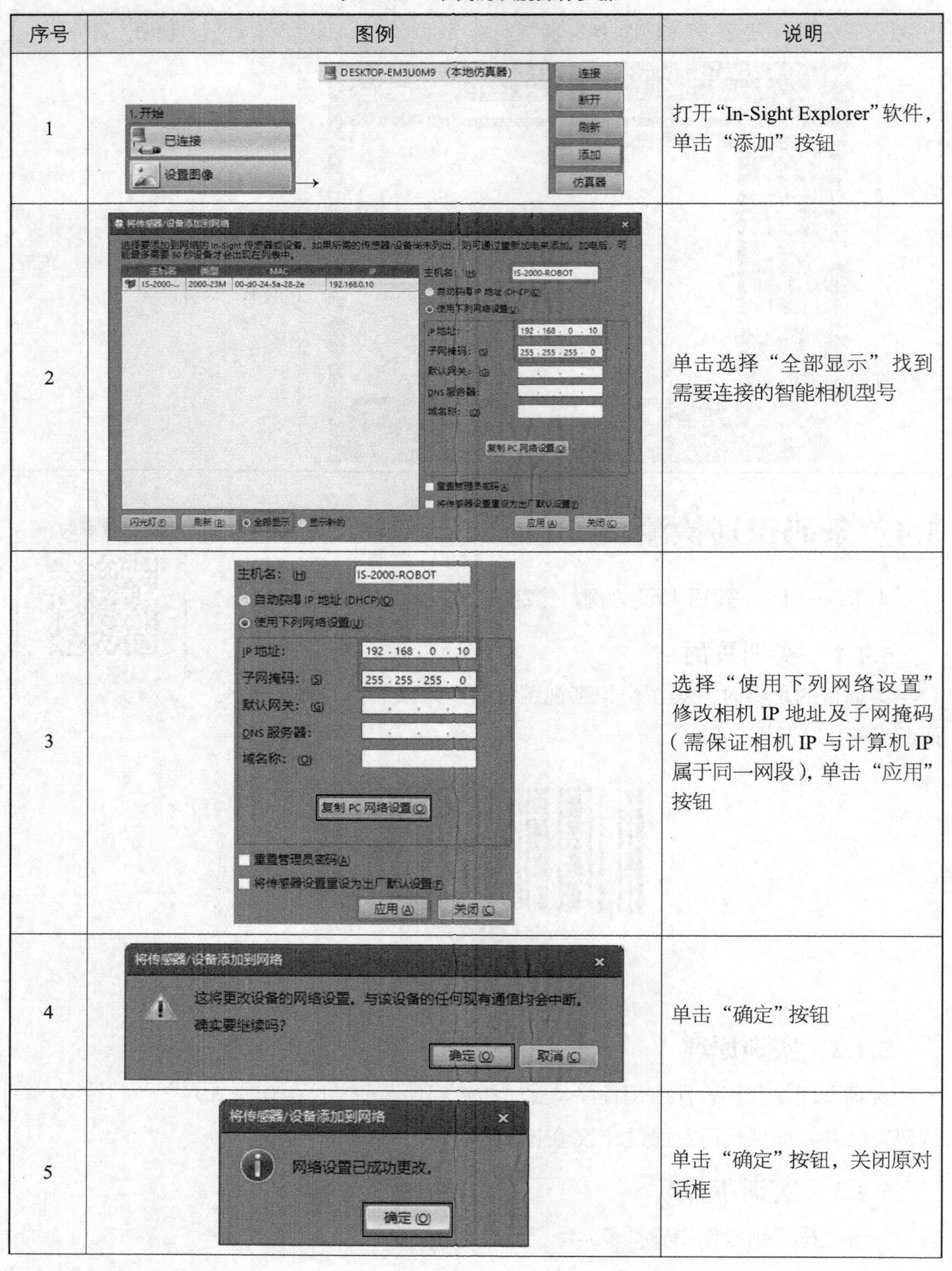

序号	图例	说明
1		打开“In-Sight Explorer”软件，单击“添加”按钮
2		单击选择“全部显示”找到需要连接的智能相机型号
3		选择“使用下列网络设置”修改相机 IP 地址及子网掩码（需保证相机 IP 与计算机 IP 属于同一网段），单击“应用”按钮
4		单击“确定”按钮
5		单击“确定”按钮，关闭原对话框

续表

序号	图例	说明
6	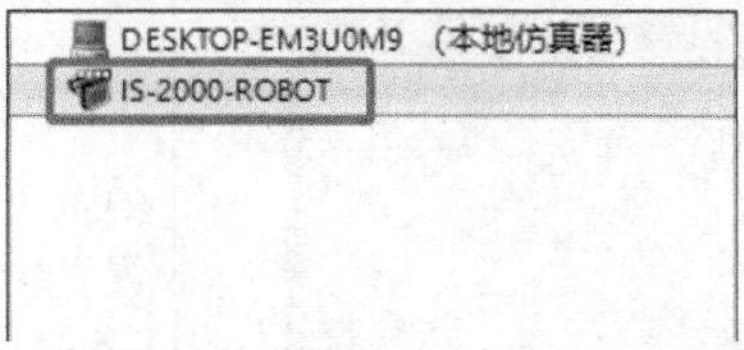 DESKTOP-EM3U0M9 （本地仿真器） IS-2000-ROBOT	双击选择已连接的 In-Sight 型号传感器
7	 robot　robot	此时在视图中可看到，移动的图像（需保证此时相机中没有之前保存的作业，并且软件处于脱机状态）
8	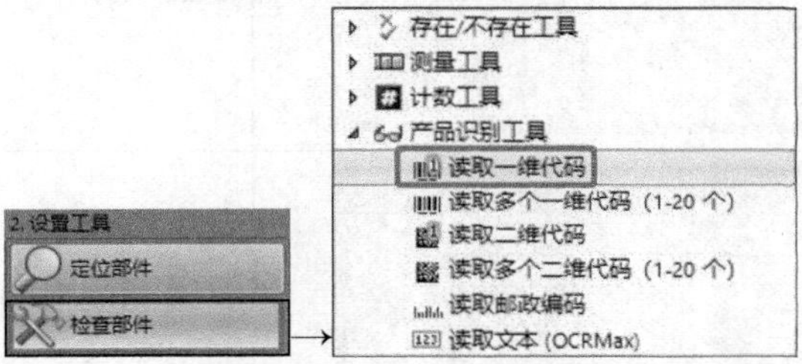 2.设置工具 定位部件 检查部件 存在/不存在工具 测量工具 计数工具 产品识别工具 读取一维代码 读取多个一维代码（1-20 个） 读取二维代码 读取多个二维代码（1-20 个） 读取邮政编码 读取文本 (OCRMax)	在应用程序步骤中，选择“检查部件”→“产品识别工具”→“读取一维代码”→“添加”→设置搜索区域（一般设为全视野）→“确定”按钮
9	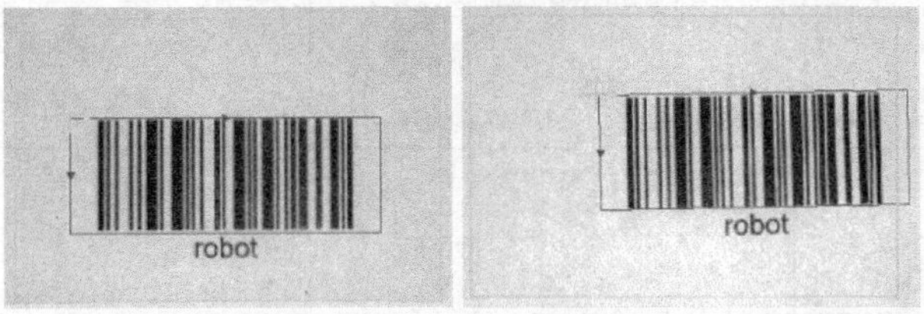 robot　robot	图像在视图中运行结果
10	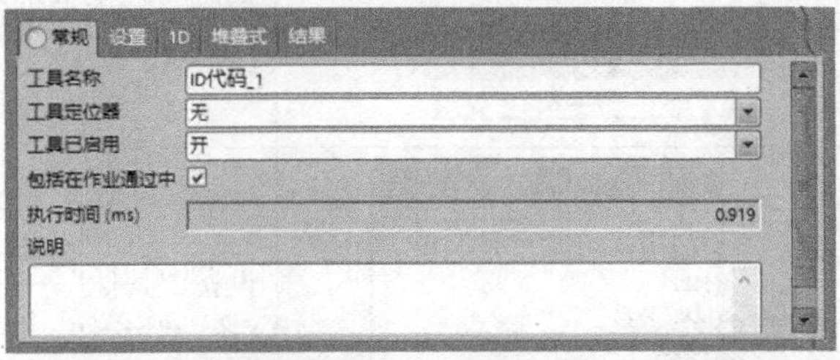 常规　设置　1D　堆叠式　结果 工具名称　ID代码_1 工具定位器　无 工具已启用　开 包括在作业通过中　☑ 执行时间 (ms)　0.919 说明	编辑工具“常规”下的参数设置成默认
11	 常规　设置　1D　堆叠式　结果 已训练　0 训练　训练 未训练　未训练 模式　读取 匹配字符串　ABC123 Checksum　☐ 检验　☐ 扩展 UPC-E　☑	编辑工具“设置”下的参数设置成默认

续表

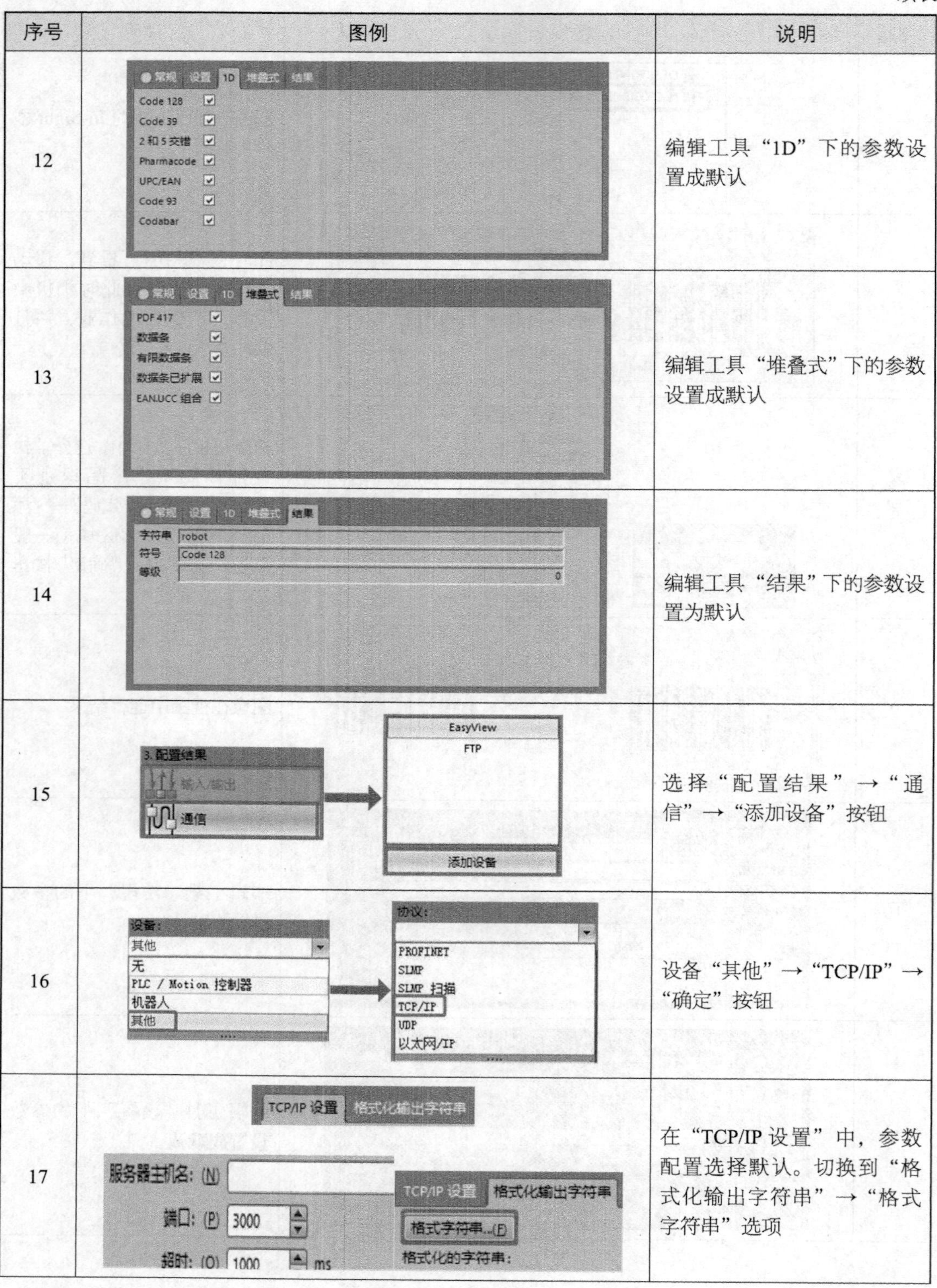

序号	图例	说明
12		编辑工具“1D”下的参数设置成默认
13		编辑工具“堆叠式”下的参数设置成默认
14		编辑工具“结果”下的参数设置为默认
15		选择“配置结果”→“通信”→“添加设备”按钮
16		设备“其他”→“TCP/IP”→“确定”按钮
17		在“TCP/IP 设置”中，参数配置选择默认。切换到“格式化输出字符串”→“格式字符串”选项

续表

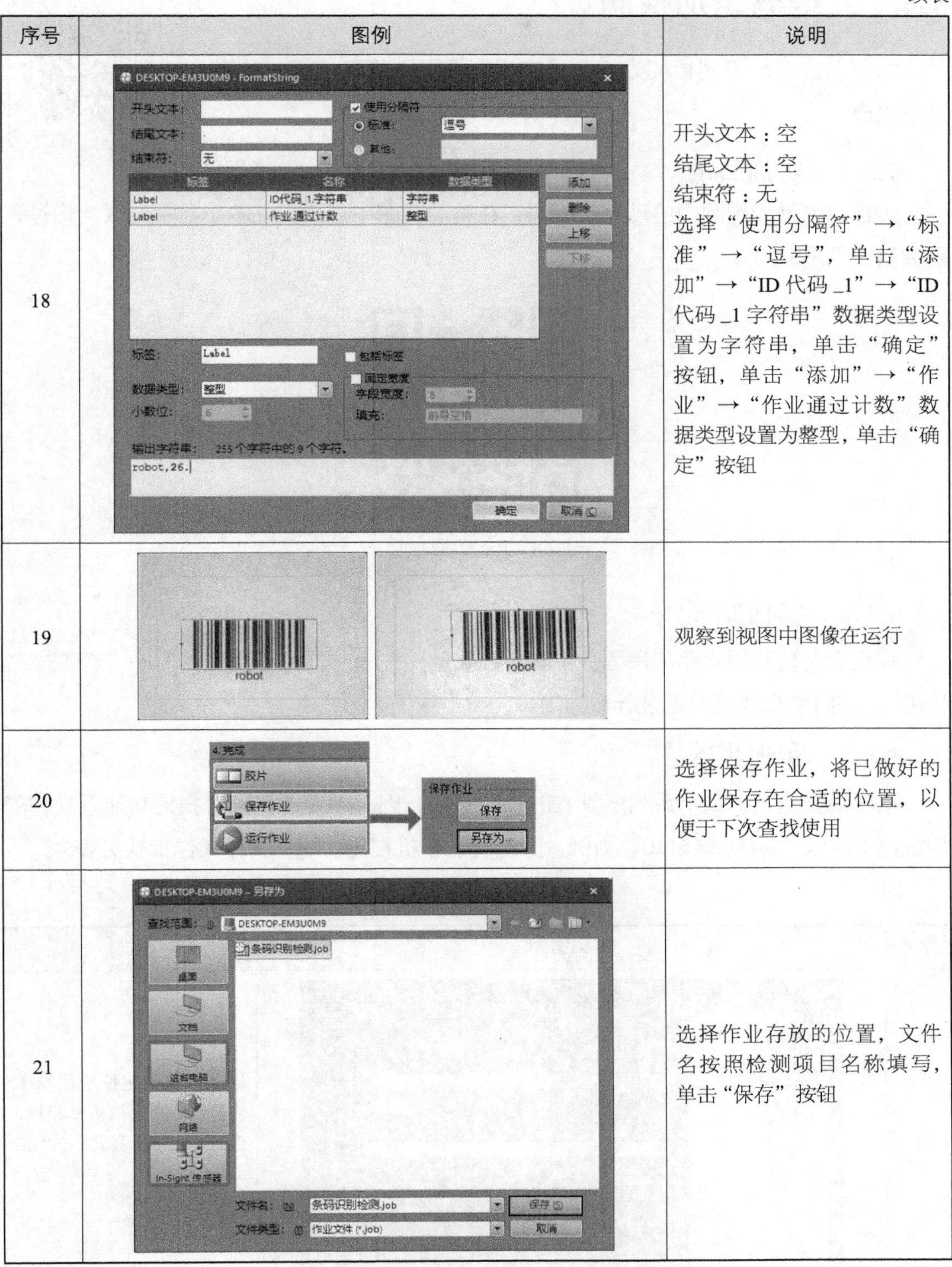

序号	图例	说明
18		开头文本：空 结尾文本：空 结束符：无 选择“使用分隔符”→“标准”→“逗号”，单击“添加”→“ID代码_1”→“ID代码_1字符串”数据类型设置为字符串，单击“确定”按钮，单击“添加”→“作业”→“作业通过计数”数据类型设置为整型，单击“确定”按钮
19		观察到视图中图像在运行
20		选择保存作业，将已做好的作业保存在合适的位置，以便于下次查找使用
21		选择作业存放的位置，文件名按照检测项目名称填写，单击“保存”按钮

5.5 二维码识别检测

本节以二维码识别检测为例，稳定识别视图中的二维码，并将结果输出。

5.5.1 实训目的

实训目的是识别图中的动态二维码，在整个视图中识别，并输出显示结果与通过识别数量（见图5-5）。

图5-5 二维代码识别图片

5.5.2 实训原理

实训原理是利用软件应用程序步骤“检查部件”→“产品识别工具”→“读取二维代码”，并将结果代码及通过计数输出。

5.5.3 实训步骤

康耐视智能相机每个系列所具有的功能不同，因此需要选择配有扫码功能系列智能相机，本次以“In-Sight 5110”为例，介绍智能相机扫码功能。具体操作步骤见表5-5。

表 5-5 二维码识别操作步骤

序号	图例	说明
1	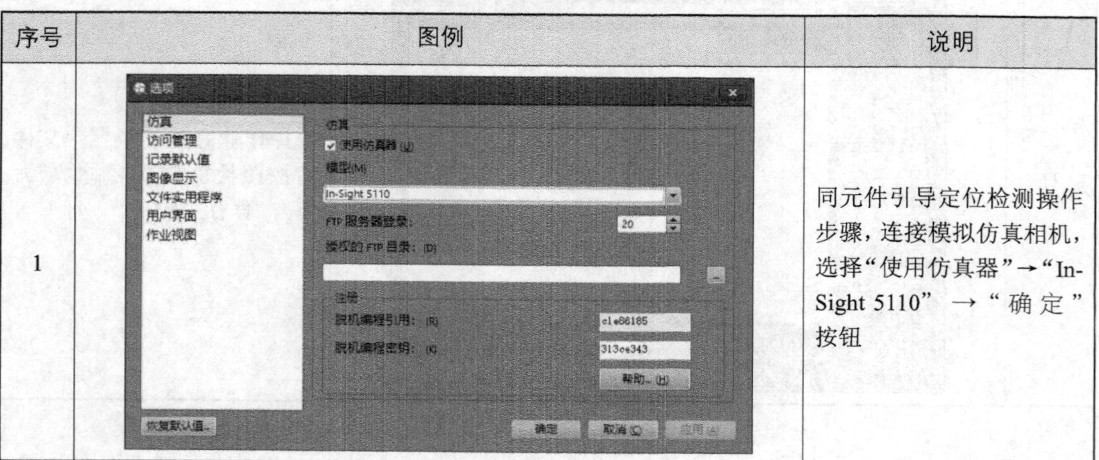	同元件引导定位检测操作步骤，连接模拟仿真相机，选择“使用仿真器”→“In-Sight 5110”→“确定”按钮

续表

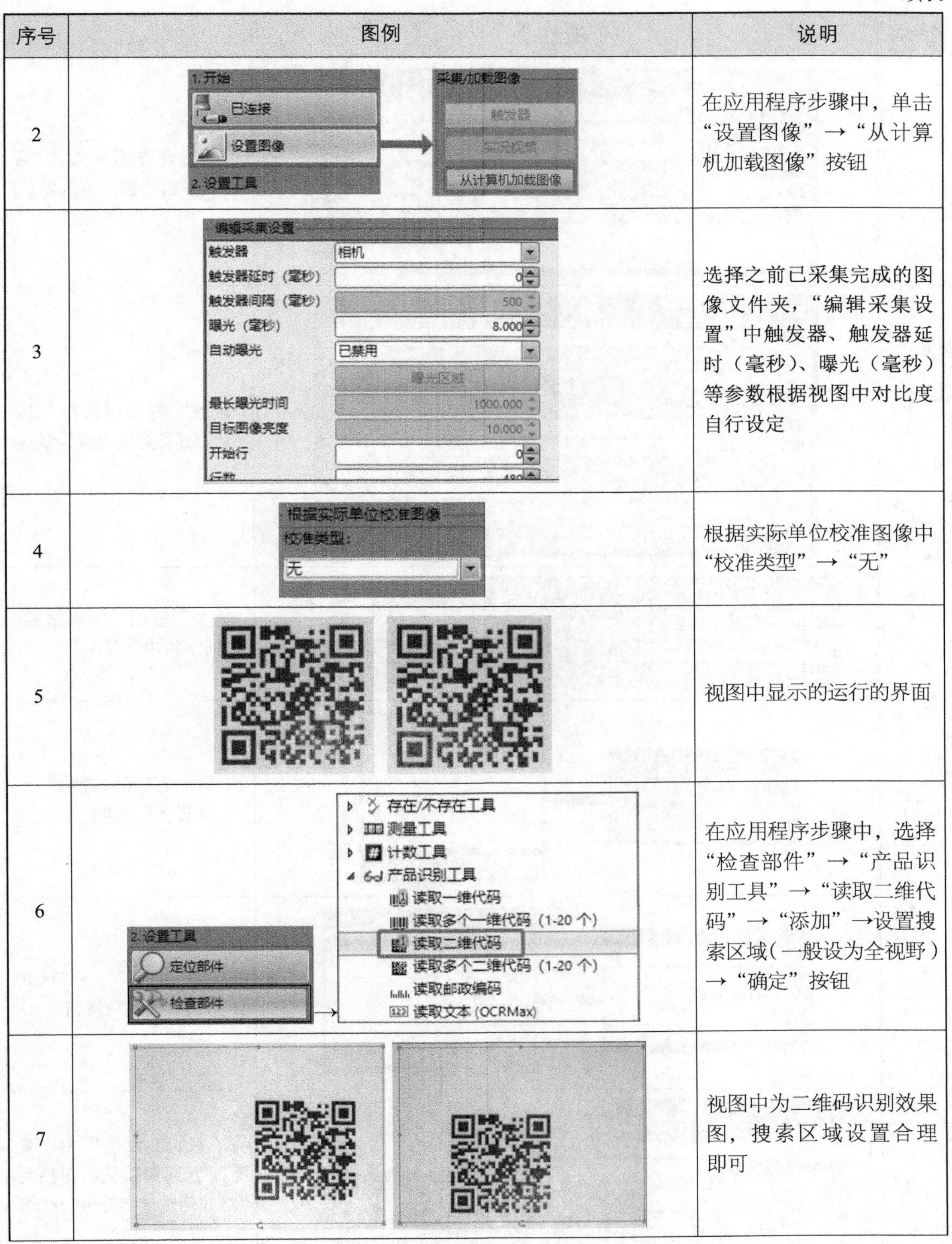

序号	图例	说明
2		在应用程序步骤中，单击“设置图像”→“从计算机加载图像”按钮
3		选择之前已采集完成的图像文件夹，“编辑采集设置”中触发器、触发器延时（毫秒）、曝光（毫秒）等参数根据视图中对比度自行设定
4		根据实际单位校准图像中“校准类型”→“无”
5		视图中显示的运行的界面
6		在应用程序步骤中，选择“检查部件”→“产品识别工具”→“读取二维代码”→“添加”→设置搜索区域（一般设为全视野）→“确定”按钮
7		视图中为二维码识别效果图，搜索区域设置合理即可

续表

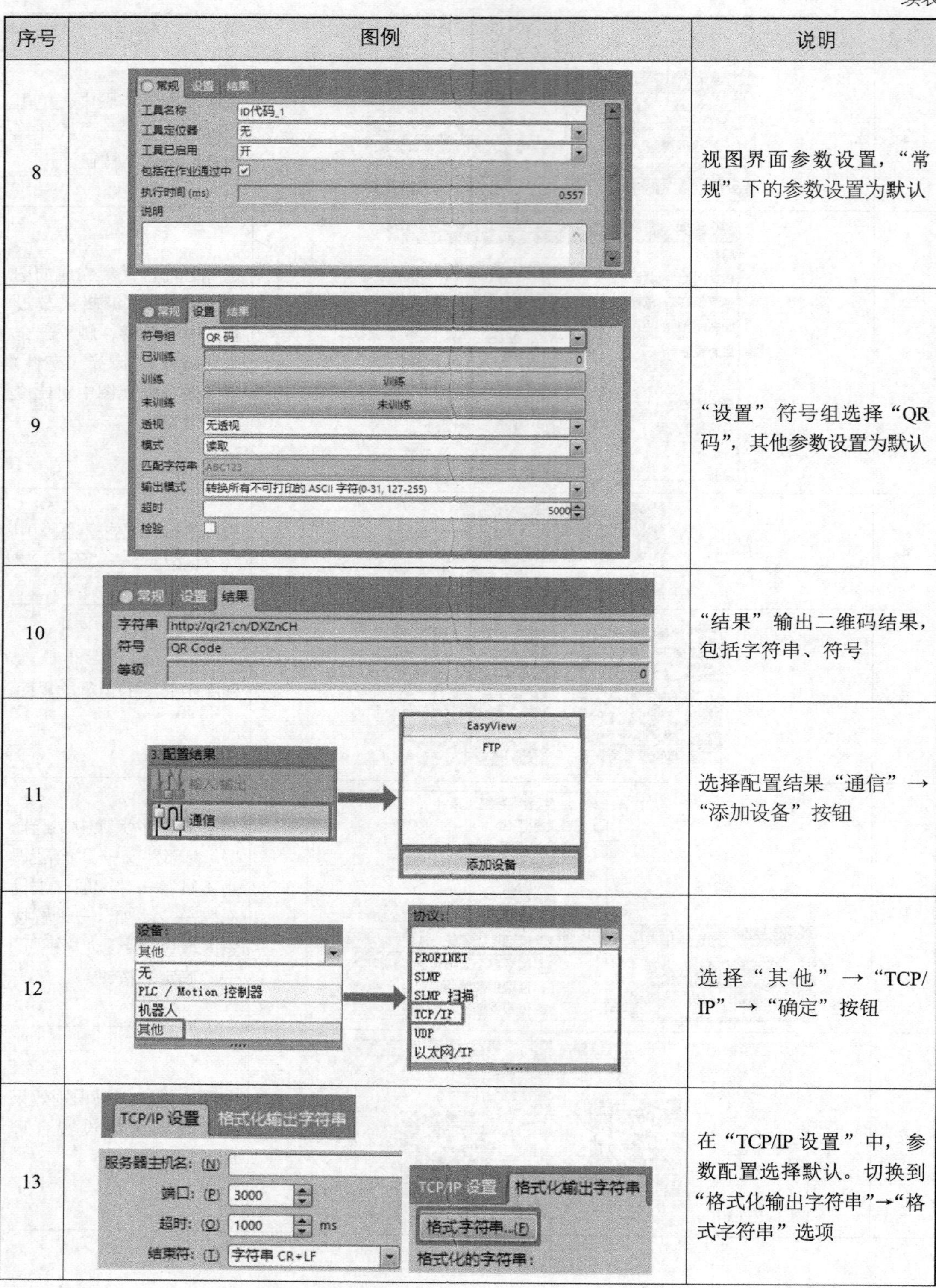

序号	图例	说明
8		视图界面参数设置，“常规”下的参数设置为默认
9		“设置”符号组选择“QR码”，其他参数设置为默认
10		“结果”输出二维码结果，包括字符串、符号
11		选择配置结果“通信”→“添加设备”按钮
12		选择“其他”→“TCP/IP”→“确定”按钮
13		在“TCP/IP设置”中，参数配置选择默认。切换到“格式化输出字符串”→“格式字符串”选项

续表

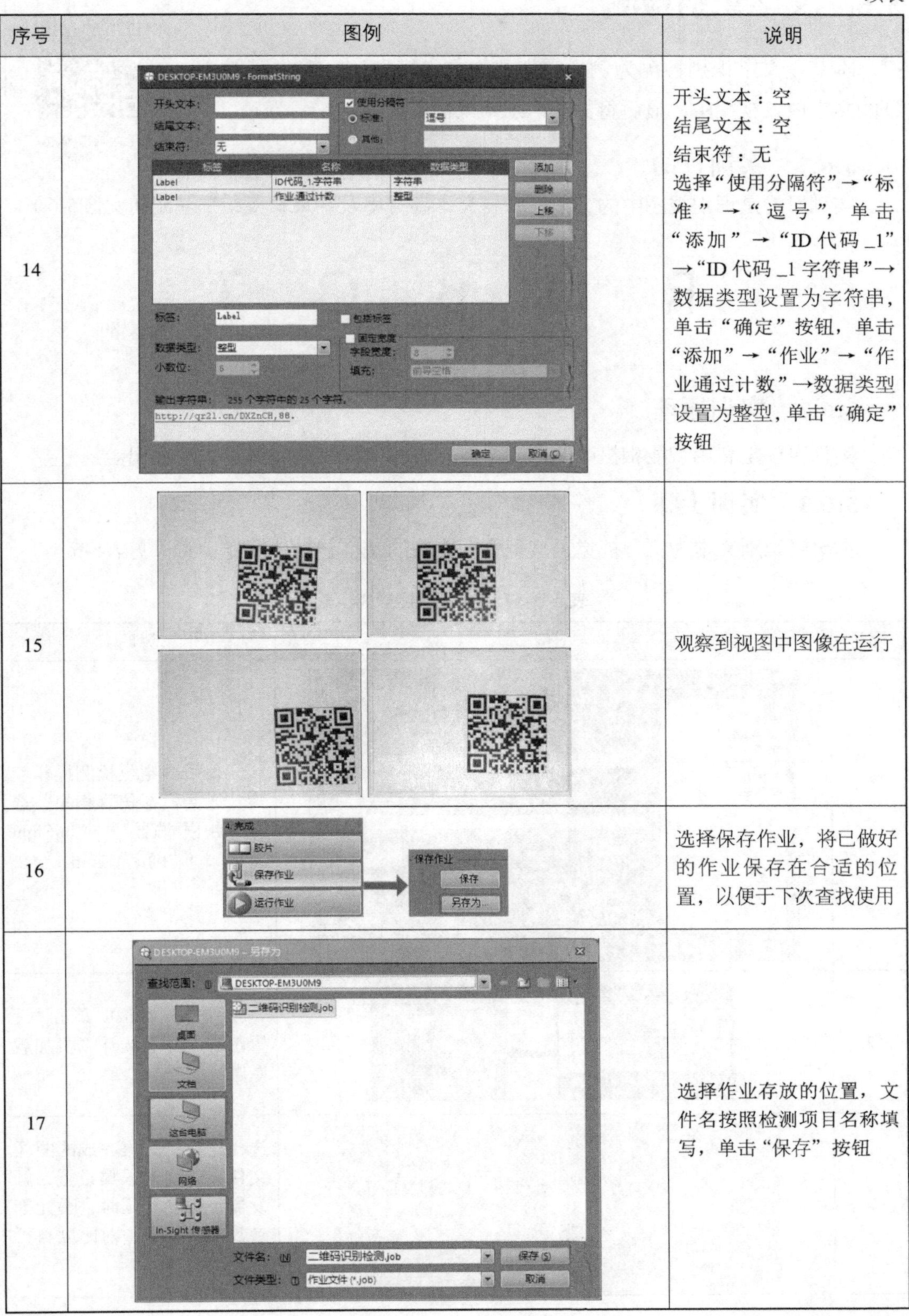

序号	图例	说明
14		开头文本：空 结尾文本：空 结束符：无 选择“使用分隔符”→“标准”→“逗号”，单击“添加”→“ID代码_1”→“ID代码_1字符串”→数据类型设置为字符串，单击“确定”按钮，单击“添加”→“作业”→“作业通过计数”→数据类型设置为整型，单击“确定”按钮
15		观察到视图中图像在运行
16		选择保存作业，将已做好的作业保存在合适的位置，以便于下次查找使用
17		选择作业存放的位置，文件名按照检测项目名称填写，单击“保存”按钮

5.6 文字识别检测

本节以文字识别检测为例，需先建立文字模型，将需要识别验证的文字放入视图中，最后将文字识别结果输出。

5.6.1 实训目的

实训目的是识别视图中的文本，并将文本字符串及结果长度结果输出（见图5-6）。

R O B O T

图5-6 字符识别图片

5.6.2 实训原理

实训原理是利用智能相机中的读取文本，并将文本结果及文本长度输出。

5.6.3 实训步骤

本次以识别文本为例，视觉工具识别视图中的文字，具体操作步骤，见表5-6。

表5-6 文字识别检测操作步骤

序号	图例	说明
1		同元件引导定位检测操作步骤，连接模拟仿真相机，选择“使用仿真器”→“In-Sight 5110”→“确定”按钮
2		在应用程序步骤中，单击“设置图像”→“从计算机加载图像”按钮
3		选择之前已采集完成的图像文件夹，编辑采集设置，触发器、触发器延时、曝光等参数根据视图中对比度自行设定

续表

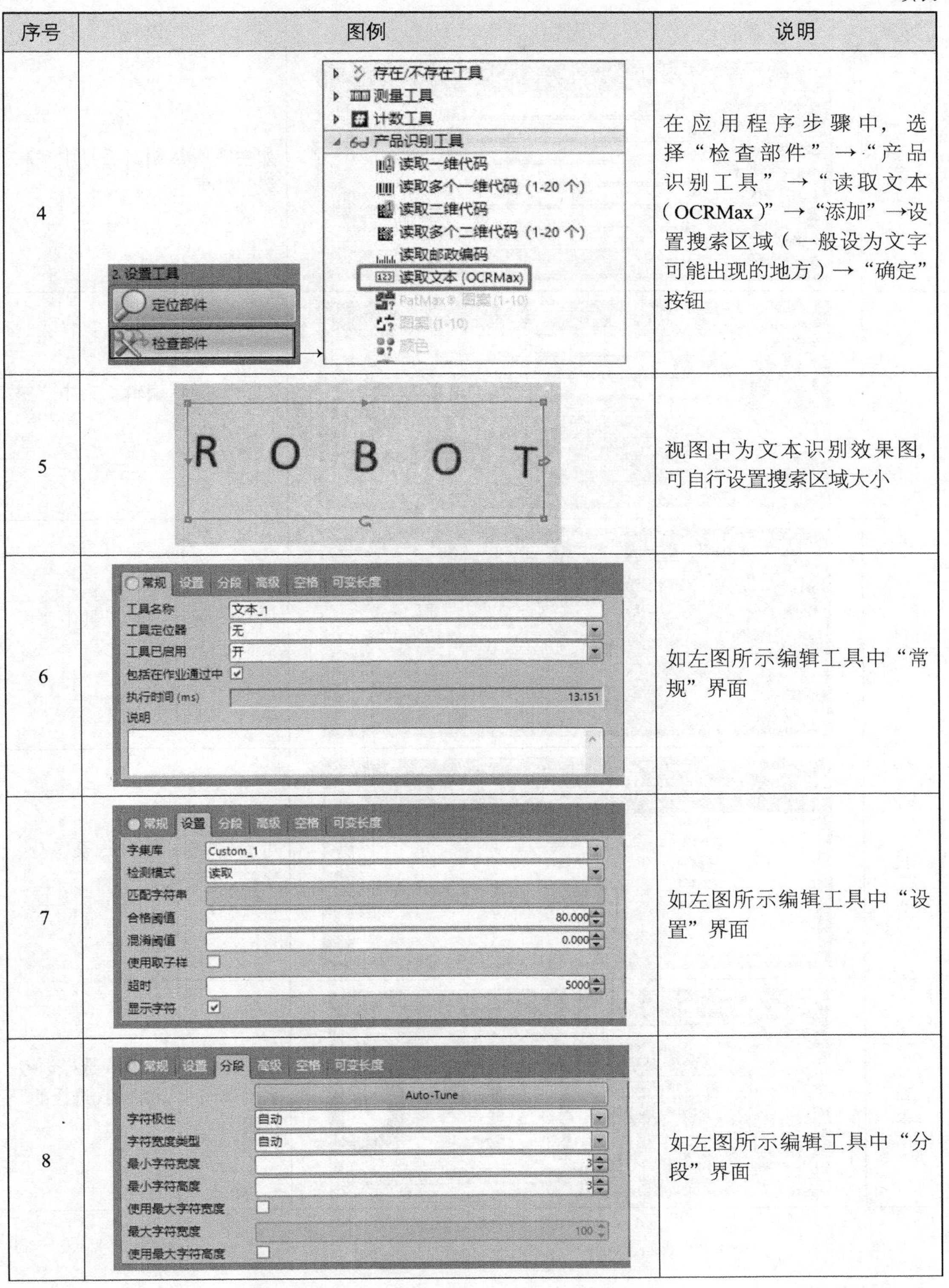

序号	图例	说明
4		在应用程序步骤中，选择“检查部件”→“产品识别工具”→“读取文本（OCRMax）”→“添加”→设置搜索区域（一般设为文字可能出现的地方）→“确定”按钮
5		视图中为文本识别效果图，可自行设置搜索区域大小
6		如左图所示编辑工具中“常规”界面
7		如左图所示编辑工具中“设置”界面
8		如左图所示编辑工具中“分段”界面

续表

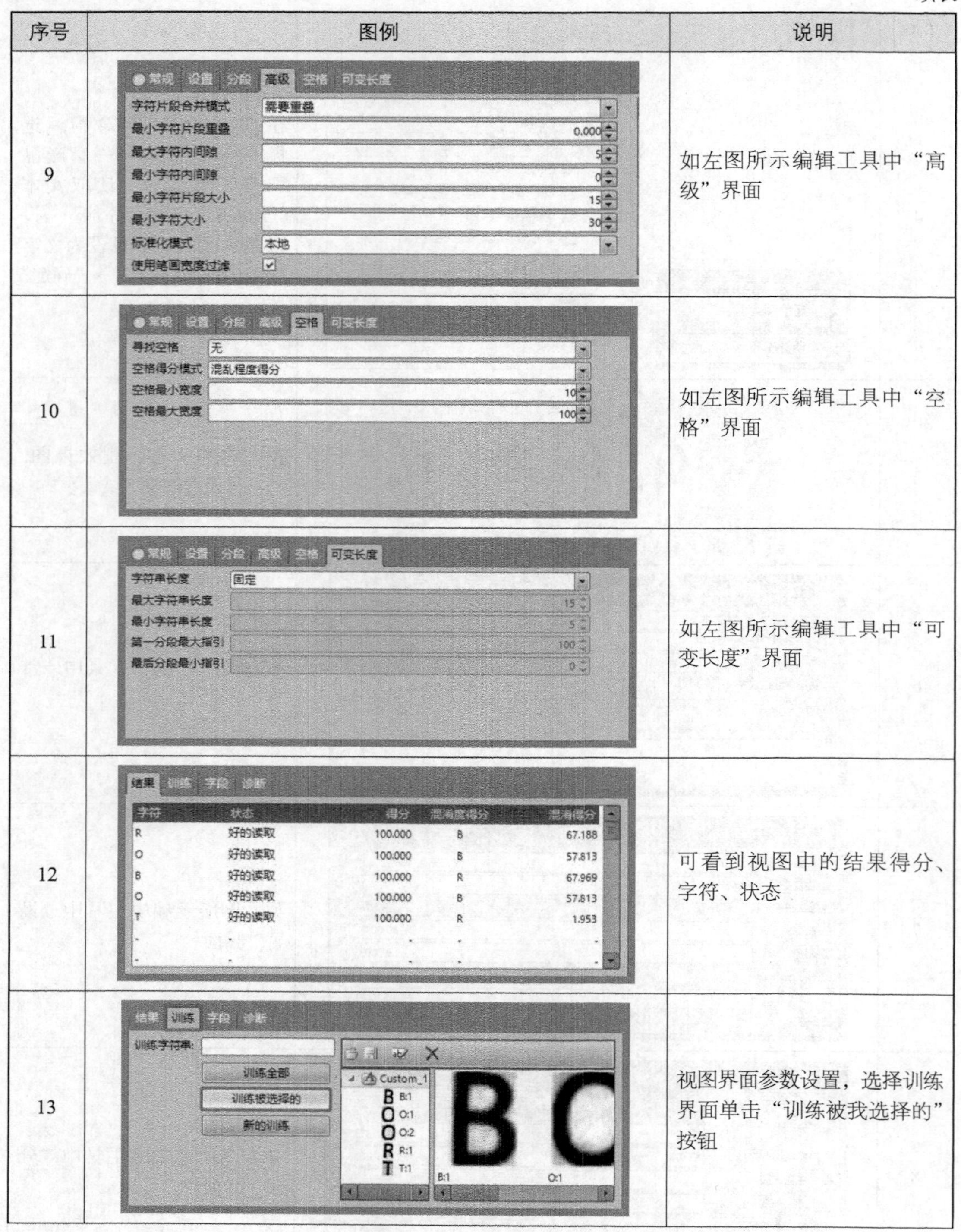

序号	图例	说明
9		如左图所示编辑工具中“高级”界面
10		如左图所示编辑工具中“空格”界面
11		如左图所示编辑工具中“可变长度”界面
12		可看到视图中的结果得分、字符、状态
13		视图界面参数设置，选择训练界面单击“训练被我选择的”按钮

续表

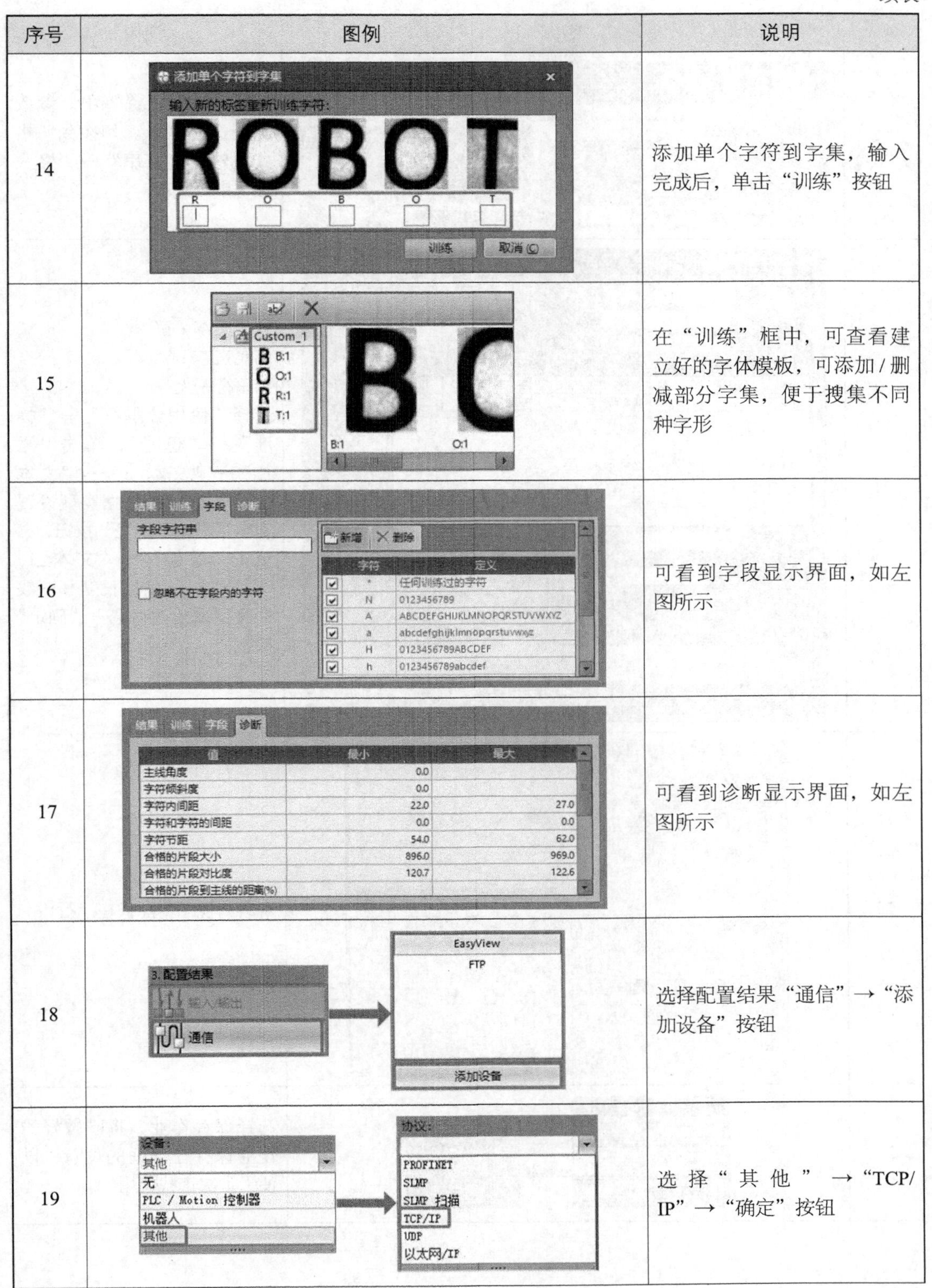

序号	图例	说明
14		添加单个字符到字集，输入完成后，单击“训练”按钮
15		在“训练”框中，可查看建立好的字体模板，可添加/删减部分字集，便于搜集不同种字形
16		可看到字段显示界面，如左图所示
17		可看到诊断显示界面，如左图所示
18		选择配置结果“通信”→“添加设备”按钮
19		选择“其他”→“TCP/IP”→“确定”按钮

续表

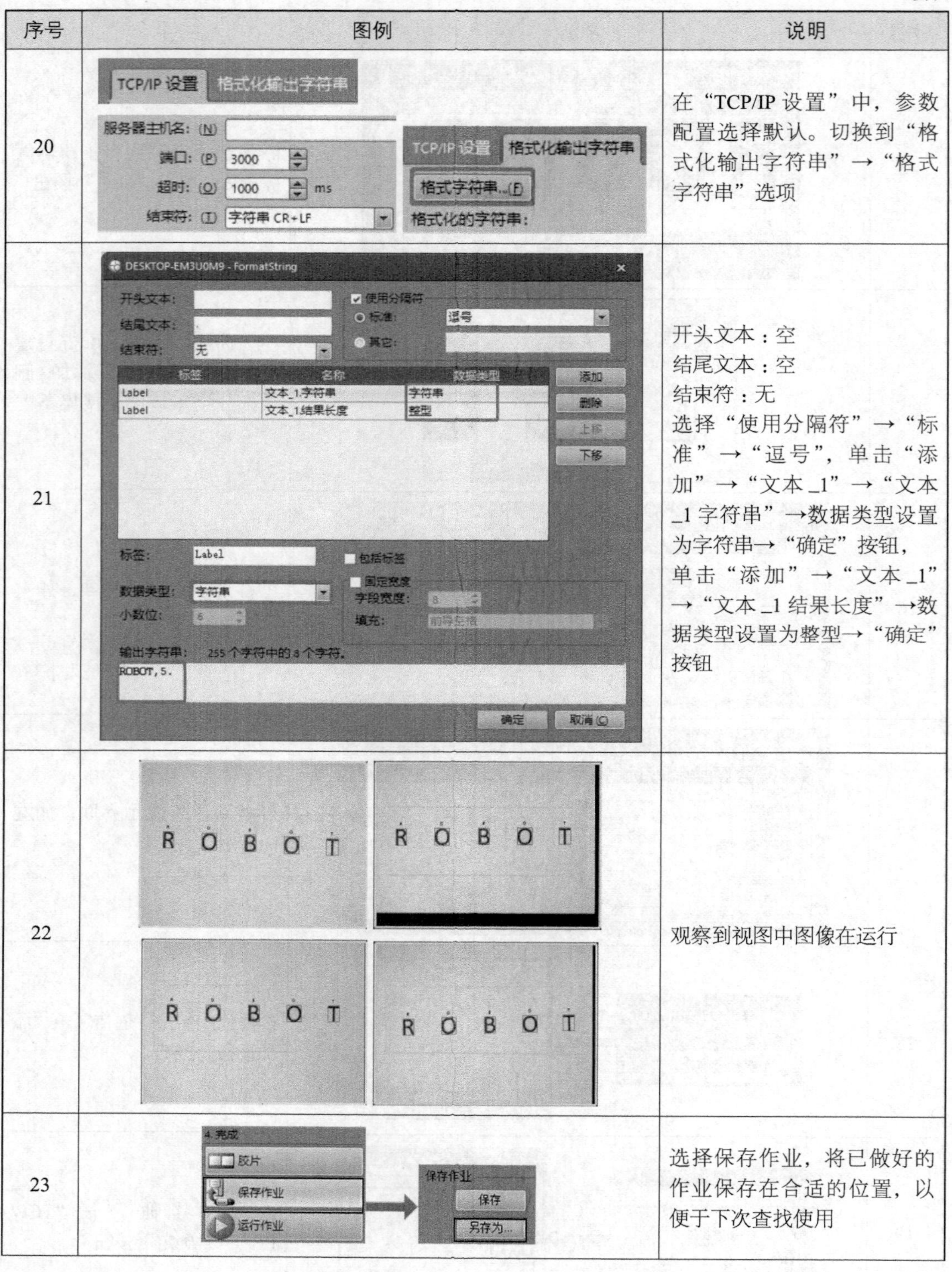

序号	图例	说明
20		在“TCP/IP 设置”中，参数配置选择默认。切换到“格式化输出字符串”→“格式字符串”选项
21		开头文本：空 结尾文本：空 结束符：无 选择“使用分隔符”→“标准”→“逗号”，单击“添加”→“文本_1”→“文本_1 字符串”→数据类型设置为字符串→“确定”按钮，单击“添加”→“文本_1”→“文本_1 结果长度”→数据类型设置为整型→“确定”按钮
22		观察到视图中图像在运行
23		选择保存作业，将已做好的作业保存在合适的位置，以便于下次查找使用

续表

序号	图例	说明
24	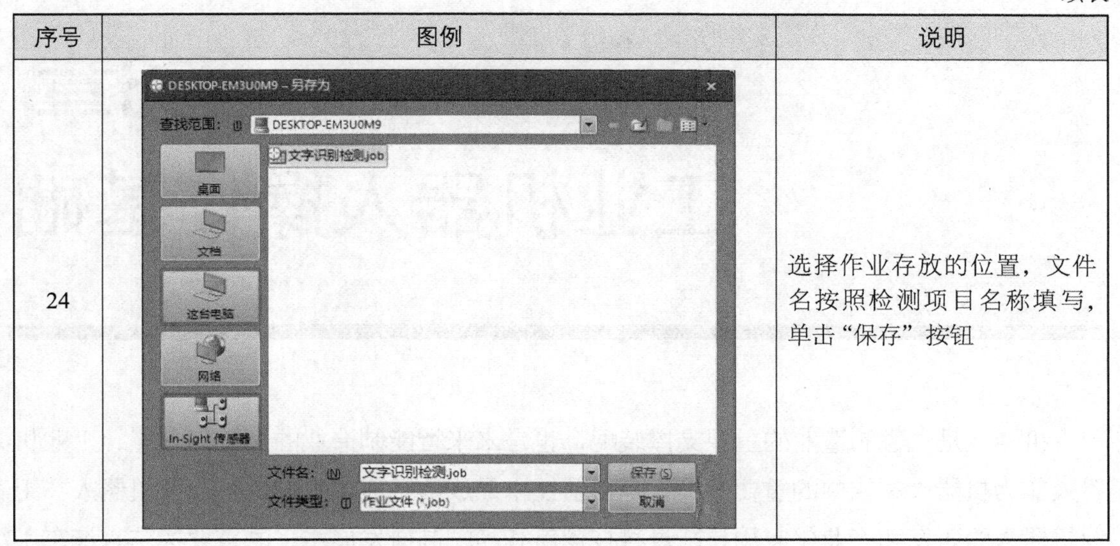	选择作业存放的位置，文件名按照检测项目名称填写，单击“保存”按钮

思考题

1. 针对5.1节的检测对象，将旋转公差调整为“-10°～+10°”的范围，运行程序，观察检测结果有无变化，并思考该参数的主要意义是什么？

2. 简述“模型框”和“搜索框”的区别和作用？

3. 在使用“边工具”时，“边缘转换”参数的意义是什么？不同设置对检测效果将会产生什么影响？

4. 在“通信”的设置中，查询帮助手册比较“以太网/IP”和“TCP/IP”两者设置的区别和作用。

5. 自己选择一个字符识别对象，选择合适的相机型号或仿真器，获取图像后，利用视觉处理工具，对已知图像进行文字识别检测，并将结果信息输出。

第6章 工业机器人操作基础

机器人是先进制造业的重要支撑装配，也是未来智能制造业的关键切入点，工业机器人作为机器人家族中的重要一员，是目前技术最成熟、应用最广泛的一类机器人。工业机器人的研发和产业化应用是衡量科技创新和高端制造发展水平的重要标志。汽车工业、电子电器行业、工程机械等众多行业大量使用工业机器人自动化生产线，在保证产品质量的同时，改善了工作环境，提高了社会生产效率，有力地推动了企业和社会生产力的发展。随着社会工业化发展，工业机器人与机器视觉结合应用领域也越来越多。

6.1 工业机器人概述

工业机器人涉及了机械、电气、控制、检测、通信和计算机等方面的知识。以互联网、新材料和新能源为基础，数字化智能制造为核心的新一轮工业革命即将到来，而工业机器人则是数字化智能制造的重要载体。

6.1.1 工业机器人定义和特点

虽然工业机器人是技术上最成熟、应用最广泛的一类机器人，但对其具体的定义，科学界尚未形成统一。目前大多数国家遵循的是国际标准化组织（ISO）的定义。

国际标准化组织对工业机器人的定义为：工业机器人是一种能自动控制、可重复编程、多功能、多自由度的操作机，能够搬运材料、工件或者操持工具来完成各种作业。

工业机器人通常具有以下4个特点。

①拟人化：在机械结构上类似于人的手臂或者其他组织结构。

②通用性：可执行不同的作业任务，动作程序可按需求改变。

③独立性：完整的工业机器人系统在工作中可以不依赖于人的干预。

④智能性：具有不同程度的智能功能，如感知系统、记忆等功能提高了工业机器人对周围环境的自适应能力。

6.1.2　工业机器人分类

常见的工业机器人分类方法包括：按结构运动形式分类、按运动控制方式分类、按工业机器人的性能指标分类、按程序输入方式分类和按发展程度分类等。本节介绍按结构运动形式分类和按发展程度分类。

1. 按结构运动形式分类

（1）直角坐标机器人

直角坐标机器人在空间上具有多个相互垂直的移动轴，常用的是3轴直角坐标机器人，即x、y、z 3个轴，如图6-1所示，其末端的空间位置是通过沿x、y、z轴来回移动形成的，是一个长方体，此类工业机器人具有较高的强度和稳定性，负载能力大，位置精度高，且编程操作简单。

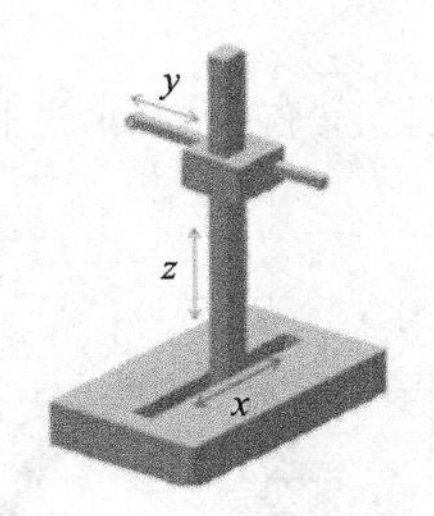

（a）3 轴直角坐标机器人的示意图

（b）EDUBOT- 直角坐标机器人

图6-1　直角坐标机器人

（2）柱面坐标机器人

柱面坐标机器人是通过2个移动和1个转动运动来改变末端空间位置，其作业空间呈圆柱体，如图6-2所示。

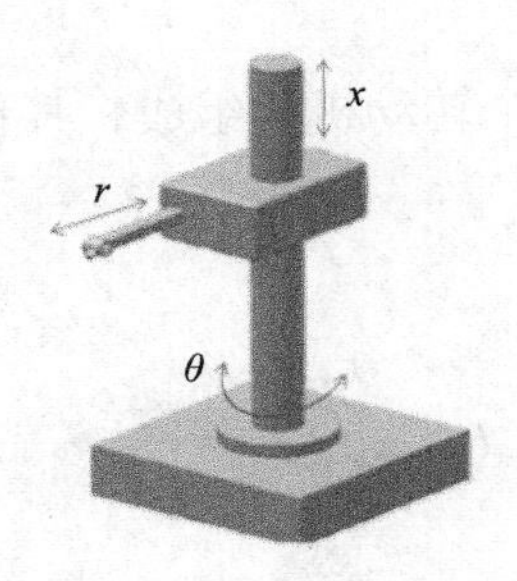

（a）柱面坐标机器人示意图

（b）柱面坐标机器人—Versatran

图6-2　柱面坐标机器人

（3）球面坐标机器人

球面坐标机器人的末端运动是由2个转动和1个移动运动组成，其作业空间是球面的一部分，如图6-3所示。

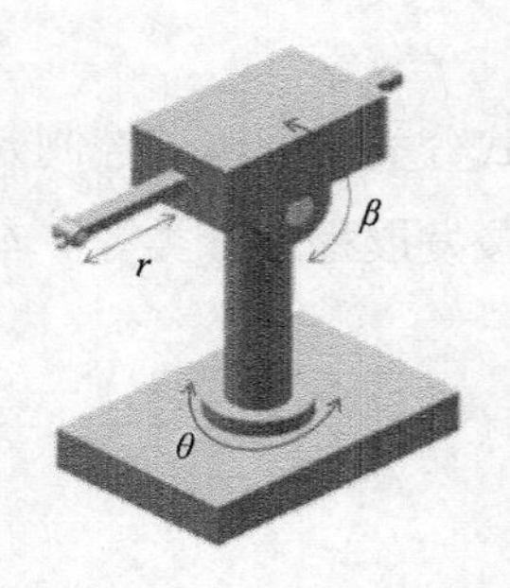

（a）球面坐标机器人示意图

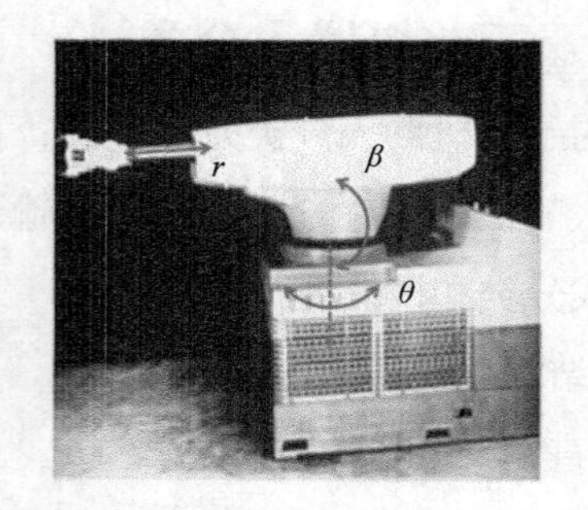

（b）球面坐标机器人—Unimate

图6-3 球面坐标机器人

（4）多关节型机器人

多关节型机器人由多个回转和摆动（或移动）机构组成。按旋转方向可分为水平多关节机器人和垂直多关节机器人。

①水平多关节机器人。它由多个竖直回转机构构成，没有摆动或平移，手臂都在水平面内转动，其作业空间为圆柱体，如图6-4所示。

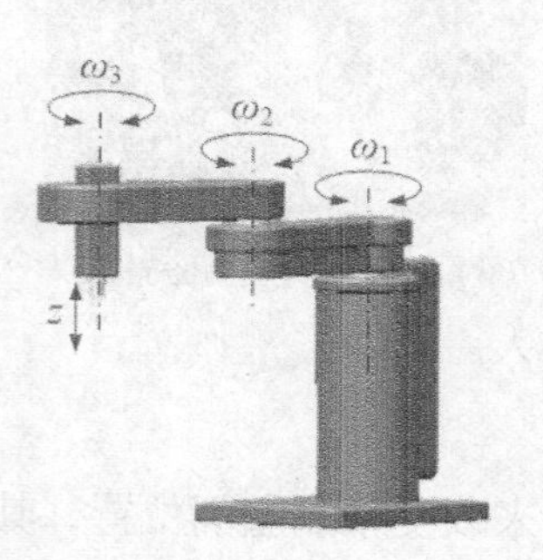

（a）水平多关节机器人示意图

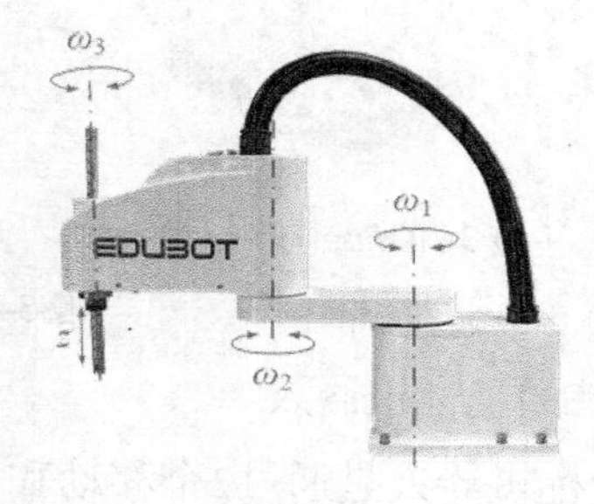

（b）EDVBOT 水平多关节机器人

图6-4 水平多关节机器人

②垂直多关节机器人。该类型工业机器人是由多个转动机构组成，其作业空间近似一个球体，如图6-5所示。

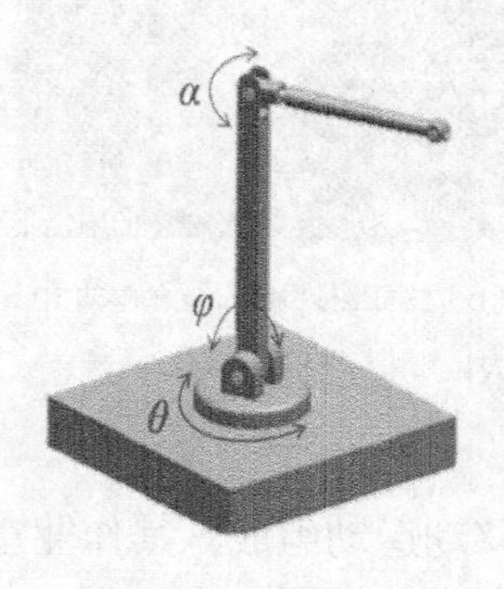

（a）垂直多关节机器人示意图

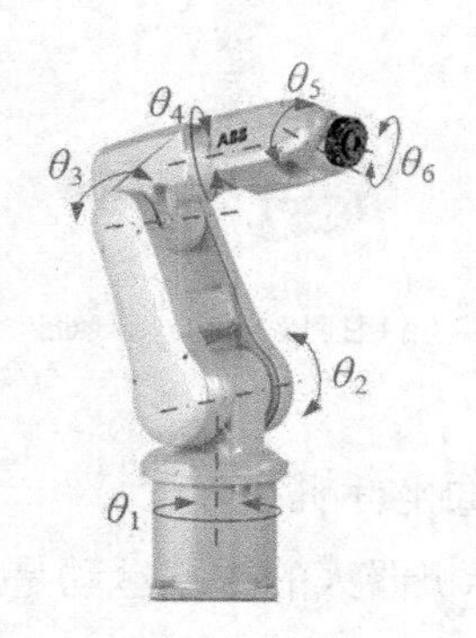

（b）ABB IRB120

图6-5 垂直多关节机器人

（5）并联型机器人

并联型机器人的基座和末端执行器之间，通过至少两个独立的运动链相连接，机构具有两个或两个以上自由度，且以并联方式驱动的一种闭环机构。工业应用最广泛的并联机器人是DELTA并联机器人，如图6-6所示。

相对于并联机器人而言，只有一条运动链的机器人称为串联机器人。

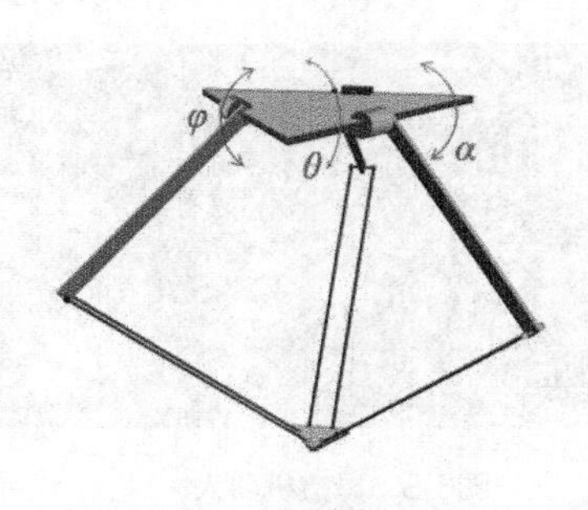

（a）并联机器人示意图

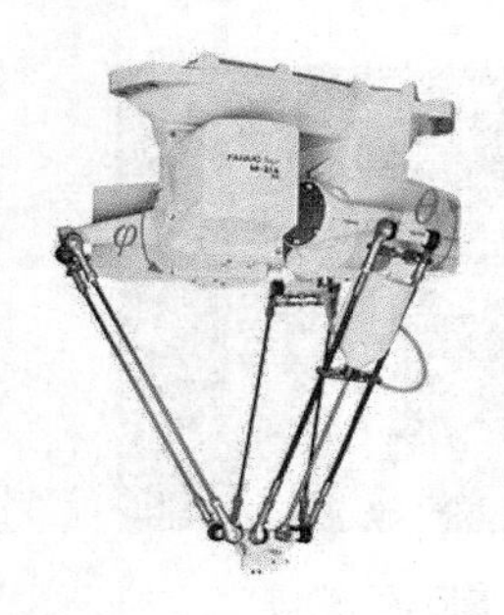

（b）FANUCM-2iA/3s

图6-6　并联机器人

2. **按发展程度分类**

第一代工业机器人主要指只能以示教再现方式工作的工业机器人，称为示教再现机器人。示教内容为工业机器人操作结构的空间轨迹、作业条件、作业顺序等。目前在工业现场应用的工业机器人大多属于第一代。

第二代工业机器人是感知机器人，带有一些可感知环境的装置，通过反馈控制，使工业机器人能在一定程度上适应变化的环境。

第三代工业机器人是智能机器人，它具有多种感知功能，可进行复杂的逻辑推理、判断及决策，可在作业环境中独立行动；它具有发现问题且能自主地解决问题的能力。

智能机器人至少要具备以下3个要素。

①感觉要素：包括能够感知视觉和距离等非接触型传感器和能感知力、压觉、触觉等接触型传感器，用来认知周围的环境状态。

②运动要素：工业机器人需要对外界做出反应性动作。智能机器人通常需要有一些无轨道的移动机构，以适应平地、台阶、墙壁、楼梯和坡道等不同的地理环境，并且在运动过程中要对移动机构进行实时控制。

③思考要素：根据感觉要素所得到的信息，思考采用什么样的动作，包括判断、逻辑分析、理解和决策等。

其中，思考要素是智能机器人的关键要素，也是人们要赋予智能机器人必备的要素。

6.1.3 工业机器人应用

1. 焊接

目前工业领域应用最广泛的是工业机器人焊接，如工程机械、汽车制造、电力建设等。焊接机器人能在恶劣的环境下连续工作并能提供稳定的焊接质量，提高工作效率，减轻工人的劳动强度，如图6-7和图6-8所示。

图6-7 弧焊

图6-8 焊接机器人

目前，焊接机器人基本上都是多关节型机器人，绝大多数有6个轴。按焊接工艺的不同，焊接机器人主要分为3类：点焊机器人、弧焊机器人和激光焊接机器人，如图6-9所示。

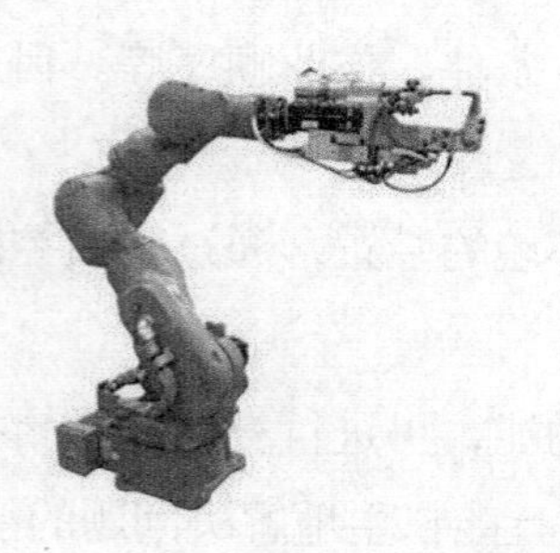

（a）点焊机器人

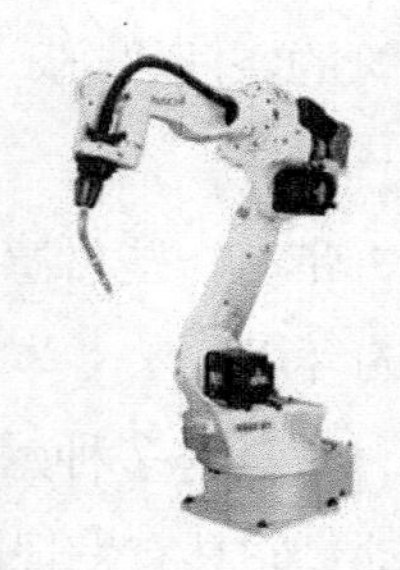

（b）弧焊机器人

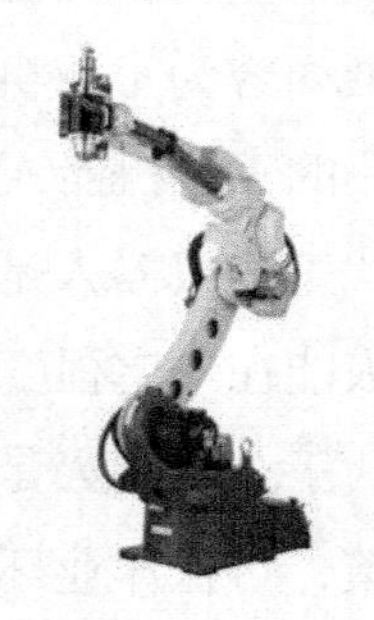

（c）激光焊接机器人

图6-9 焊接机器人分类

2. 喷涂

喷涂机器人适用于生产量大、产品型号多、表面形状不规则的工件外表面涂装，广泛应用于汽车及其零配件、仪表、家电、建材和机械等行业。

按照工业机器人手腕结构形式的不同，喷涂机器人可分为球型手腕喷涂机器人和非球型手腕喷涂机器人。其中，非球型手腕喷涂机器人根据相邻轴线的位置关系又可分为正交非球型手腕和斜交非球型手腕2种形式，如图6-10所示。

球型手腕喷涂机器人除了具备防爆功能外，其手腕结构与通用六轴关节型工业机器人相同，即1个摆动轴、2个回转轴，3个轴线相交于一点，且两相邻关节的轴线垂直，具有代表性的国外产品有ABB公司的IRB52喷涂机器人，国内产品有新松公司的SR35A

喷涂机器人。

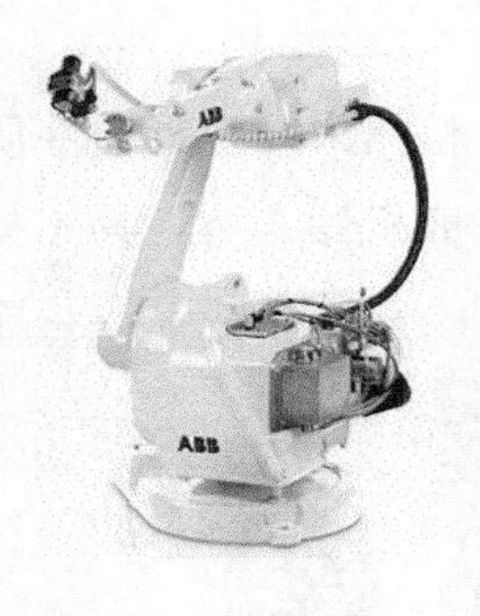

（a）球型手腕

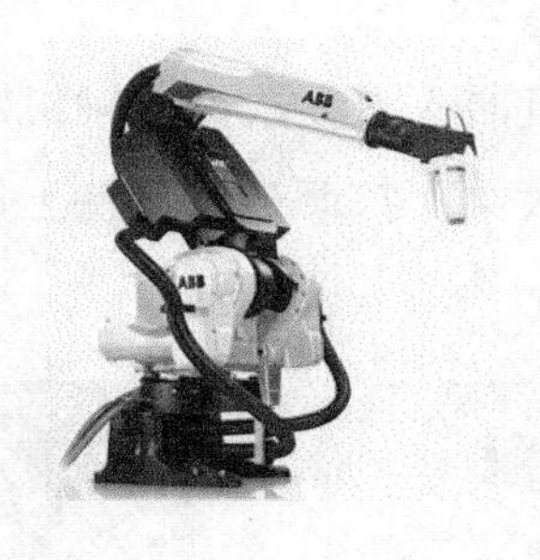

（b）正交非球型手腕

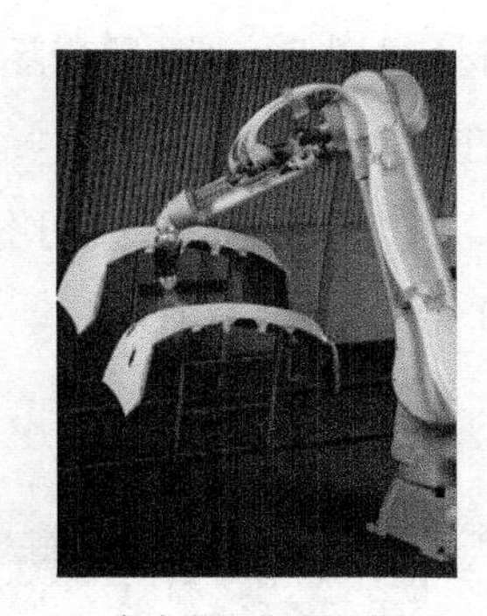

（c）斜交非球型手腕

图6-10　喷涂机器人

正交非球型手腕喷涂机器人的3个回转轴相交于两点，且相邻轴线夹角为90º，具有代表性的为ABB公司的IRB5400、IRB5500喷涂机器人。

斜交非球型手腕喷涂机器人的手腕相邻两轴线不垂直，而是具有一定角度，为3个回转轴，且3个回转轴相交于两点的形式，具有代表性的为YASKAWA、Kawasaki、FANUC公司的喷涂机器人。

3．码垛

码垛机器人可以满足中低产量的生产需要，也可按照要求的编组方式和层数，完成对料袋、箱体等各种产品的码垛，如图6-11和图6-12所示。

图6-11　码垛机器人（1）

图6-12　码垛机器人（2）

使用码垛机器人能提高企业的生产效率和产量，同时减少人工搬运造成的错误，还可以全天候作业，节约大量人力资源成本。码垛机器人广泛应用于化工、食品、塑料等生产企业。

4．打磨

打磨机器人是指可进行自动打磨的工业机器人，主要用于工件的表面打磨、棱角去毛刺、焊缝打磨、内腔内孔去毛刺、孔口螺纹口加工等工作。

打磨机器人广泛应用于3C、卫浴五金、IT、汽车零部件、工业零件、医疗器械、木材建材家具制造、民用产品等行业。

在目前的实际应用中，打磨机器人大多数是六轴机器人。根据末端执行器性质的不同，打磨机器人系统可分为两大类：打磨机器人持工件和打磨机器人持工具（见图6-13）。

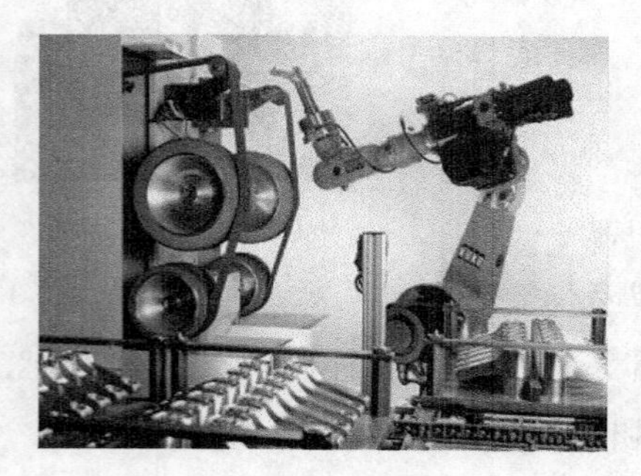

（a）打磨机器人持工件

（b）打磨机器人持工具

图6-13　打磨机器人系统分类

6.2　工业机器人主要技术参数

工业机器人的技术参数反映了工业机器人的适用范围和工作性能，主要包括自由度、额定负载、工作空间、最大工作速度、分辨率和工作精度等，其他参数还包括控制方式、驱动方式、安装方式、动力源容量、本体重量、环境参数等。下面主要介绍自由度、额定负载、工作空间和工作精度。

6.2.1　自由度

自由度是指描述物体运动所需要的独立坐标数。

空间直角坐标系又称笛卡儿直角坐标系，它是以空间一点O为原点，建立3条两两相互垂直的数轴即x轴，y轴和z轴。工业机器人系统中常用的坐标系为右手坐标系，即3个轴的正方向符合右手规则：右手大拇指指向z轴正方向，食指指向x轴正方向，中指指向y轴正方向，如图6-14所示。

在三维空间中描述一个物体的位姿（即位置和姿态）需要6个自由度，如图6-15所示。

①沿空间直角坐标系O-xyz的x、y、z 3个轴平移运动T_x、T_y、T_z。

②绕空间直角坐标系O-xyz的x、y、z 3个轴旋转运动R_x、R_y、R_z。

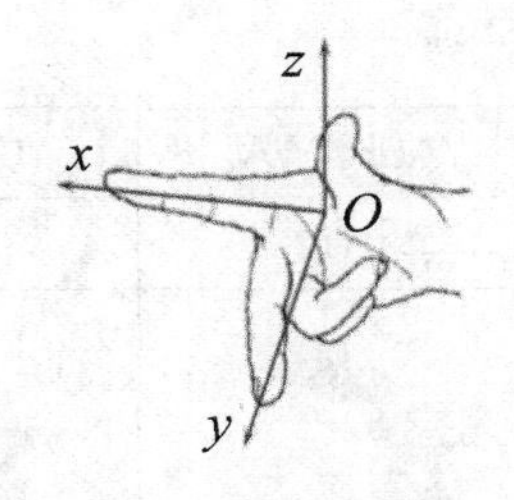

图6-14　右手规则

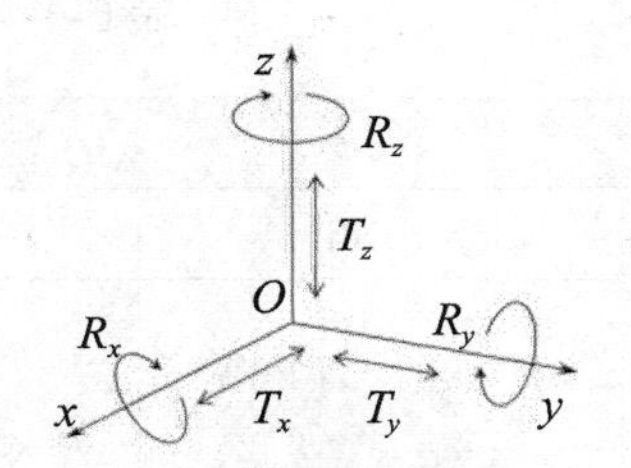

图6-15　刚体的6个自由度

工业机器人的自由度是指工业机器人相对坐标系能够进行独立运动的数目，不包括末端执行器的动作，如焊接、喷涂等。通常，垂直多关节机器人以6自由度为主，如IRB 120机器人，EPSON-SCARA机器人是4自由度，如图6-16所示。

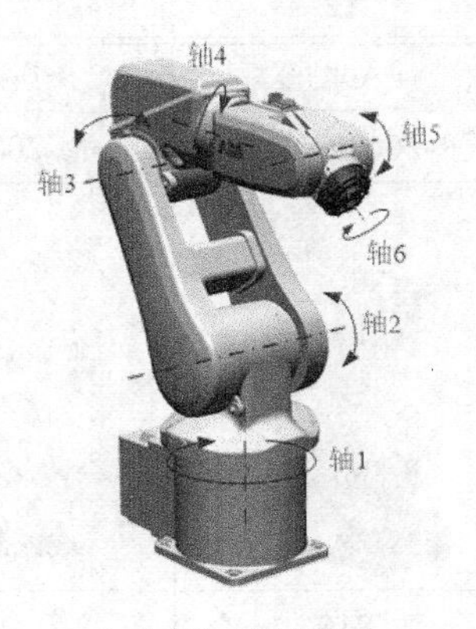

（a）IRB 120 机器人

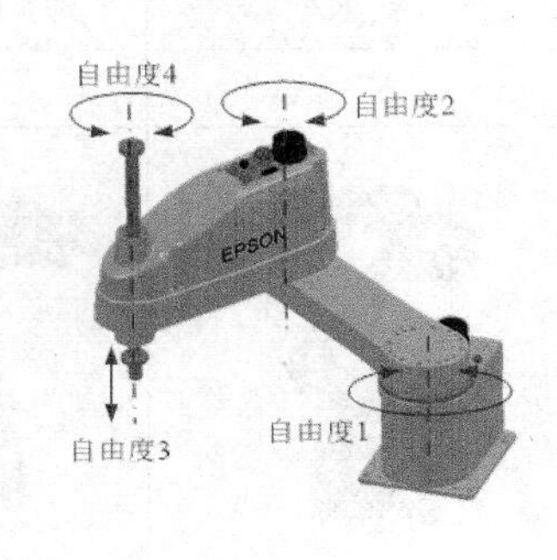

（b）EPSON-SCARA 机器人

图6-16　工业机器人的自由度

工业机器人的自由度反映工业机器人动作的灵活性，自由度越多，工业机器人就越能接近人手的动作机能，通用性越好；但是自由度越多，结构就越复杂，对工业机器人的整体要求就越高。因此，工业机器人的自由度是根据其用途设计的。

采用空间开链连杆机构的工业机器人，因为每个关节运动处仅有一个自由度，所以工业机器人的自由度数目就等于它的关节数。

6.2.2　额定负载

额定负载也称有效负荷，是指正常作业条件下，工业机器人在规定性能范围内，手腕末端所能承受的最大载荷。

目前使用的工业机器人负载范围较大为0.5～2 300 kg，具体见表6-1。

表 6-1　工业机器人的额定负载

品牌	ABB	ABB	YASKAWA	YASKAWA
型号	YuMi	IRB120	MH12	MS100 Ⅱ
实物图				
额定负载 /kg	0.5	3	12	110
品牌	KUKA	KUKA	FANUC	FANUC
型号	KR6	KR16	R-2000iB/210F	M-200*iA*/2300
实物图				
额定负载 /kg	6	16	210	2300

工业机器人的额定负载通常用载荷表示，如图6-17所示。

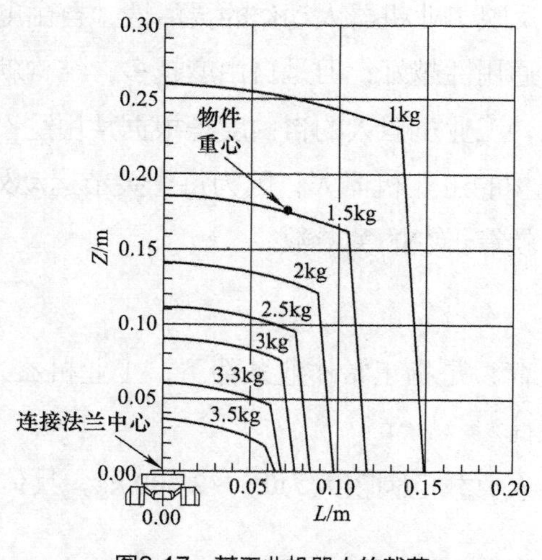

图6-17　某工业机器人的载荷

图6-17中纵轴表示负载重心与连接法兰中心的纵向距离Z（m），横轴表示负载重心在连接法兰所处平面上的投影与连接法兰中心的距离L（m）。例如，图6-17所示物件重

心落在1.5 kg载荷线上，表示此时物件重量不能超过1.5 kg。

6.2.3　工作空间

工作空间又称工作范围、工作行程，是指工业机器人作业时，手腕参考中心（即手腕旋转中心）所能到达的空间区域，不包括手部本身所能达到的区域，常用图形表示，如图6-18所示。p点为手腕参考中心。

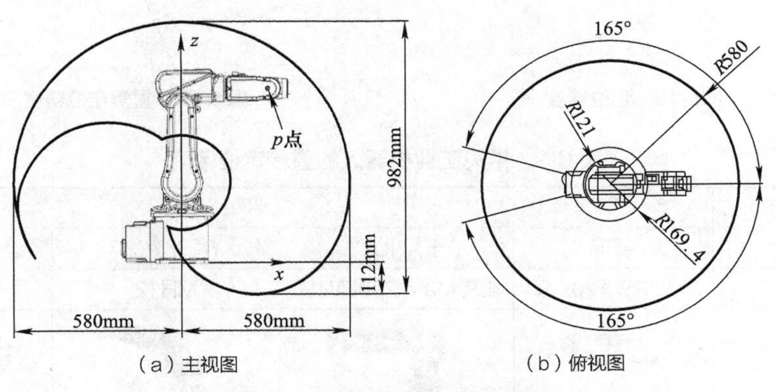

图6-18　ABB-IRB120的工作空间

工作空间的形状和大小反映了工业机器人工作能力的大小，它不仅与工业机器人各连杆的尺寸有关，还与工业机器人的总体结构有关，工业机器人在作业时，可能会因存在手部不能到达的作业死区，而不能完成规定任务。

由于末端执行器的形状和尺寸是多种多样的，为真实反映工业机器人的特征参数，工作范围一般是指不安装末端执行器时，可以达到的区域。

注意：在装上末端执行器后，需要同时保证工具姿态，实际的可达空间会和生产商给出的有差距，因此需要通过比例作图或模型核算，来判断是否满足实际需求。

6.2.4　工作精度

工业机器人的工作精度包括定位精度和重复定位精度。

定位精度又称绝对精度，是指工业机器人的末端执行器实际到达位置与目标位置之间的差距。

重复定位精度简称重复精度，是指在相同的运动位置命令下，工业机器人重复定位其末端执行器于同一目标位置的能力，以实际位置值的分散程度来表示。

实际上工业机器人重复执行某位置给定指令时，它每次走过的距离并不相同，都是在一平均值附近变化，该平均值代表精度，变化的幅值代表重复精度，如图6-19和图6-20所示。工业机器人具有绝对精度低、重复精度高的特点。常见工业机器人的重复定位精度，见表6-2。

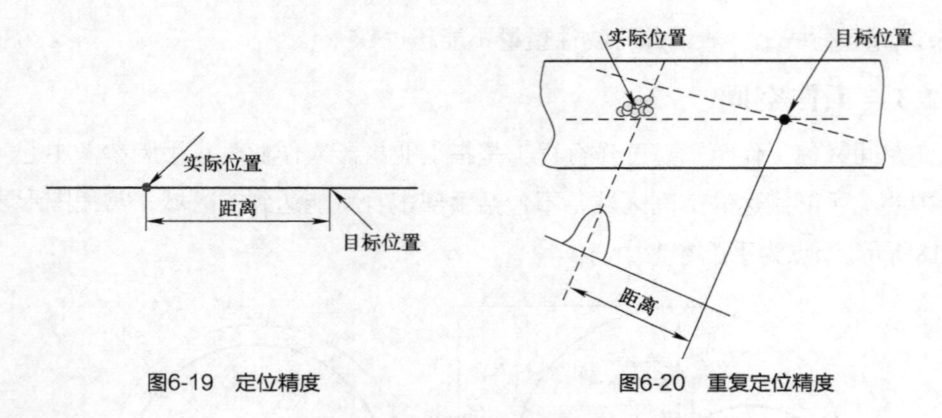

图6-19　定位精度　　　图6-20　重复定位精度

表 6-2　常见工业机器人的重复定位精度

名称	说明			
品牌	ABB	FANUC	YASKAMA	KUKA
型号	IRB 120	LR Mate 200iD/4S	MH12	KR16
实物图				
重复定位精度 /mm	±0.01	±0.02	±0.08	±0.05

6.3　工业机器人组成

工业机器人一般由3部分组成：机器人本体、控制器和示教器。

本节以ABB典型产品IRB 120机器人为例进行相关介绍和应用分析，其组成结构，如图6-21所示。

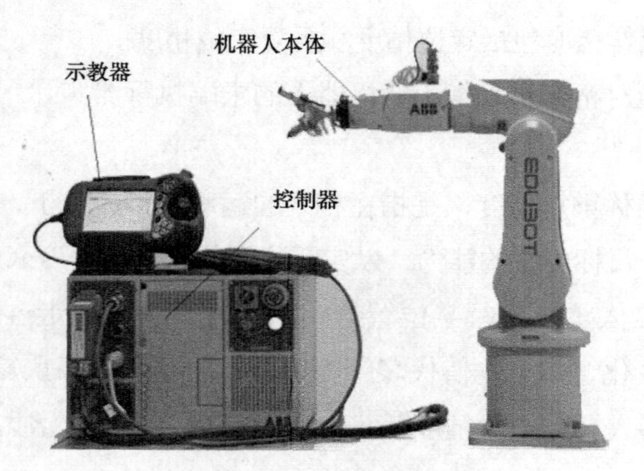

图6-21　ABB IRB 120机器人组成结构

6.3.1 机器人本体

机器人本体是指工业机器人的机械主体，是用来完成规定任务的执行机构，主要由机械臂、驱动装置、传动装置和内部传感器组成。对于六轴机器人而言，其机械臂主要包括基座、腰部、手臂（大臂和小臂）和手腕。

IRB 120六轴机器人的机械臂，如图6-22所示。图中轴1～轴6为IRB 120机器人的6个轴，箭头表示该轴绕基准轴运动的正方向。

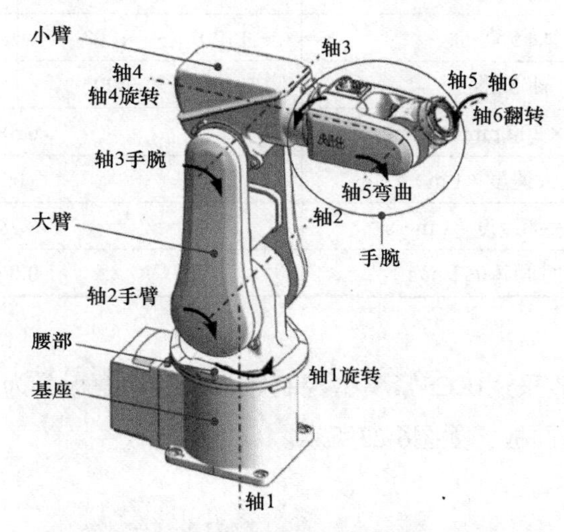

图6-22 IRB 120机器人的机械臂

IRB 120机器人的规格和特性如表6-3所示。

表6-3 IRB 120机器人的规格和特性

名称	说明			
规格	型号	工作范围 /mm	额定负荷 /kg	手臂荷重 */kg
	IRB 120	580	3	0.3
特性	集成信号接口		手腕设 10 路信号	
	集成气路接口		手腕设 4 路气路（5 bar）	
	重复定位精度 /mm		±0.01	
	机器人安装		任意角度	
	防护等级		IP30	
	控制器		IRC5 紧凑型	

* 手臂荷重是指小臂上安装设备的最大总质量，即 IRB 120 机器人小臂安装总质量不能超过 0.3 kg。

IRB 120机器人的运动范围及性能如表6-4所示。

表 6-4　IRB 120 机器人的运动范围及性能

名称	说　明		
运动	轴运动	工作范围	最大速度 /[（°）· s^{-1}]
	轴 1 旋转	+165° ～ −165°	250
	轴 2 手臂	+110° ～ −110°	250
	轴 3 手腕	+70° ～ −90°	250
	轴 4 旋转	+160° ～ −160°	320
	轴 5 弯曲	+120° ～ −120°	320
	轴 6 翻转	+400° ～ −400°	420
性能（1kg 拾料节拍）	25 mm × 300 mm × 25 mm	0.58 s	
	TCP 最大速度 /（m · s^{-1}）	6.2	
	TCP 最大加速度 /（m · s^{-2}）	28	
	加速时间（0~1 m/s）	0.07 s	

6.3.2　控制器

IRB 120机器人一般采用IRC5紧凑型控制器，其操作面板分为3部分：按钮面板、电缆接口面板和电源接口面板，如图6-23所示。

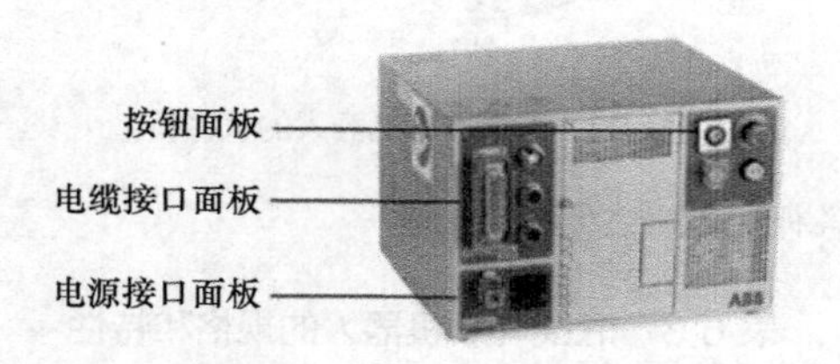

图6-23　IRC5紧凑型控制器

1. 按钮面板

按钮面板（CONTROL）的各按钮名称，如图6-24所示。

（1）模式选择

模式选择有两种：自动模式和手动模式，如图6-25所示。

①自动模式：生产运行时使用，在此状态下，操纵杆失灵。

②手动模式：手动状态下，IRB 120机器人只能低速、手动控制运行。

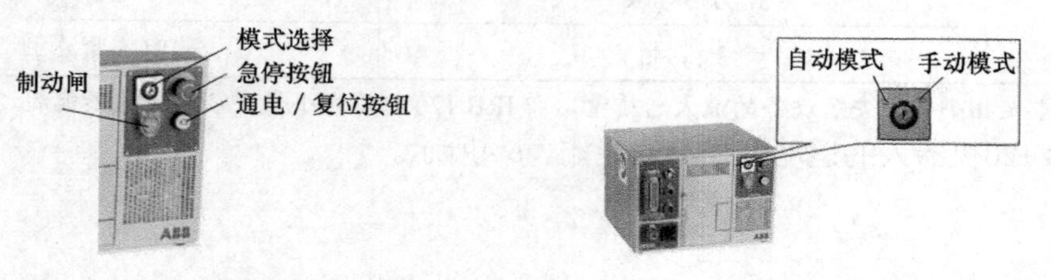

图6-24　按钮面板　　图6-25　模式选择

（2）急停按钮（红色）

不管在任何模式下，一旦按下急停按钮，IRB 120机器人立即停止运行。

（3）通电/复位按钮（白色）

表示电机通电状态。IRB 120机器人的电机被激活时，该按键灯常亮。

①常亮：准备就绪，执行程序。

②快闪：IRB 120机器人未同步，且电机未被激活。

（4）制动闸按钮

IRB 120机器人制动闸释放单元。通电状态下，按下该按钮，可用手旋转IRB 120机器人任何一个轴运动。

2. 电缆接口面板

电缆接口面板（CABLE），如图6-26所示，各接口名称和用途如下。

①电机动力电缆接口（XS1）：连接IRB 120机器人的伺服电机。

②编码器电缆接口（XS2）：连接IRB 120机器人伺服电机编码器。

③示教器电缆接口（XS4）：连接IRB 120机器人示教器。

④外部轴电缆接口（XS41）：连接外部轴。

3. 电源接口面板

电源接口面板（POWER）的各接口，如图6-27所示。

①电源电缆接口：控制器供电接口。

②电源开关：控制器电源开关。ON表示开，OFF表示关。

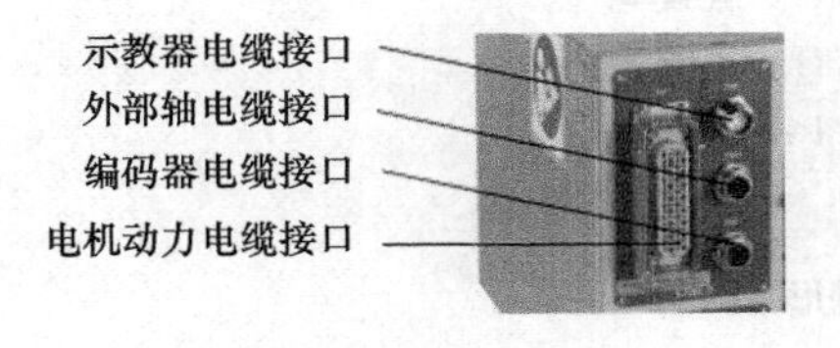

图6-26 电缆接口面板

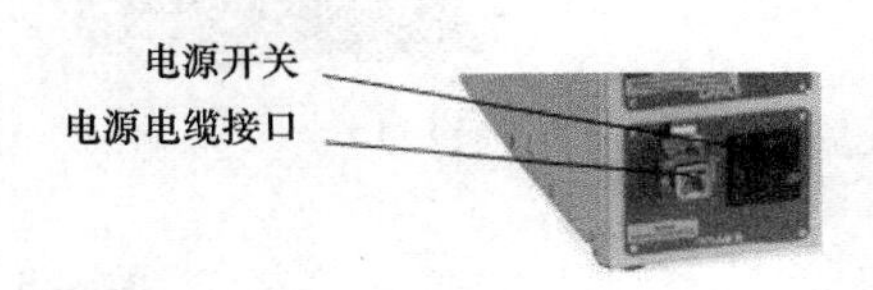

图6-27 电源接口面板

6.3.3 示教器

示教器通常由硬件和软件组成，其本身就是一套完整的计算机。它是工业机器人的人机交互接口，工业机器人的所有操作基本上都是通过示教器来完成的，如手动操作工业机器人，编写、测试和运行工业机器人程序，设定、查阅工业机器人状态设置和位置等。它可在恶劣的工业环境下持续运作，其触摸屏易于清洁，且防水、防油、防溅锡，见表6-5。

表 6-5 示教器规格

名称	说明
屏幕尺寸	6.5 英寸彩色触摸屏
屏幕分辨率 / 像素	640 × 480
质量 /kg	1.0
按钮 / 个	12
语言种类 / 种	20
操作杆	支持（3-way jogging）
USB 内存支持	支持
紧急停止按钮	支持
是否配备触摸笔	是
支持左手与右手使用	支持

1. 外形结构

示教器的外形结构，如图6-28所示，各按键功能，如图6-29所示。

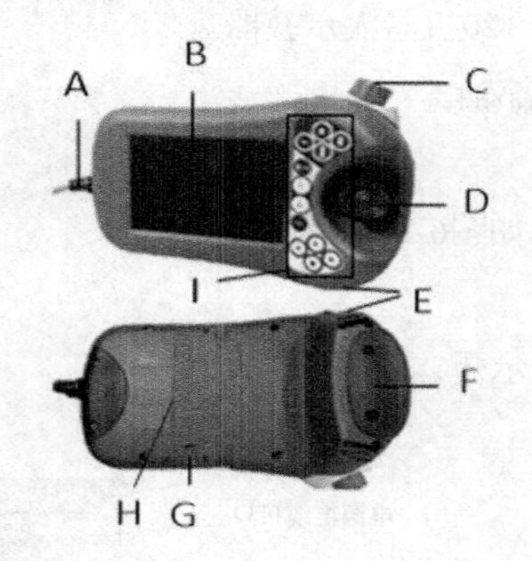

各部分名称

A：电缆线连接器

B：触摸屏

C：紧急停止按钮

D：操纵杆

E：USB 接口

F：使能按钮

G：触摸笔

H：重置按钮

I：按键区

图6-28 示教器外形结构

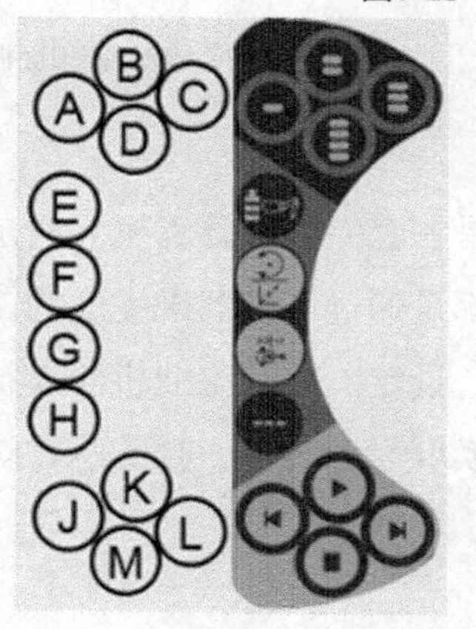

按键区各按键功能

A~D：自定义按键

E：选择机械单元

F、G：选择操纵模式

H：切换增量

J：步退执行程序

K：执行程序

L：步进执行程序

M：停止执行程序

图6-29 示教器各按键功能

2. 使能按钮

使能按钮是一个手动操作时持续被按下的按键。当使用使能按钮时，工业机器人的外部安全保护装置将失效，不起任何保护作用，此时手动操作工业机器人存在潜在危险，如碰撞到安全保护栏或者其他设备。除此之外，工业机器人在其他情况下遇到危险，安全保护装置均会起到保护作用。使能按钮有3种状态：全松、半按和全按，如表6-6所示。

表 6-6 使能按钮的状态

动作图示	状态	效果
使能按钮	全松	电机停止
	半按	电机启动
	全按	电机停止

必须将使能按钮按下一半才能启动电机。在完全按下和完全松开时，将无法执行工业机器人移动。手动按下使动按钮时，工业机器人电机启动，松开时，工业机器人电机立刻停止运行。

6.4 基本操作

本节主要介绍工业机器人基本操作内容，包括：基本概念、手动操作模式、工具坐标系建立、工件坐标系建立4部分。

6.4.1 基本概念

1. 工作模式

ABB机器人工作模式分为手动模式和自动模式两种。

手动模式主要用于调试人员进行系统参数设置、备份与恢复、程序编辑调试等操作。在手动减速模式下，运动速度限制在250 mm/s以下，要激活电机通电，必须按下使动按钮。

自动模式主要用于工业自动化生产作业，此时ABB机器人使用现场总线或者系统I/O与外部设备进行信息交互，可以由外部设备控制运行。

ABB机器人工作模式通过控制器面板上的切换开关进行切换，如图6-30所示。示教器状态栏显示当前工作模式。

（a）手动模式

（b）自动模式

图6-30　工作模式切换开关

2. 动作模式

（1）动作模式的分类

动作模式用于描述手动操纵时ABB机器人的运动方式，动作模式分为3种，如表6-7所示。

表 6-7　动作模式的分类

序号	图例	说明
1	轴 1－3 轴 4－6	单轴运动：用于控制 ABB 机器人各轴单独运动，方便调整 ABB 机器人的位置
2	线性	线性运动：用于控制 ABB 机器人在选择的坐标系空间中进行直线运动，便于调整机器人的位置
3	重定位	重定位运动：用于控制机器人绕选定的工具 TCP 进行旋转，便于调整机器人的姿态

（2）动作模式的切换方式

动作模式有3种切换方式，如表6-8所示。

表 6-8　动作模式的切换方式

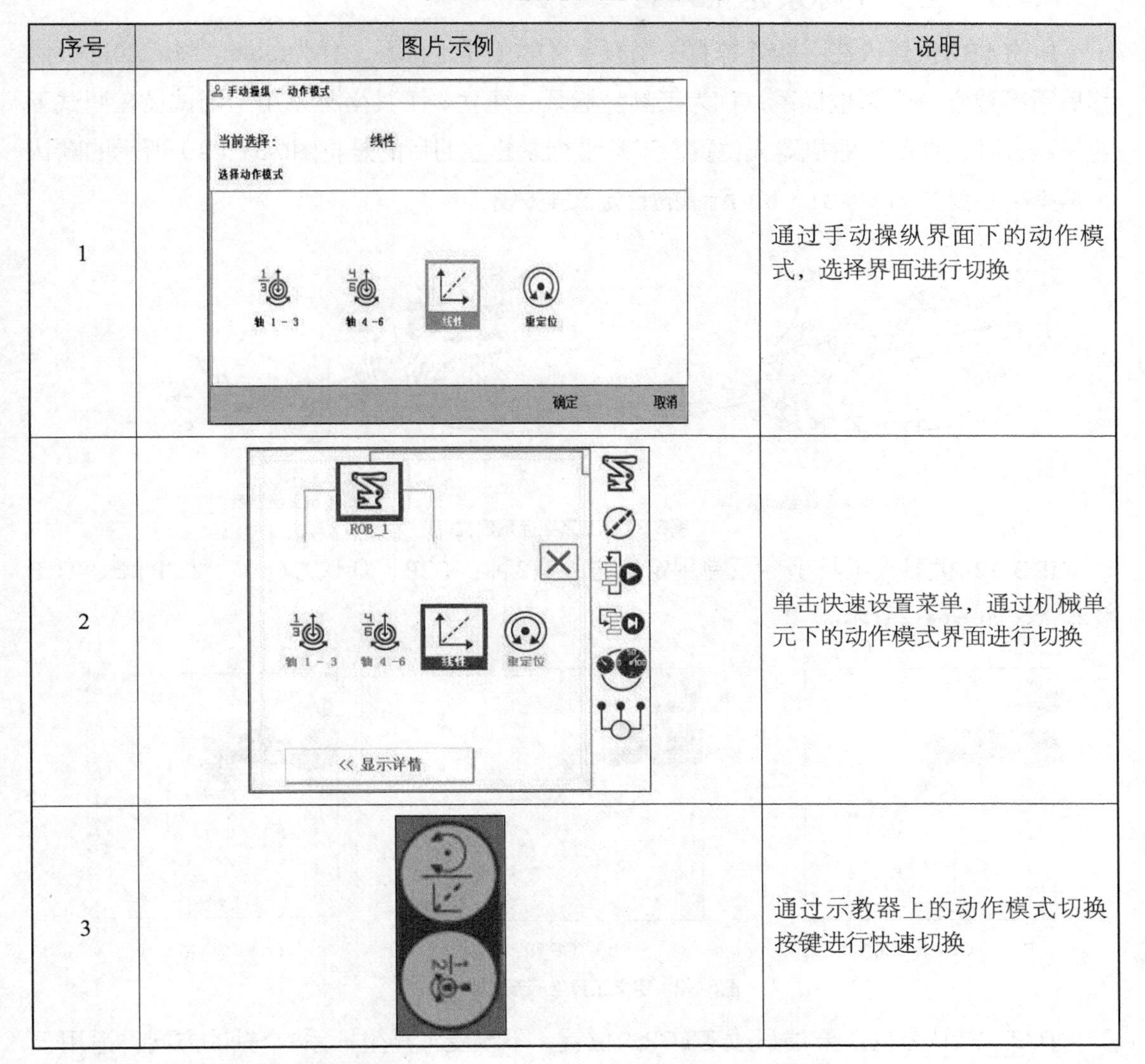

序号	图片示例	说明
1		通过手动操纵界面下的动作模式，选择界面进行切换
2		单击快速设置菜单，通过机械单元下的动作模式界面进行切换
3		通过示教器上的动作模式切换按键进行快速切换

6.4.2　手动操作模式

手动操纵工业机器人时，工业机器人有3种运动方式可供选择，分别为单轴运动、线性运动和重定位运动。

①单轴运动用于控制工业机器人各轴单独运动，方便调整工业机器人的位置。

②线性运动用于控制工业机器人在选择的坐标系空间中进行直线运动，便于调整工业机器人的位置。

③重定位运动用于控制工业机器人绕选定的工具TCP进行旋转，便于调整工业机器人的姿态。

6.4.3 工具坐标系建立

所有ABB机器人在手腕处都有一个预定义的工具坐标系，称为tool0。将tool0进行偏移后重新建立一个新坐标系，称为工具坐标系的建立。工具坐标系用于调试员在调试工业机器人时，调整工业机器人位置。工具坐标系建立的目的是将图6-31（a）所示的默认工具坐标系变换为图6-31（b）所示的自定义坐标系。

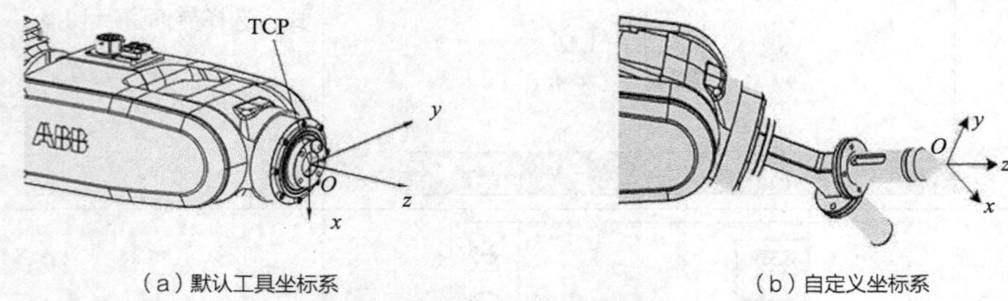

（a）默认工具坐标系　（b）自定义坐标系

图6-31　工具坐标系建立

IRB 120机器人工具坐标系常用定义方法有3种：TCP（默认方向）、TCP和z、TCP和z、x，如图6-32所示。

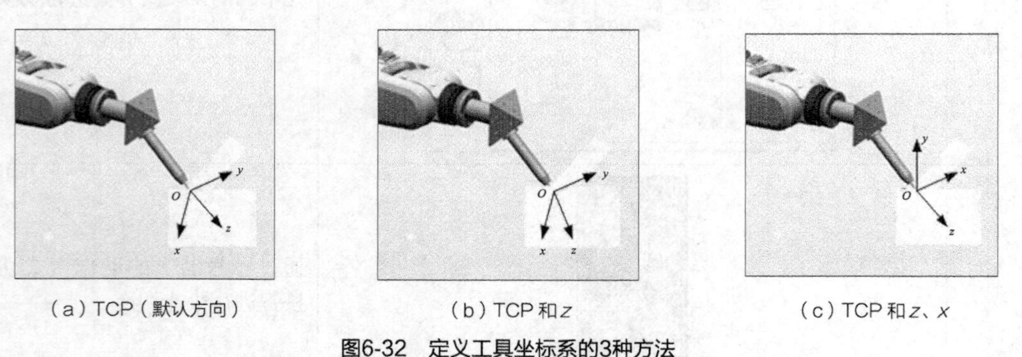

（a）TCP（默认方向）　（b）TCP和z　（c）TCP和z、x

图6-32　定义工具坐标系的3种方法

TCP（默认方向）方法只改变TCP的位置，不改变工具坐标系3个轴的方向，适用于工具坐标系与Tool0方向一致的场合。

TCP和z 方法不仅改变TCP的位置，还改变工具的有效方向z，适用于工具坐标系z轴方向与tool0的z轴方向不一致的场合。

TCP和z、x 方法TCP的位置z轴和x轴的方向均发生变化，适用于需要更改工具坐标z轴和x轴方向的场合。

6.4.4 工件坐标系建立

工件坐标系是定义在工件或工作台上的坐标系，用来确定工件相对于基坐标系或其他坐标系的位置，方便用户以工件平面为参考对工业机器人进行手动操作及调试。

ABB机器人采用三点法来定义工件坐标系。这三点分别为x轴上的第一点x_1、x轴上的第二点x_2和y轴上的点y_1，其原点为y_1与x_1、x_2所在直线的垂足，如图6-33所示。通常，使x_1点与原点重合进行示教。工件坐标系建立后的效果，如图6-34所示。

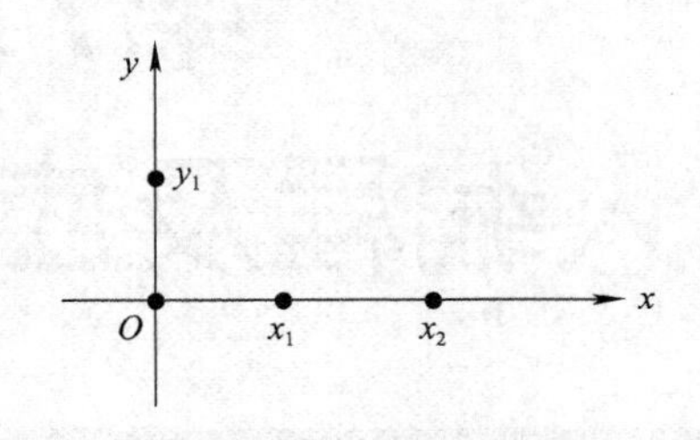

图6-33　工件坐标定义

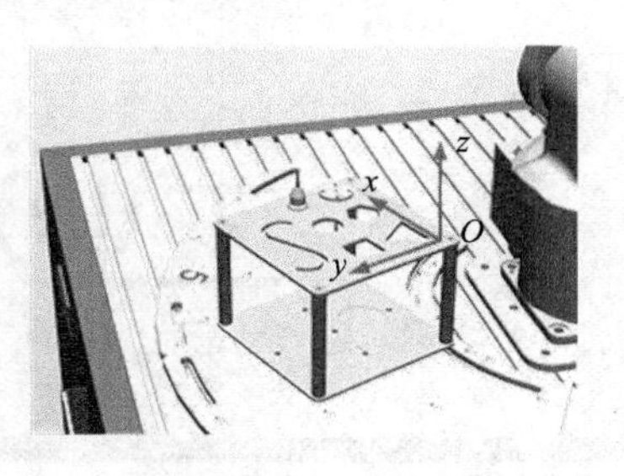

图6-34　工件坐标系效果

思考题

1. 简述工业机器人的定义及特点。
2. 工业机器人按结构运动形式可分为哪几种类型？
3. 工业机器人有哪些典型应用？
4. 工业机器人的主要技术参数有哪些？
5. 什么是工业机器人的自由度？
6. 什么是工业机器人的额定负载？
7. 工业机器人一般由哪几部分组成？
8. ABB机器人的工作模式有哪几种？
9. 什么是工业机器人的动作模式？
10. 什么是重定位运动？
11. 手动操作工业机器人时有哪几种运动方式？
12. 什么是工业机器人的工具坐标系？
13. 什么是工业机器人的工件坐标系？

第7章 工业机器人编程及应用

工业机器人作为一种可编程的智能设备，为了能够正确使用工业机器人、发挥工业机器人的优势和特性，需要掌握工业机器人与外部设备交互方式、指令使用方法、运动控制编程等方面的知识。本章将详细地从工业机器人I/O通信、程序数据、动作指令和编程基础等方面进行介绍。

微课视频

I/O 通信及程序数据

7.1 I/O通信

工业机器人输入/输出是用于连接外部输入输出设备的接口，控制器可根据使用需求扩展各种输入/输出单元。IRB 120机器人标配的I/O板为分布式I/O板DSQC652，共有16路数字量输入和16路数字量输出，如图7-1所示。

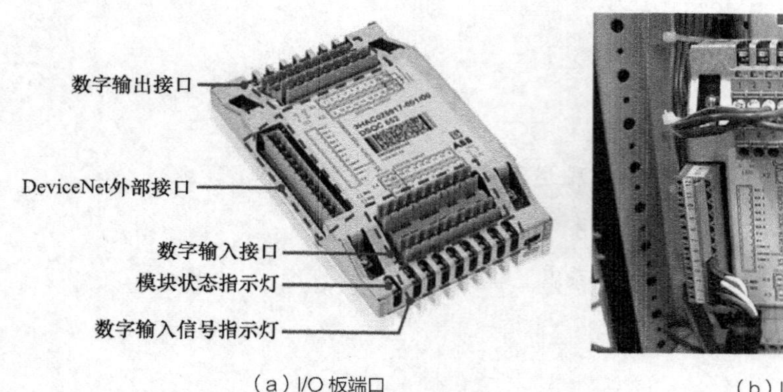

（a）I/O 板端口

（b）I/O 板实物连接

图7-1 DSQC652标准I/O板

7.1.1 I/O硬件介绍

IRB 120机器人所采用的IRC5紧凑型控制器I/O接口和控制电源供电口，如图7-2所示。其中，XS12和 XS13为8位数字输入接口， XS14和XS15为8位数字输出接口，XS16为24V电源接口，XS17为DeviceNet外部接口。XS12～XS16接口说明见表7-1。

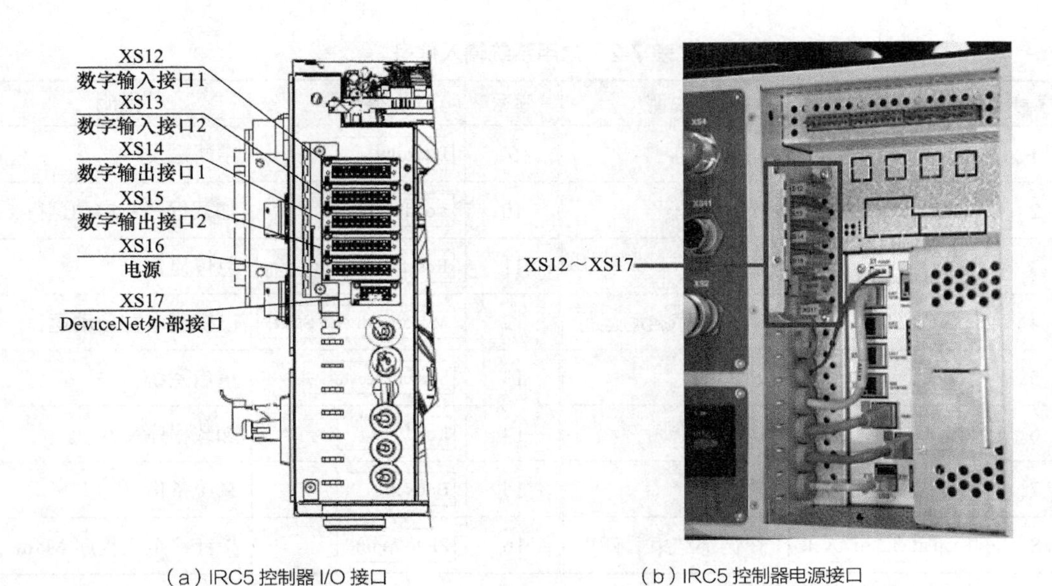

（a）IRC5 控制器 I/O 接口　　（b）IRC5 控制器电源接口

图7-2　IRC5紧凑型控制器I/O接口和电源接口

表 7-1　XS12 ～ XS16 接口说明

端子＼引脚＼序号	1	2	3	4	5	6	7	8	9	10
XS12	0	1	2	3	4	5	6	7	0V	—
XS13	8	9	10	11	12	13	14	15	0V	—
XS14	0	1	2	3	4	5	6	7	0V	24V
XS15	8	9	10	11	12	13	14	15	0V	24V
XS16	24V	0V	24V	0V	—					

数字输入接口、数字输出接口均有10个引脚，包含8个通道，供电电压为24VDC，通过外接电源供电。对于数字I/O板卡，数字输入信号高电平有效，输出信号为高电平。

数字输入输出信号可分为通用I/O和系统I/O。通用I/O是由用户自定义而使用的I/O，用于连接外部输入输出设备。系统I/O是将数字输入输出信号与工业机器人系统控制信号关联起来，通过外部信号对系统进行控制。对于控制器I/O接口，其本身并无通用I/O和系统I/O之分，在使用时，需要用户结合具体项目及功能要求，在完成I/O信号接线后，通过示教器对I/O信号进行映射和配置。

7.1.2　系统I/O配置

1. 常用系统输入信号

系统输入配置即将数字输入信号与工业机器人系统控制信号关联起来，通过外部信号对系统进行控制，ABB机器人系统的输入信号见表7-2。

表 7-2 常用系统输入信号

序号	图例	说明	序号	图例	说明
1	Motors On	电机通电	9	Interrupt	中断触发
2	Motors Off	电机断电	10	Load and Start	加载程序并启动运行
3	Start	启动运行	11	Reset Emergency stop	急停复位
4	Start at Main	从主程序启动运行	12	Motors On and Start	电机通电并启动运行
5	Stop	暂停	13	System Restart	重启系统
6	Quick Stop	快速停止	14	Load	加载程序文件
7	Soft Stop	软停止	15	Backup	系统备份
8	Stop at end of Cycle	在循环结束后停止	16	PP to Main	指针移至主程序 Main

2. 常用系统输出信号

系统输出即将工业机器人系统状态信号与数字输出信号关联起来，将状态输出，ABB机器人系统的输出信号见表7-3。

表 7-3 常用系统输出信号说明

序号	图例	说明	序号	图例	说明
1	Motors On	电机通电	9	Motors Off State	电机断电状态
2	Motors Off	电机断电	10	Power Fail Error	动力供应失效状态
3	Cycle On	程序运行状态	11	TCP Speed Reference	以模拟量输出当前指令速度
4	Emergency Stop	紧急停止	12	Simulated I/O	虚拟 I/O 状态
5	Auto On	自动运行状态	13	TaskExecuting	任务运行状态
6	Runchain Ok	程序执行错误报警	14	Backup in progress	系统备份进行中
7	TCP Speed	以模拟量输出当前工业机器人速度	15	Backup error	备份错误报警
8	Motors On State	电机通电状态			

7.2 程序数据

本节介绍工业机器人程序数据模块，主要包括：常见数据类型、数据存储类型、程序数据操作3个部分。

7.2.1　常见数据类型

数据存储描述了工业机器人控制器内部的各项属性，ABB机器人控制器数据类型达到100余种，其中常见数据类型，见表7-4。

表 7-4　常见数据类型

类别	名称	描述
基本数据	bool	逻辑值：取值为 TRUE 或 FALSE
	byte	字节值：取值范围（0~255）
	num	数值：可存储整数或小数，整数取值范围（−8 388 607~8 388 608）
	dnum	双数值：可存储整数或小数，整数取值范围（−4 503 599 627 370 495 ~ ＋4 503 599 627 370 496）
	string	字符串：最多 80 个字符
	stringdig	只含数字的字符串：可处理不大于 4 294 967 295 的正整数
I/O 数据	dionum	数字值：取值为 0 或 1，用于处理数字 I/O 信号
	signaldi	数字输入信号
	signaldo	数字输出信号
	signalgi	数字输入信号组
	signalgo	数字输出信号组
	signalai	模拟输入信号
	signalao	模拟输入信号
运动相关数据	robtarget	位置数据：定义机械臂和附加轴的位置
	robjoint	关节数据：定义机械臂各关节位置
	speeddata	速度数据：定义机械臂和外轴移动速率，包含 4 个参数：v_tcp 表示工具中心点速率，单位 mm/s。 v_ori 表示 TCP 重定位速率，单位（°）/s。 v_leax 表示线性外轴的速率，单位 mm/s。 v_reax 表示旋转外轴速率，单位（°）/s
	zonedata	区域数据：一般也称为转弯半径，用于定义工业机器人轴在朝向下一个移动位置前如何接近编程位置
	tooldata	工具数据：用于定义工具的特征，包含工具中心点（TCP）的位置和方位，以及工具的负载
	wobjdata	工件数据：用于定义工件的位置及状态
	loaddata	负载数据：用于定义机械臂安装界面的负载

7.2.2　数据存储类型

ABB机器人数据存储类型分为3种，见表7-5。

表 7-5　数据存储类型

序号	存储类型	说明
1	CONST	常量：数据在定义时已赋予了数值，并不能在程序中进行修改，除非手动修改
2	VAR	变量：数据在程序执行的过程中和停止时，会保持当前的值。但如果程序指针被移到主程序后，数据就会丢失
3	PERS	可变量：无论程序的指针如何，数据都会保持最后赋予的值。在工业机器人执行的 RAPID 程序中，也可以对可变量存储类型数据进行赋值操作，在程序执行以后，赋值的结果会一直保持，直到对其进行重新赋值

7.2.3　程序数据操作

1. 程序数据界面

在程序数据界面中可以查看并操作所有数据。单击“主菜单”下的“程序数据”选项，进入程序数据界面。程序数据界面默认显示已用数据类型，通过单击“视图”界面可以在已用数据类型和全部数据类型中进行切换，单击“更改范围”可以对数据进行筛选，如图7-3所示。

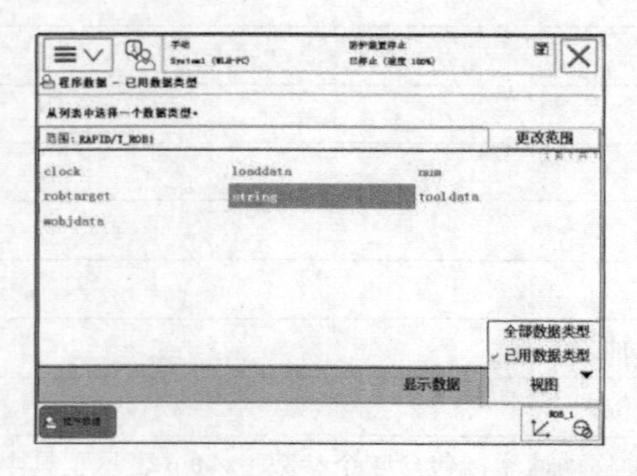

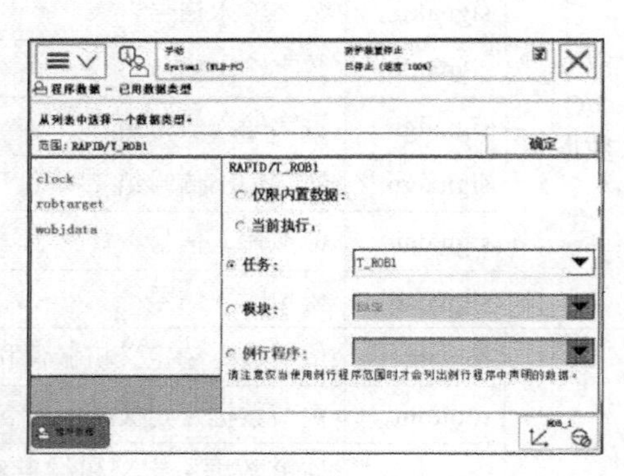

图7-3　程序数据界面

2. 程序数据编辑

单击程序数据界面中的“程序数据类型”选项，进入程序数据界面，以“num”型数据为例，如图7-4所示。

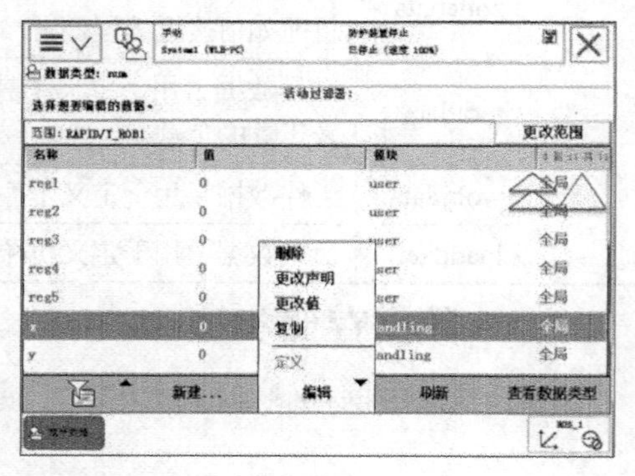

图7-4　程序数据编辑界面

各菜单项功能见表7-6。

表 7-6　程序数据菜单项

序号	图例	说明	序号	图例	说明
1		过滤器，用于筛选变量	6	删除	删除当前变量
2	新建...	新建变量	7	更改声明	更改当前变量名称
3	编辑	打开编辑子菜单	8	更改值	更改当前变量值
4	刷新	手动刷新变量数据	9	复制	复制当前变量
5	查看数据类型	返回程序数据界面	10	定义	定义当前变量值，仅部分类型变量有效

3. 新建程序变量

新建名称为reg0的num型数据变量，操作步骤见表7-7。

表 7-7　新建程序变量

序号	图片示例	说明
1	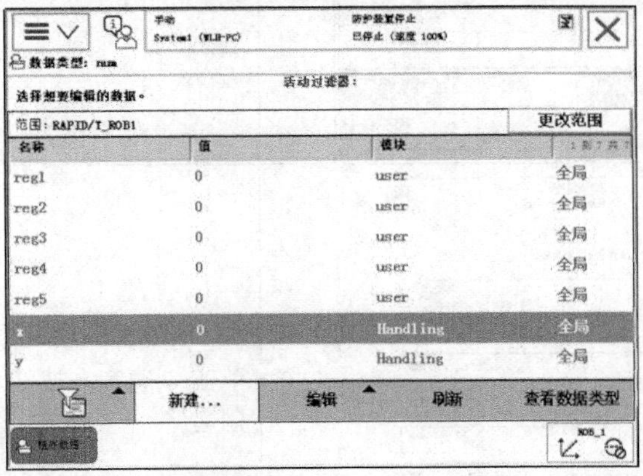 手动 System1 (WLH-PC)　防护装置停止 已停止（速度 100%） 数据类型: num 活动过滤器: 选择想要编辑的数据。 范围: RAPID/T_ROB1　更改范围 名称　值　模块 reg1　0　user　全局 reg2　0　user　全局 reg3　0　user　全局 reg4　0　user　全局 reg5　0　user　全局 x　0　Handling　全局 y　0　Handling　全局 新建...　编辑　刷新　查看数据类型 ROB_1	在num数据编辑界面中，单击“新建”按钮
2	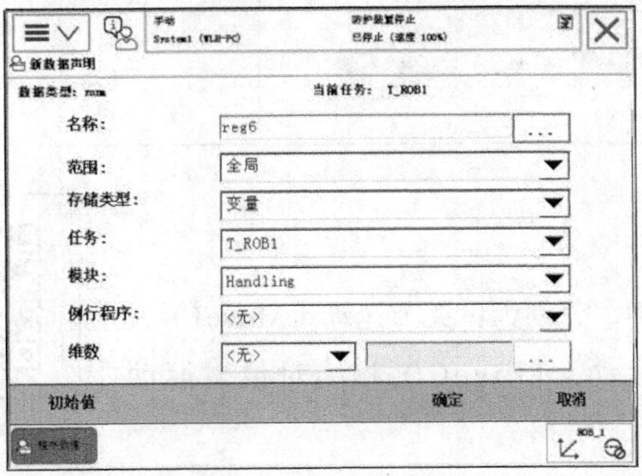 手动 System1 (WLH-PC)　防护装置停止 已停止（速度 100%） 新数据声明 数据类型: num　当前任务: T_ROB1 名称: reg6 范围: 全局 存储类型: 变量 任务: T_ROB1 模块: Handling 例行程序: <无> 维数 <无> 初始值　确定　取消 ROB_1	设定数据的名称、范围、存储类型、任务、模块等

续表

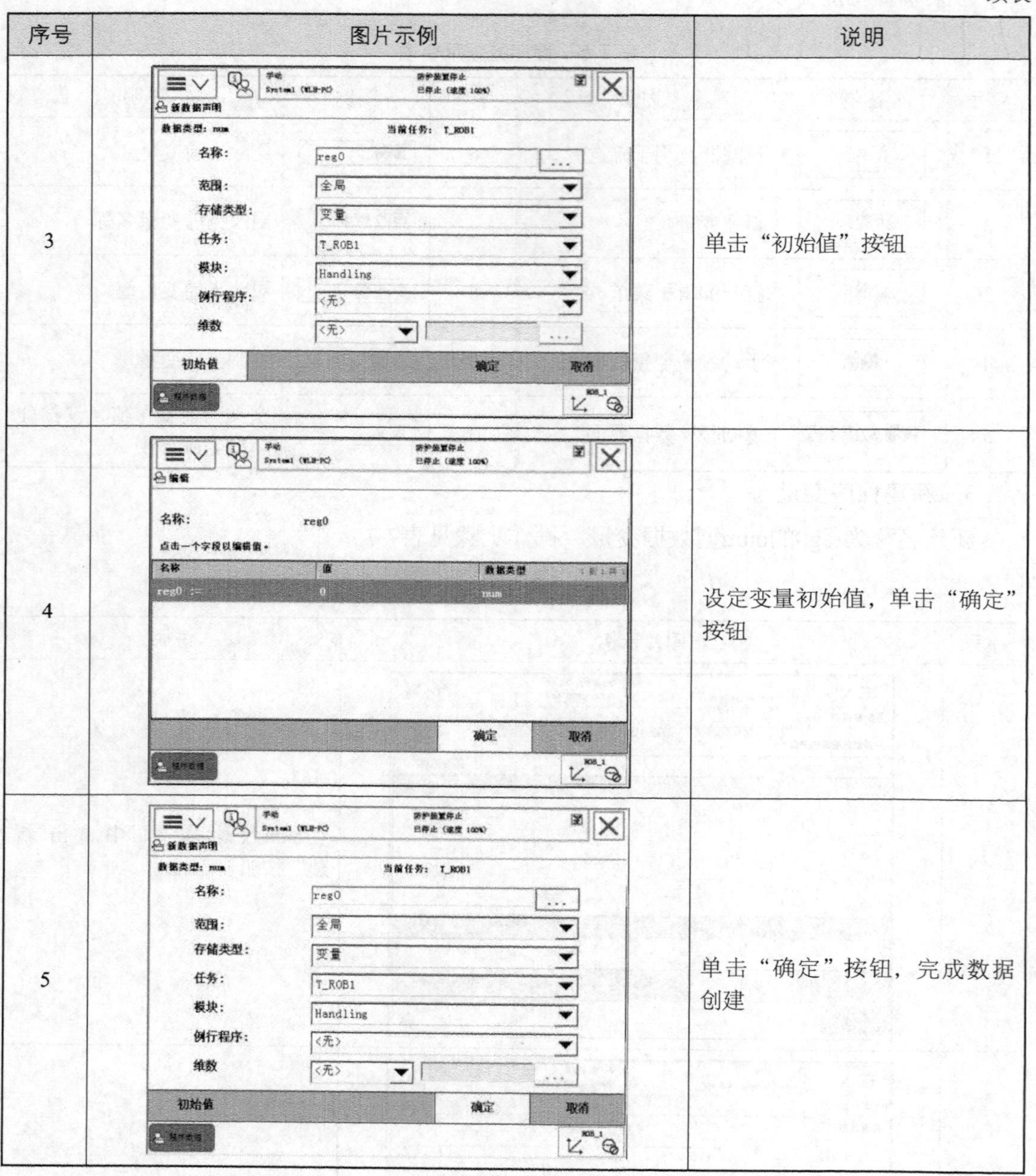

序号	图片示例	说明
3		单击“初始值”按钮
4		设定变量初始值，单击“确定”按钮
5		单击“确定”按钮，完成数据创建

7.3 动作指令

ABB机器人动作指令分为4种，分别为：关节运动（MoveJ）、直线运动（MoveL）、圆弧运动（MoveC）和绝对位置运动（MoveAbsJ）。

1. 关节运动

关节运动是工业机器人以最快捷的方式运动至目标位置，其运动状态不完全可控，但运动路径保持唯一。

MoveJ指令常用于工业机器人在空间大范围移动，如图7-5所示。

MoveJ指令示例，如图7-6所示。

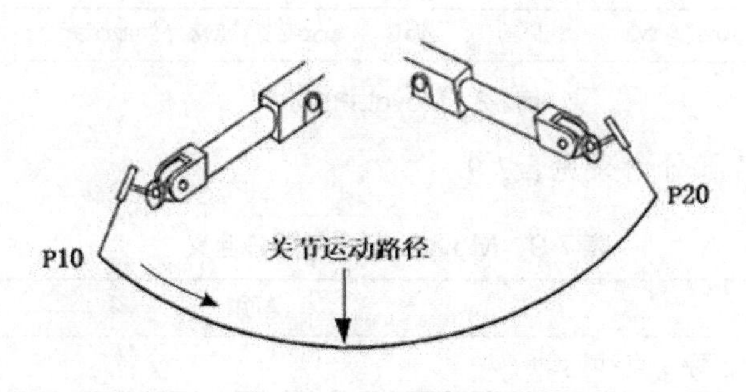

图7-5　关节运动路径

```
MoveJ p10, v1000, z50, tool0\WObj:=wobj0;
```

图7-6　MoveJ指令示例

MoveJ指令各部分含义见表7-8。

表7-8　MoveJ指令各部分含义

序号	参数	说明
1	MoveJ	指令名称：关节运动
2	p10	位置点：数据类型为robtarget，工业机器人和外部轴的目标位置
3	v1000	速度：数据类型为speeddata，适用于运动的速度数据。速度数据规定了关于工具中心点、工具方位调整和外轴的速率
4	z50	转弯半径：数据类型为zonedata，相关移动的转弯半径。转弯半径描述了所生成拐角路径的大小
5	tool0	工具坐标系：数据类型为tooldata，移动机械臂时正在使用的工具。工具中心点是指移动至指定位置的点
6	wobj	工件坐标系：数据类型为wobjdata，指令中工业机器人位置关联的工件坐标系。该参数可省略

2. 直线运动

直线运动是工业机器人以线性移动方式运动至目标位置，当前位置与目标位置决定一条直线，工业机器人运动状态可控制，运动路径唯一，可能出现死点。MoveL指令是工业机器人在正常作业状态时经常使用的移动编程指令，如图7-7所示，MoveL指令示例，如图7-8所示。

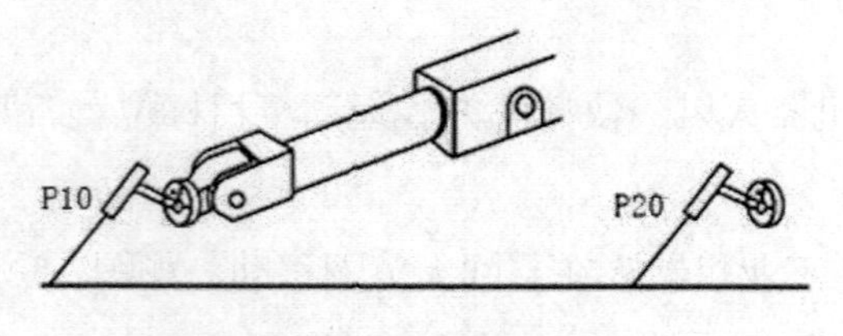

图7-7　线性运动路径

```
MoveL p20, v1000, z50, tool0\WObj:=wobj0;
```

图7-8　MoveL指令示例

MoveL指令示例各部分含义见表7-9。

表 7-9　MoveL 指令各部分含义

序号	参数	说明
1	MoveL	指令名称：直线运动
2	p20	位置点：数据类型为 robtarget，工业机器人和外部轴的目标位置
3	v1000	速度：数据类型为 speeddata，适用于运动的速度数据。速度数据规定了工具中心点、工具方位调整和外轴的速率
4	z50	转弯半径：数据类型为 zonedata，相关移动的转弯半径。转弯半径描述了所生成拐角路径的大小
5	tool0	工具坐标系：数据类型为 tooldata，移动机械臂时正在使用的工具。工具中心点是指移动至指定位置的点
6	wobj	工件坐标系：数据类型为 wobjdata，指令中工业机器人位置关联的工件坐标系。省略该参数，则位置坐标以工业机器人基坐标为准

3. 圆弧运动

圆弧运动是工业机器人通过中间点以圆弧移动方式运动至目标位置，当前位置、中间位置与目标位置共同决定一段圆弧，工业机器人运动状态可控制，运动路径保持唯一。MoveC指令常用于工业机器人在工作状态移动。圆弧运动路径，如图7-9所示，MoveC指令示例，如图7-10所示。

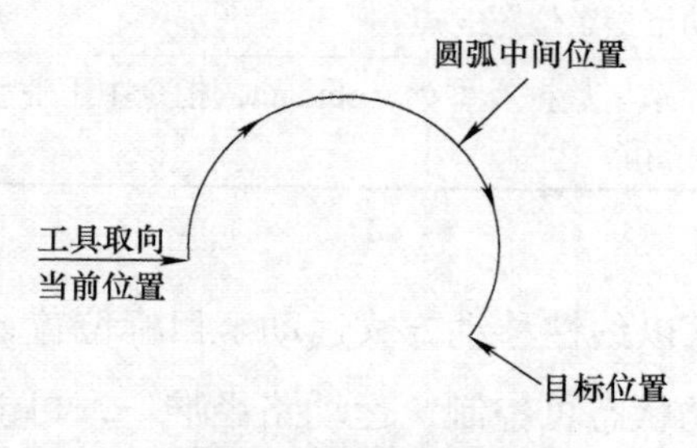

图7-9　圆弧运动路径

```
MoveC p30, p40, v1000, z10, tool0\WObj:=wobj0;
```

图7-10　MoveC指令示例

MoveC指令各部分含义见表7-10。

表 7-10　MoveC 指令各部分含义

序号	参数	说明
1	MoveC	指令名称：圆弧运动
2	p30	过渡点：数据类型为 robtarget，工业机器人和外部轴的目标点
3	p40	终止点：数据类型为 robtarget，工业机器人和外部轴的目标点
4	v1000	速度：数据类型为 speeddata，适用于运动的速度数据。速度数据规定了工具中心点、工具方位调整和外轴的速率
5	z10	转弯半径：数据类型为 zonedata，相关移动的转弯半径。转弯半径描述了所生成拐角路径的大小
6	tool0	工具坐标系：数据类型为 tooldata，移动机械臂时正在使用的工具。工具中心点是指移动至指定位置的点
7	WObj	工件坐标系：数据类型为 wobjdata，指令中工业机器人位置关联的工件坐标系。省略该参数，则位置坐标以工业机器人基坐标为准

4. 绝对位置运动

绝对位置是工业机器人以单轴运动的方式运动至目标位置，不存在死点，运动状态完全不可控制，避免在正常生产中使用此命令。指令中TCP与Wobj只与运动速度有关，与运动位置无关。MoveAbsJ指令常用于检查工业机器人零点位置，其指令示例，如图7-11所示。

```
MoveAbsJ jpos10, v1000, z50, tool0;
```

图7-11　MoveAbsJ指令示例

7.4　编程基础

本节主要介绍工业机器人编程基础，包括：RAPID语言结构、程序操作两大部分，使读者更加了解工业机器人编程基础操作。

7.4.1　RAPID语言结构

ABB机器人编程语言称为RAPID语言，采用分层编程方案，可为特定工业机器人系统安装新程序、数据对象和数据类型，其功能如下，如图7-12所示。

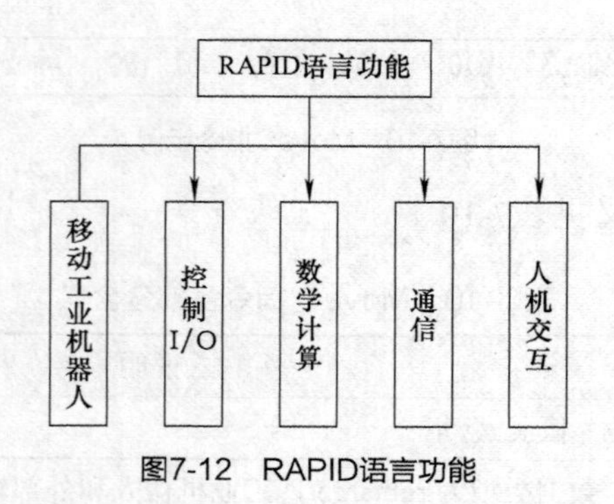

图7-12 RAPID语言功能

ABB机器人程序包涵3个等级：任务、模块、例行程序，其结构，如图7-13所示。

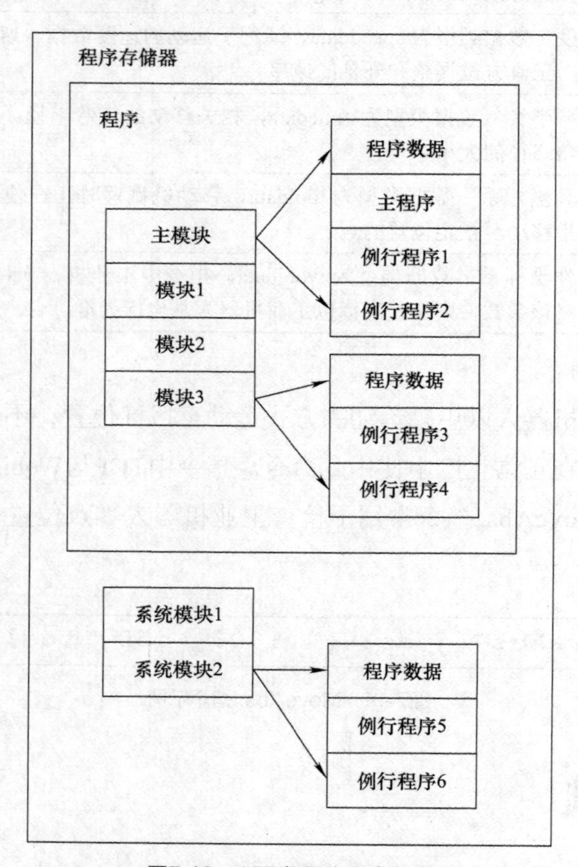

图7-13 ABB机器人程序组成

一个任务中包含若干个模块，一个模块中包含若干程序。通常用户程序分布于不同的模块中，在不同的模块中编写对应的例行程序和中断程序。主程序为程序执行的入口，有且仅有一个，通常通过执行主程序调用其他的子程序，实现工业机器人的相应功能。

7.4.2　程序操作

1. 模块操作

“模块操作” 界面用于对任务模块的新建、加载、删除等操作，如图7-14所示。

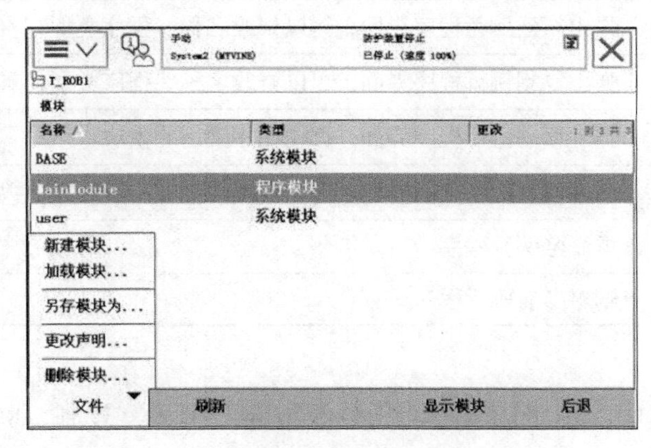

图7-14　模块操作界面

模块操作菜单项含义见表7-11。

表 7-11　模块操作菜单项

序号	图例	说明
1	新建模块...	建立一个新的模块，包括程序模块和系统模块。默认选择程序模块
2	加载模块...	通过外部 USB 存储设备加载程序模块
3	另存模块为..	保存当前程序模块，可以保存至控制器也可以保存至外部 USB 存储设备
4	更改声明...	通过更改声明可以更改模块的名称和类型
5	删除模块...	删除当前模块，操作不可逆，谨慎操作

2. 例行程序操作

“例行程序操作”界面用于对例行程序的新建、复制、删除等操作，如图7-15所示。

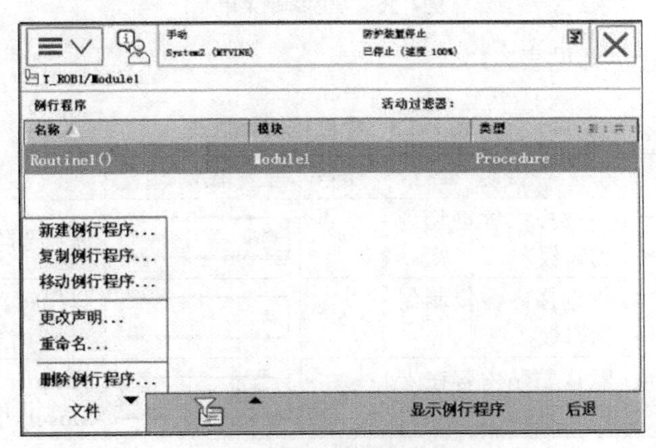

图 7-15　例行程序操作界面

例行程序操作菜单项含义，见表7-12。

表 7-12　例行程序操作菜单项

序号	图例	说　　明
1	新建例行程序...	弹出新建例行程序界面，可以修改名称、程序类型
2	复制例行程序...	弹出复制例行程序界面，可以修改名称、程序类型，复制程序所在模块位置
3	移动例行程序...	弹出移动例行程序界面，移动程序到别的模块
4	更改声明...	弹出例行程序声明界面，可以更改程序类型、程序参数及所在模块
5	重命名...	重命名例行程序
6	删除例行程序...	删除当前例行程序

3. 程序编辑

程序编辑器菜单中的编辑项主要用于修改程序。例如，复制、剪切、粘贴等操作，如图7-16所示。

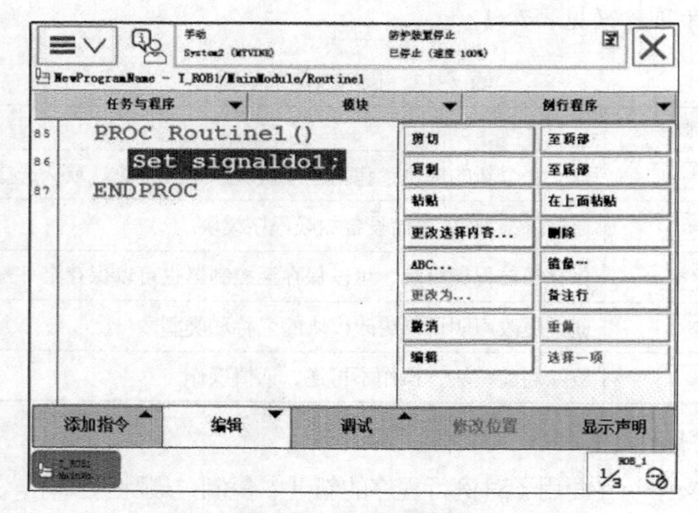

图7-16　程序编辑菜单

程序编辑菜单项含义见表7-13。

表 7-13　程序编辑菜单项

序号	图例	说明	序号	图例	说明
1	剪切	将选择内容剪切到剪辑板	4	删除	删除选择内容
2	复制	将选择内容复制到剪辑板	5	ABC...	弹出键盘，可以直接进行指令编辑修改
3	粘贴	默认粘贴内容在光标下面	6	更改为 MoveL	将 MoveJ 指令更改为 MoveL，MoveL 指令修改为 MoveJ

续表

序号	图例	说明	序号	图例	说明
7	在上面粘贴	粘贴内容在光标上面	11	备注行	将选择内容改为注释，且不被程序执行
8	至顶部	滚页到第一页	12	撤消	撤销当前操作，最多可撤销3步
9	至底部	滚页到最后一页	13	重做	恢复当前操作，最多可恢复3步
10	更改选择内容...	弹出待更改的变量	14	编辑	可以进行多行选择

4. 程序调试

程序编辑器菜单中的编辑项主要用于修改程序，如图7-17所示。

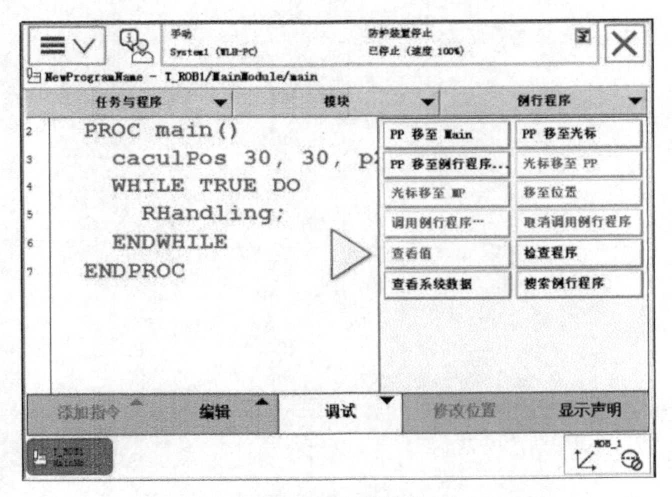

图7-17 调试菜单

程序调试菜单项含义见表7-14。

表 7-14 程序调试菜单项

序号	图例	说明	序号	图例	说明
1	PP 移至 Main	将程序指针移至主程序	7	调用例行程序…	调用任务中预定义的服务例行程序
2	PP 移至光标	将程序指针移至光标处	8	取消调用例行程序	取消调用服务例行程序
3	PP 移至例行程序...	将程序指针移至例行程序	9	查看值	查看变量数据数值
4	光标移至 PP	将光标移至程序指针处	10	检查程序	检查程序是否有错误
5	光标移至 MP	光标移至动作指针处	11	查看系统数据	查看系统数据数值
6	移至位置	移动至当前光标位置	12	搜索例行程序	搜索任务中的例行程序

思考题

1. 什么是工业机器人的输入/输出？

2. 如何进行I/O信号的配置？

3. 什么是系统I/O信号？

4. ABB机器人数据的存储类型有哪几种？

5. ABB机器人的常用运动指令有哪些？简要描述各个指令特点。

6. IO常用控制指令有哪些？简要描述各个指令特点及功能。

7. ABB机器人程序结构包含哪几个等级？

第8章 工业机器人视觉系统应用（基于以太网）

工业机器人视觉系统的组成与连接，因相机的类型、触发方式、相机与工业机器人之间通信方式的不同而不同。本章以康耐视In-Sight 2000-23M智能相机为例，搭建典型的工业机器人视觉控制系统，以基于以太网的方式进行视觉通信。

8.1 硬件组成与连接

本节主要介绍工业机器人与视觉硬件的组成与连接，包括硬件组成、工作流程两大部分。

8.1.1 硬件组成

工业机器人视觉系统由智能相机系统、工业机器人两部分组成。其中，智能相机系统由智能相机、集成光源、信号电缆及配套软件组成。智能相机负责图像的采集与处理，并将处理结果通过以太网发送至工业机器人；工业机器人系统负责触发相机拍照并接收图像处理结果，实现引导抓取动作。

基于HRG-HD1XKA型工业机器人技能考核实训台的系统搭建，如图8-1所示。

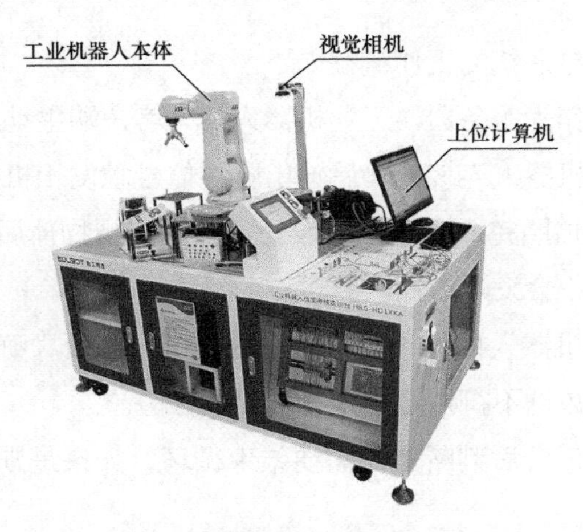

图8-1　工业技能考核实训台专业版

计算机通过交换机将工业机器人和智能相机采用以太网的方式进行连接，系统连接原理，如图8-2所示。

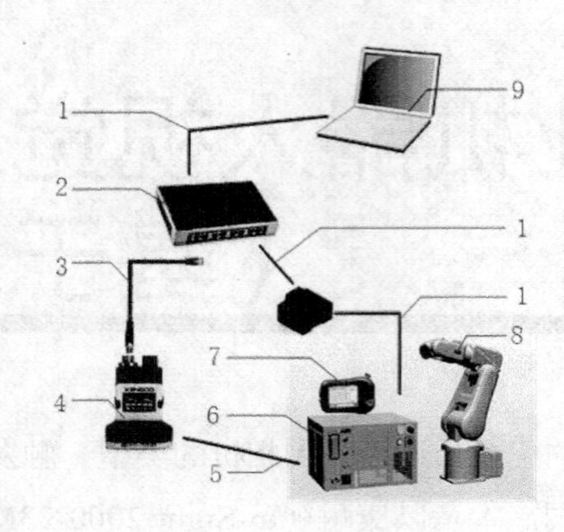

1—以太网；2—转换器；3—相机通信线缆；4—康耐视相机；5—I/O 线缆；
6—控制柜；8—机器人本体；7—示教器；9—上位计算机

图8-2　系统连接原理

相机与工业机器人之间需要连接两条线缆，分别为通信线缆和I/O线缆，其功能如下。

通信线缆：用于相机与工业机器人之间TCP/IP数据传输，在该实训中，相机作为服务器，工业机器人作为客户端。ABB机器人标准配置中不包含以太网通信功能，如需使用该功能，需要开通“616-1 PC Interface”选项。

I/O线缆：用于相机供电及工业机器人触发相机拍照。

8.1.2　工作流程

当系统启动运行后，相机与工业机器人之间实现配合作业，其工作流程，如图8-3所示。

工业机器人视觉引导系统的工作流程如下。

①相机连接：相机作为服务器，工业机器人作为客户端主动连接相机。

②输出脉冲：工业机器人连接成功后输出脉冲信号触发相机拍照。

③数据传输：相机拍照完成后进行图像处理，识别到物体后将位置数据发送至工业机器人，未识别到物体不会发送数据。

④数据处理：工业机器人接收到数据后对数据进行解析，确认位置正确后执行抓取任务，未接收到数据或数据不符合要求则跳过抓取任务。

⑤结果判断：完成任务后判断是否需要结束循环，如果是则结束当前循环，否则跳

转至步骤②。

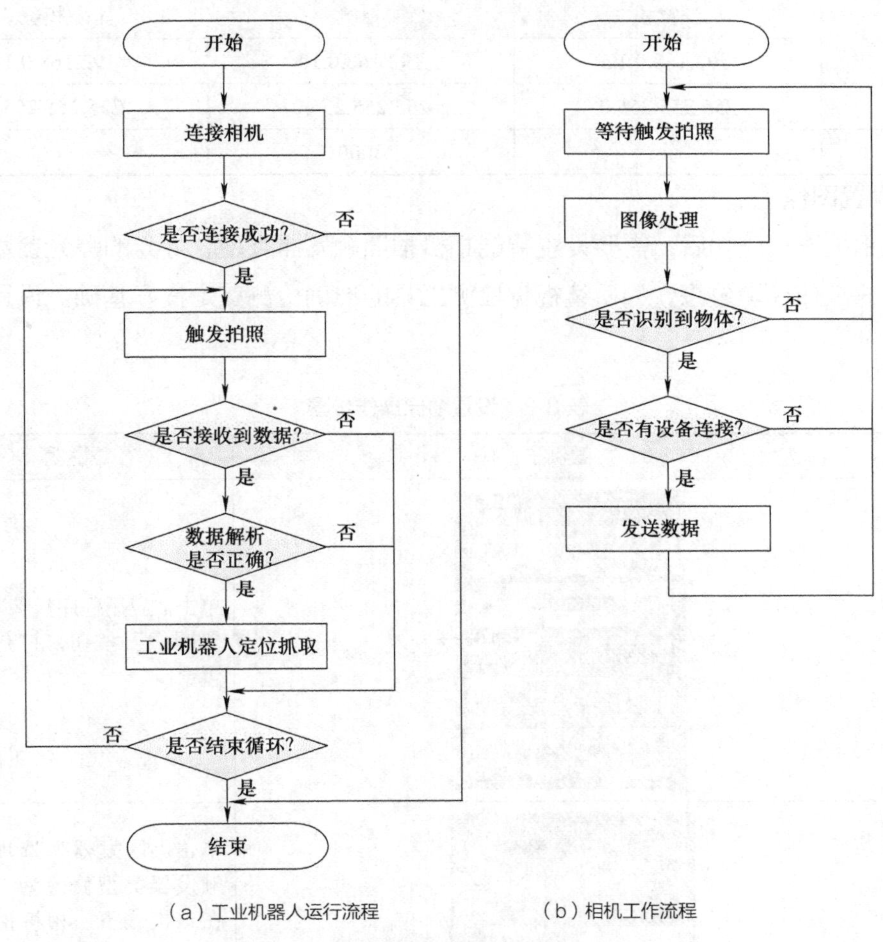

（a）工业机器人运行流程　　（b）相机工作流程

图8-3　工业机器人视觉系统工作流程

8.2　相机配置及组态编程

本节主要介绍工业机器人视觉系统中的相机配置及组态编程，包括相机连接及设置图像、设置工具、配置结果及运行、数据接收测试4个部分。

8.2.1　相机连接及设置图像

1. 配置设备IP

设置计算机及相机IP地址为同一网段，配置IP地址见表8-1，智能相机IP设置的具体操作步骤见第5章。

表 8-1　IP 地址配置

类别	计算机	相机	工业机器人
IP	192.168.0.12	192.168.0.10	192.168.0.13
掩码	255.255.255.0	255.255.255.0	255.255.255.0
端口		3000	

2. 设置图像

智能相机连接成功后，需要设置智能相机拍照触发器类型、灯光的曝光参数等，以获取最佳的工作环境效果，为后续视觉检测工具的准确检测奠定良好基础。设置步骤见表8-2。

表 8-2　设置图像操作步骤

序号	图例	说明
1	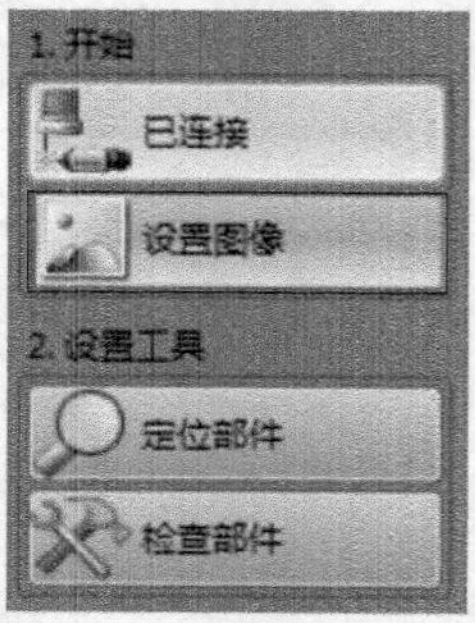	单击“应用程序步骤”中“设置图像”按钮，打开图像设置窗口
2	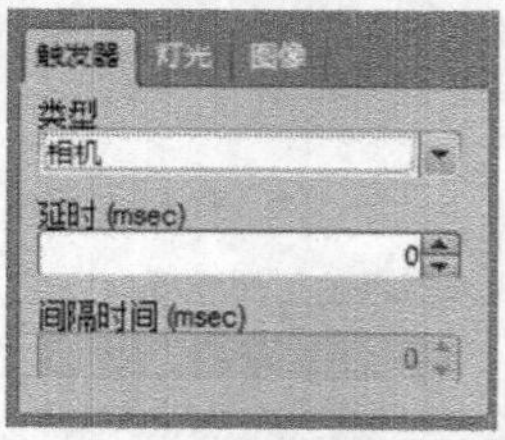	单击“触发器”选项栏，将触发器类型修改为“相机”，在该模式下，相机拍照将通过 PIN10 TRIGGER 信号进行触发（在后面设置）
3	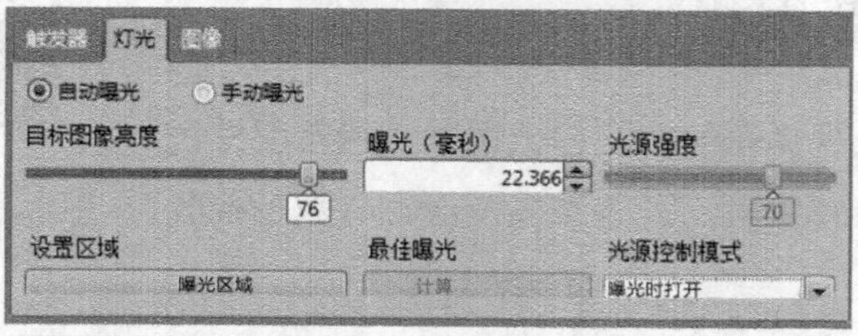	单击“灯光”选项栏,选中“自动曝光”，将光源控制模式选择为“曝光时打开”，合理设置亮度及曝光区域

8.2.2　设置工具

智能相机采集图像后需要通过一系列图像处理工具的组合应用，生成所需要的结果输出，本项目需要得出工件的位置和数量，分别采用“定位部件”及“检查部件”下的工具实现。视觉硬件安装示意图及设置步骤，如图8-4与表8-3所示。

图8-4　视觉硬件安装示意图

表 8-3　设置工具操作步骤

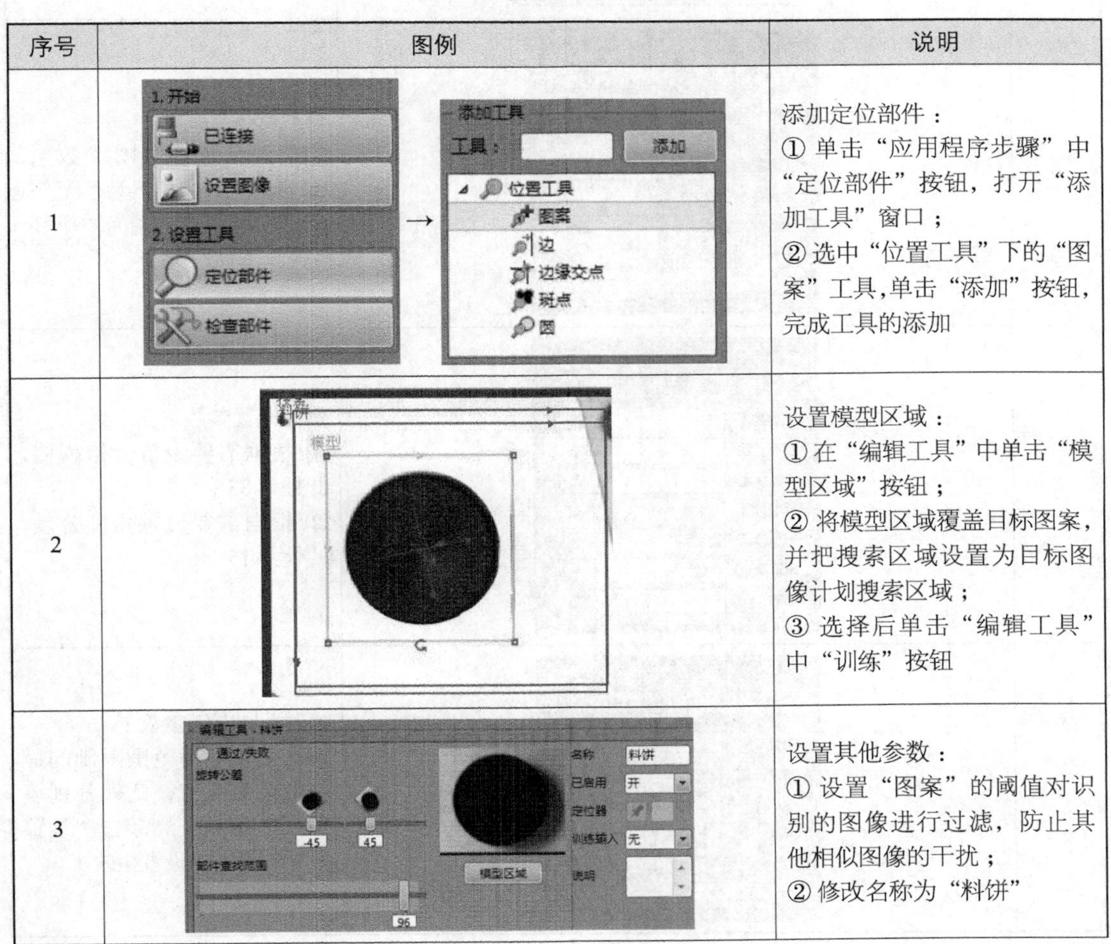

序号	图例	说明
1	→	添加定位部件： ① 单击“应用程序步骤”中“定位部件”按钮，打开“添加工具”窗口； ② 选中“位置工具”下的“图案”工具，单击“添加”按钮，完成工具的添加
2		设置模型区域： ① 在“编辑工具”中单击“模型区域”按钮； ② 将模型区域覆盖目标图案，并把搜索区域设置为目标图像计划搜索区域； ③ 选择后单击“编辑工具”中“训练”按钮
3		设置其他参数： ① 设置“图案”的阈值对识别的图像进行过滤，防止其他相似图像的干扰； ② 修改名称为“料饼”

续表

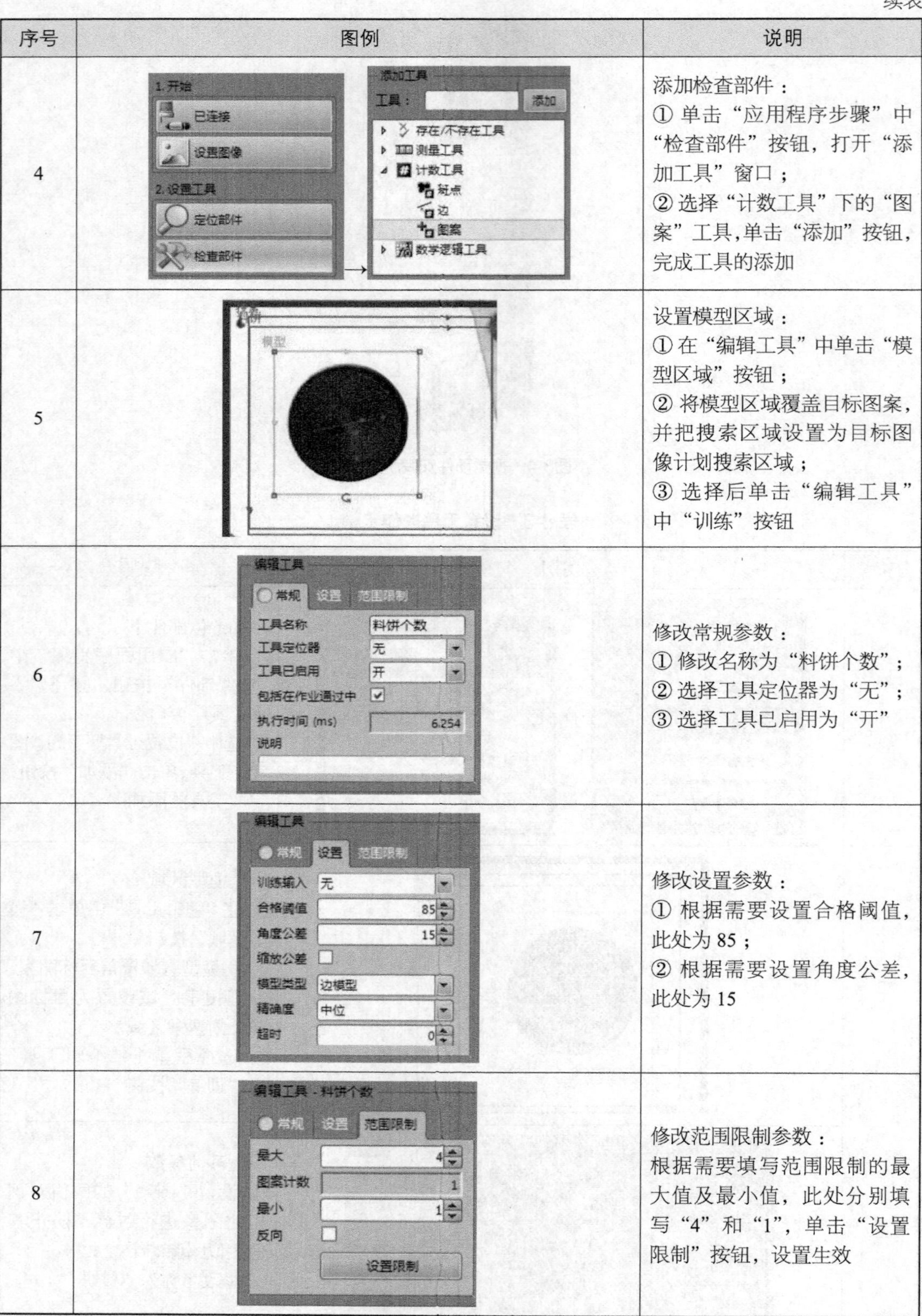

序号	图例	说明
4		添加检查部件： ① 单击“应用程序步骤”中“检查部件”按钮，打开“添加工具”窗口； ② 选择“计数工具”下的“图案”工具，单击“添加”按钮，完成工具的添加
5		设置模型区域： ① 在“编辑工具”中单击“模型区域”按钮； ② 将模型区域覆盖目标图案，并把搜索区域设置为目标图像计划搜索区域； ③ 选择后单击“编辑工具”中“训练”按钮
6		修改常规参数： ① 修改名称为“料饼个数”； ② 选择工具定位器为“无”； ③ 选择工具已启用为“开”
7		修改设置参数： ① 根据需要设置合格阈值，此处为 85； ② 根据需要设置角度公差，此处为 15
8		修改范围限制参数： 根据需要填写范围限制的最大值及最小值，此处分别填写“4”和“1”，单击“设置限制”按钮，设置生效

8.2.3　配置结果及运行

康耐视In-Sight 2000-23M系列智能相机支持多种通信协议，本实训以TCP/IP方式通过SOCKET进行数据交互。通信协议格式定义为 “XXX,XXX,XXX,”，即以逗号隔开每个有效数据，数据内容由左至右分别为：目标个数，最优目标X坐标数值，最优目标Y坐标数值。

需要设置通信协议、保存作业。设置自动运行后，工程将通电自动运行，操作步骤见表8-4。

表 8-4　运行操作步骤

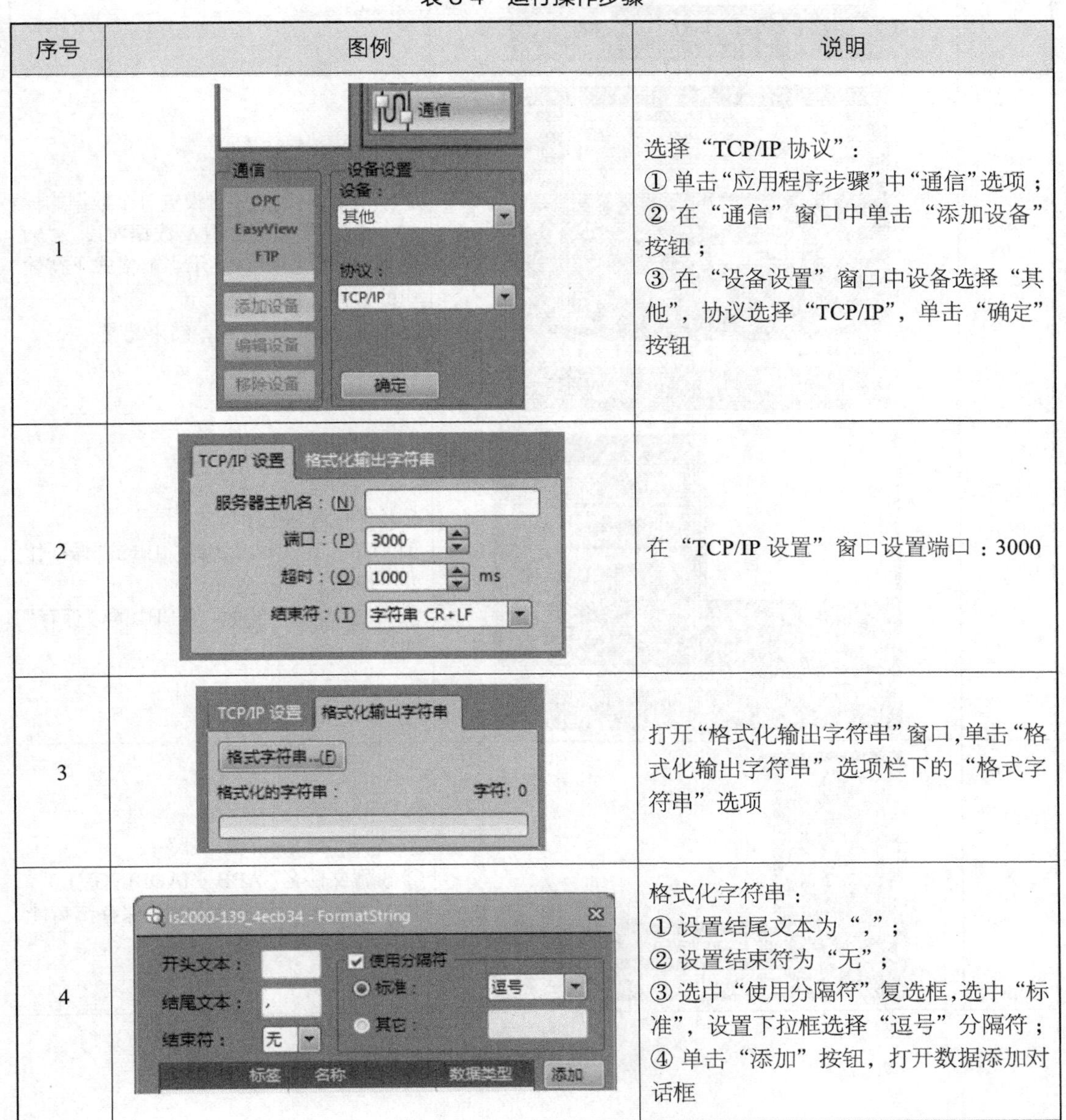

序号	图例	说明
1	通信 通信 设备设置 设备：其他 OPC EasyView FTP 协议：TCP/IP 添加设备 编辑设备 移除设备 确定	选择“TCP/IP 协议”： ① 单击“应用程序步骤”中“通信”选项； ② 在“通信”窗口中单击“添加设备”按钮； ③ 在“设备设置”窗口中设备选择“其他”，协议选择“TCP/IP”，单击“确定”按钮
2	TCP/IP 设置　格式化输出字符串 服务器主机名：(N) 端口：(P) 3000 超时：(O) 1000 ms 结束符：(T) 字符串 CR+LF	在“TCP/IP 设置”窗口设置端口：3000
3	TCP/IP 设置　格式化输出字符串 格式字符串...(F) 格式化的字符串：　字符：0	打开“格式化输出字符串”窗口，单击“格式化输出字符串”选项栏下的“格式字符串”选项
4	is2000-139_4ecb34 - FormatString 开头文本：　使用分隔符 结尾文本：,　标准：逗号 结束符：无　其它： 标签　名称　数据类型　添加	格式化字符串： ① 设置结尾文本为“,”； ② 设置结束符为“无”； ③ 选中“使用分隔符”复选框，选中“标准”，设置下拉框选择“逗号”分隔符； ④ 单击“添加”按钮，打开数据添加对话框

续表

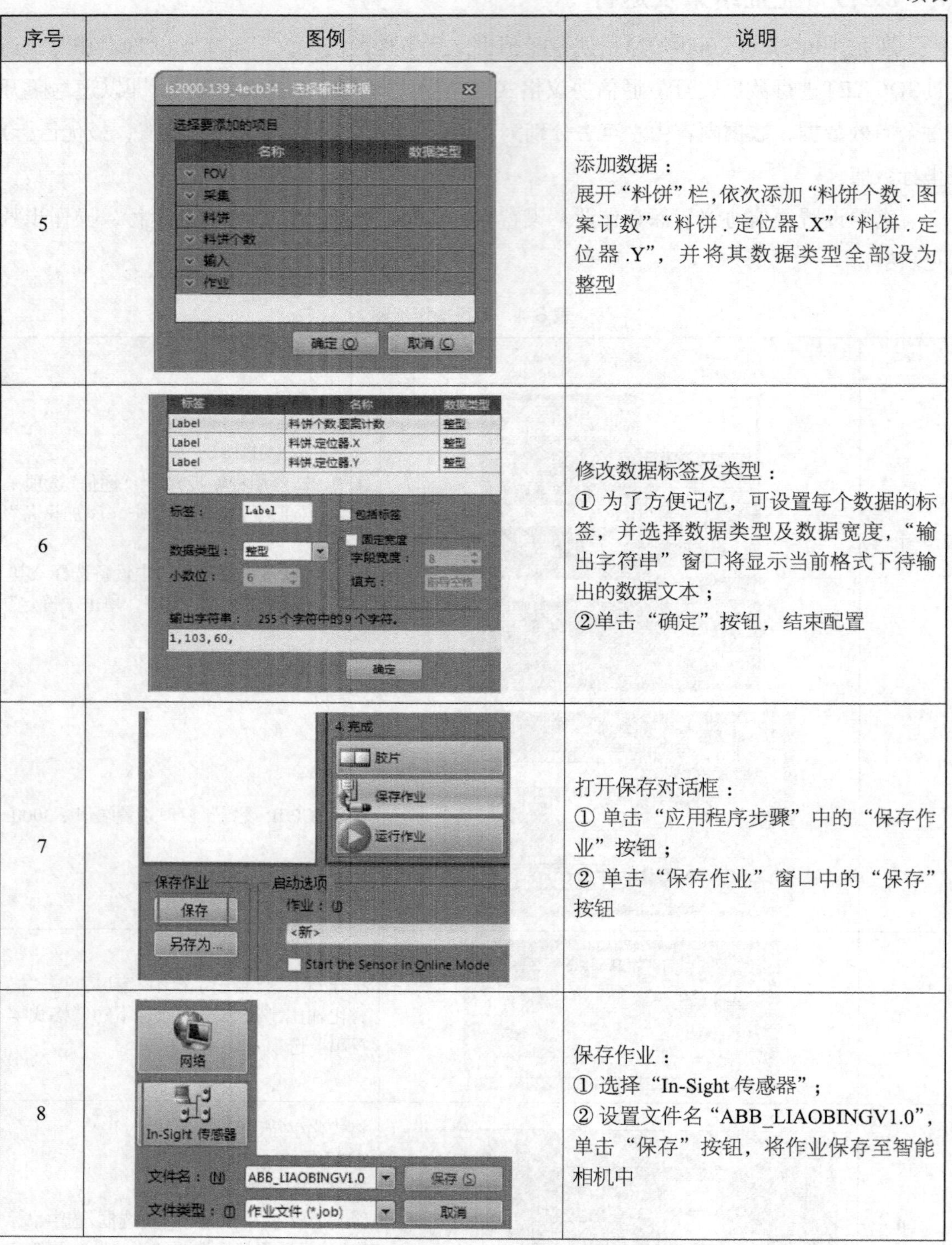

序号	图例	说明
5		添加数据： 展开“料饼”栏，依次添加“料饼个数 . 图案计数”“料饼 . 定位器 .X”“料饼 . 定位器 .Y”，并将其数据类型全部设为整型
6		修改数据标签及类型： ① 为了方便记忆，可设置每个数据的标签，并选择数据类型及数据宽度，“输出字符串”窗口将显示当前格式下待输出的数据文本； ②单击“确定”按钮，结束配置
7		打开保存对话框： ① 单击“应用程序步骤”中的“保存作业”按钮； ② 单击“保存作业”窗口中的“保存”按钮
8		保存作业： ① 选择“In-Sight 传感器”； ② 设置文件名“ABB_LIAOBINGV1.0”，单击“保存”按钮，将作业保存至智能相机中

续表

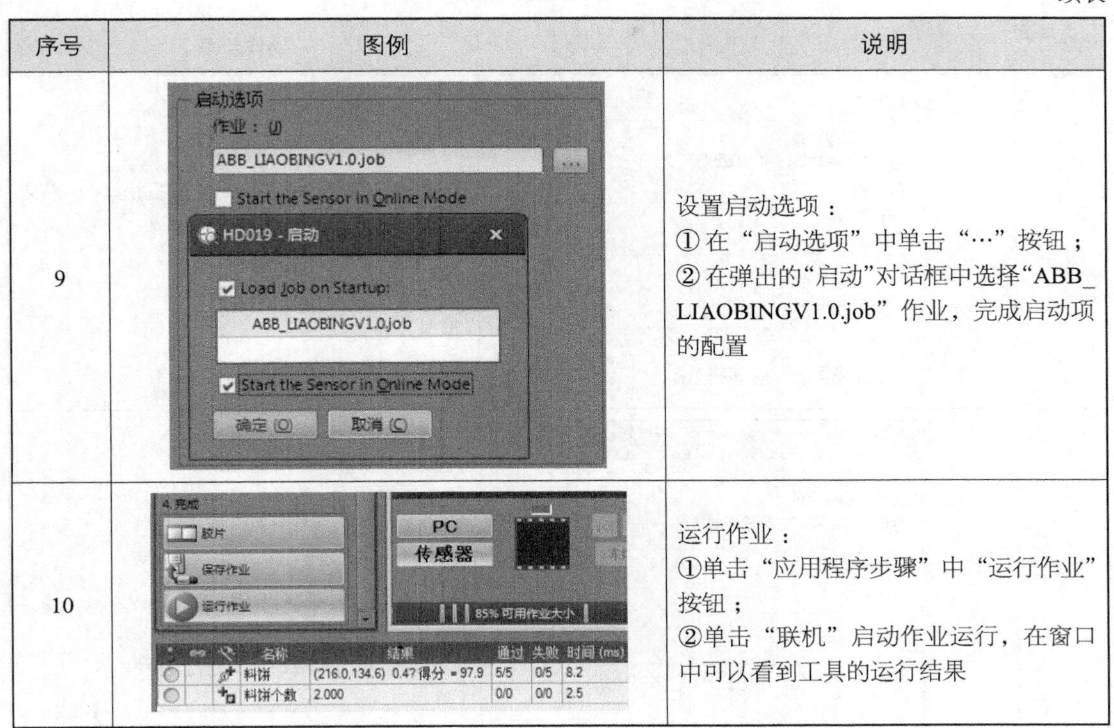

序号	图例	说明
9	启动选项 作业：(J) ABB_LIAOBINGV1.0.job Start the Sensor in Online Mode HD019 - 启动 Load Job on Startup: ABB_LIAOBINGV1.0.job Start the Sensor in Online Mode 确定(O)　取消(C)	设置启动选项： ① 在“启动选项”中单击“…”按钮； ② 在弹出的“启动”对话框中选择“ABB_LIAOBINGV1.0.job”作业，完成启动项的配置
10	4.完成 胶片 保存作业 运行作业 PC 传感器 85% 可用作业大小 名称 结果 通过 失败 时间(ms) 料饼 (216.0,134.6) 0.4? 得分 = 97.9 5/5 0/5 8.2 料饼个数 2.000 0/0 0/0 2.5	运行作业： ①单击“应用程序步骤”中“运行作业”按钮； ②单击“联机”启动作业运行，在窗口中可以看到工具的运行结果

8.2.4　数据接收测试

当作业运行时，可通过“选择板”的“结果”窗口及“通信”的“格式化输出字符串”窗口观察输出结果，如图8-5所示。

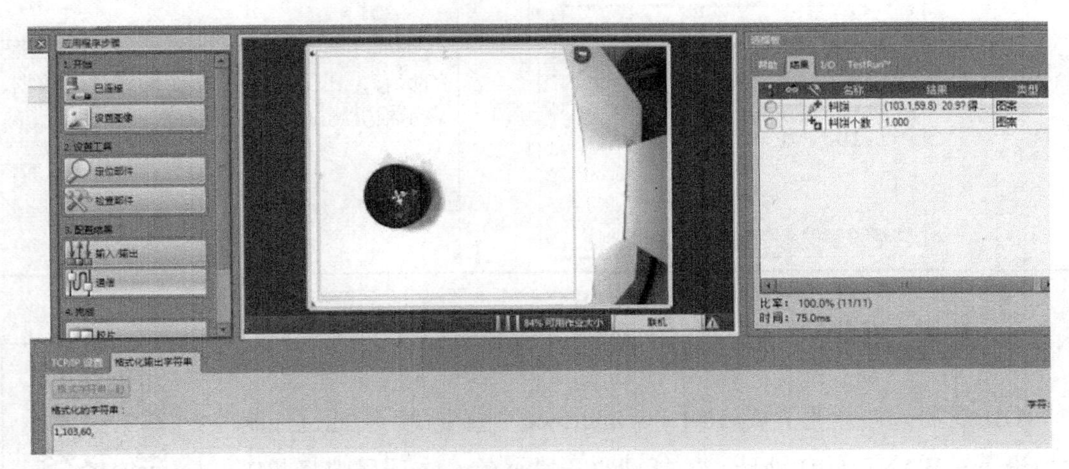

图8-5　输出窗口

在与工业机器人进行连接前，可通过串口调试工具（如超级终端等）进行数据接收测试，检验数据是否正常接收及格式正确。在测试前，需将相机触发模式修改为“连续”。本节以“超级终端”为例进行数据连接测试，操作步骤见表8-5。

表 8-5　数据接收测试操作步骤

序号	图片示例	操作步骤
1	连接描述 新建连接 输入名称并为该连接选择图标： 名称(N)： 相机测试 图标(I)： 确定　取消	① 打开“超级终端”，鼠标右键单击“文件”→“新建连接”； ② 连接名称“相机测试”； ③单击“确定”按钮
2	连接到 相机测试 请输入要呼叫的主机的详细信息： 主机地址(H)：192.168.0.10 端口号(N)：3000 连接时使用(N)：TCP/IP (Winsock) 确定　取消	①“连接到”窗口中配置： 连接时使用：“TCP/IP(Winsock)” 输入相机主机地址：192.168.0.10， 端口号：3000； ②单击“确定”按钮，进行连接
3	相机测试 - 超级终端 文件(F)　编辑(E)　查看(V) 1,103,60 1,103,60 1,103,60 1,103,60 1,103,60 已连接 0:00:08 自动检测　NUM　捕　打印	连接成功后窗口左下角将显示“已连接”的状态，在工程运行时接收到对应数据，表示相机测试数据发送正常

8.3　工业机器人IP地址配置

ABB机器人在开通了“616-1 PC Interface”选项后，需通过控制面板设置其WAN口的IP地址，才能建立正常通信。本项目中将此IP地址设为“192.168.0.13”，设置步骤见表8-6。

表 8-6　工业机器人 IP 设置步骤

序号	图片示例	操作步骤
1	HotEdit　备份与恢复 输入输出　校准 手动操纵　控制面板 自动生产窗口　事件日志 程序编辑器　FlexPendant 资源管理器 程序数据　系统信息 注销 Default User　重新启动	单击“主菜单”→“控制面板”选项，打开“控制面板”界面
2	控制面板 名称　备注 外观　自定义显示器 监控　动作监控和执行设置 FlexPendant　配置 FlexPendant 系统 I/O　配置常用 I/O 信号 语言　设置当前语言 ProgKeys　配置可编程按键 日期和时间　设置机器人控制器的日期 诊断　系统诊断 配置　配置系统参数 触摸屏　校准触摸屏	单击“配置”选项，进入“配置系统参数”界面
3	控制面板 - 配置 - I/O System 每个主题都包含用于配置系统的不同类型。 当前主题：　I/O System 选择您需要查看的主题和实例类型。 Access Level　Cross Device Trust Level　Devic DeviceNet Device　Devic EtherNet/IP Co Industrial Net Signal System Input Man-Machine Communication Controller Communication Motion ✓ I/O System 文件　主题	单击“主题”→“Communication”选项，打开“Communication”参数主题
4	手动 System22 (BE019) 控制面板 - 配置 - Communication 每个主题都包含用于配置系统的不同类型。 当前主题：　Communication 选择您需要查看的主题和实例类型。 Application protocol　Connected Services DNS Client　Ethernet Port IP Route　IP Setting Serial Port　Static VLAN Transmission Protocol	单击“IP Setting”选项，打开 IP 设置界面

续表

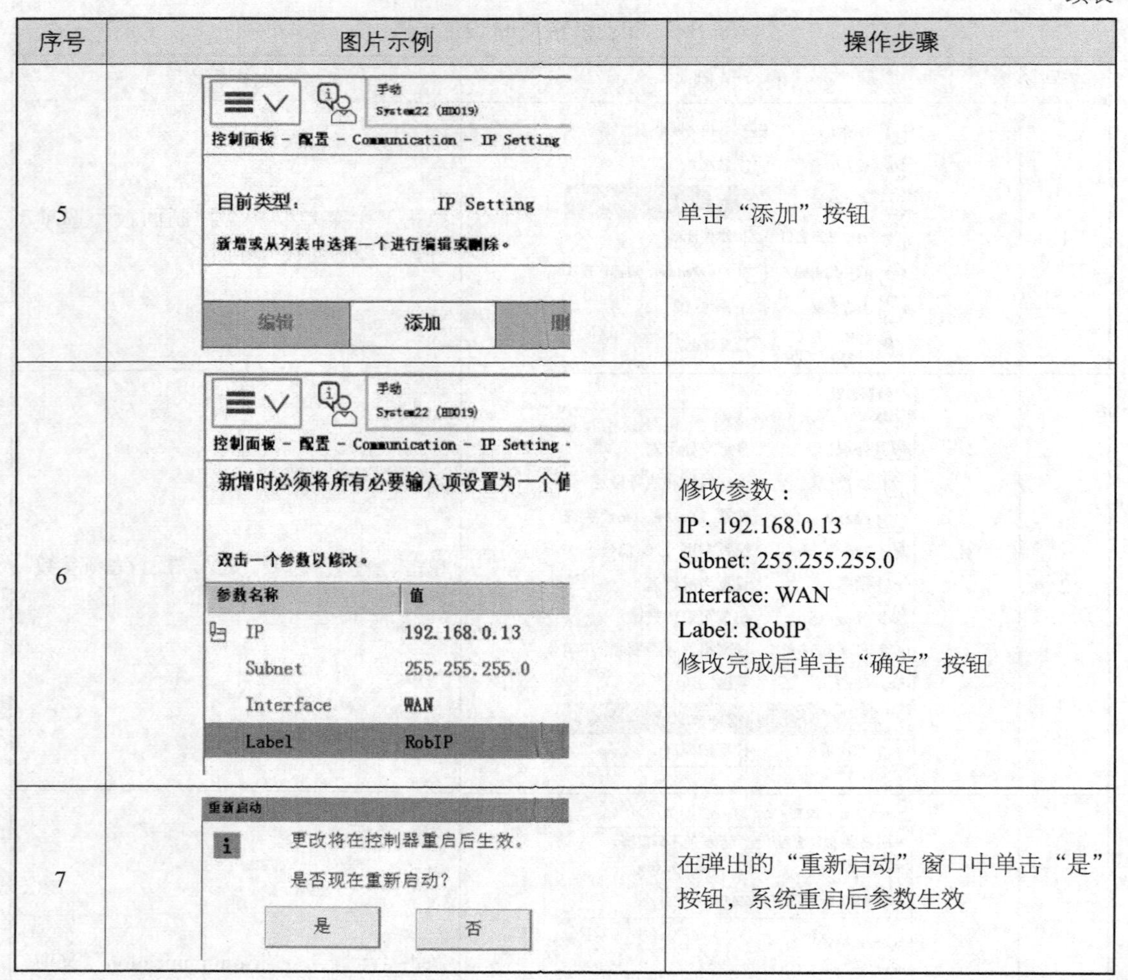

序号	图片示例	操作步骤
5		单击“添加”按钮
6		修改参数： IP : 192.168.0.13 Subnet: 255.255.255.0 Interface: WAN Label: RobIP 修改完成后单击“确定”按钮
7		在弹出的“重新启动”窗口中单击“是”按钮，系统重启后参数生效

8.4　工业机器人编程与调试

工业机器人应用程序是由用户编写的一系列工业机器人指令以及其他附带的信息构成，使工业机器人完成特定的作业任务。用户在创建程序前，需要对程序的概要进行设计，要考虑工业机器人执行所期望作业的最有效方法，在完成概要设计后，即可使用相应的工业机器人指令来创建程序。程序的创建一般通过示教器进行。在对动作指令进行创建时，通过示教器手动进行操作，控制工业机器人运动至目标位置，然后根据期望的运动类型进行程序指令记述。本节主要介绍工业机器人通信编程基础、功能规划与程序设计和程序调试三部分。

8.4.1　工业机器人通信编程基础

ABB机器人与康耐视智能相机之间采用TCP/IP进行数据通信。在开通计算机Interface功能选项的ABB机器人系统中，机器人控制系统将包含“soketdev”的数据类型，该数据类型作为通信的处理器，同时在程序编辑器“Communication”类别下将出现一系列指令用于同其他计算机进行网络通信。

当工业机器人作为客户端时的常用指令如下。

1. SocketCreate

功能：创建套接字，针对基于通信或非连接通信的连接创建新的套接字（见表8-7）。

表8-7　SocketCreate指令

名称	描述	
格式	SocketCreate Socket [\UDP]	
参数	Socket	socketdev 型数据，用于储存系统内部套接字数据
	[\UDP]	switch 型数据用于指定 UDP/IP 协议
示例	SocketCreate socket1	
说明	创建通信套接字	

2. SocketConnect

功能：连接远程计算机，将套接字与客户端应用中的远程计算机相连（见表8-8）。

表8-8　SocketConnect指令

名称	描述	
格式	SocketConnect Socket Address Port [\Time]	
参数	Socket	socketdev 型数据，用于储存系统内部套接字数据
	Address	string 型数据，用于指定远程计算机的地址
	Port	num 型数据，用于指定远程计算机上的端口
	[\Time]	num 型数据，用于指定程序执行等待接收或否定连接的最长时间，未设定情况下等待时间为 60s，为了永久等待则使用预定常量 WAIT_MAX
示例	SocketConnect socket1, “192.168.0.10”, 3000	
说明	连接至 IP 地址为 192.168.0.10 计算机的 3000 端口	

3. SocketReceive

功能：从远程计算机中接收数据，在客户端与服务器应用中均可使用（见表8-9）。

表 8-9　SocketReceive 指令

<table>
<tr><th>名称</th><th colspan="2">描述</th></tr>
<tr><td>格式</td><td colspan="2">SocketReceive Socket [\Str] | [\RawData] | [\Data][\ReadNoOfBytes] [\NoRecBytes] [\Time]</td></tr>
<tr><td rowspan="7">参数</td><td>Socket</td><td>socketdev 型数据，在客户端应用中必须已经创建和连接套接字，在服务器应用中必须已经接收套接字，建立连接</td></tr>
<tr><td>[\Str]</td><td>string 型数据，用于接收 string 数据，最多可处理 80 个字符</td></tr>
<tr><td>[\RawData]</td><td>rawbytes 型数据，用于接收原始字节数据，最多可处理 1 024 个 rawbytes</td></tr>
<tr><td>[\Data]</td><td>arry of byte 型数据，用于接收字节数据，最多可处理 1 024 个 byte</td></tr>
<tr><td>[\ReadNoOfBytes]</td><td>num 型数据，指定应读取的字节数，最小值为 1，最大值为所用数据类型的最大值</td></tr>
<tr><td>[\NoRecBytes]</td><td>num 型数据，表示接收到的数据数量</td></tr>
<tr><td>[\Time]</td><td>num 型数据，用于指定等待接收数据的最长时间量，如果在接收到数据之前超过该时间，则将调用错误处理器，产生错误代码 ERR_SOCK_TIMEOUT。未设定情况下等待时间为 60s，为了永久等待则使用预定常量 WAIT_MAX</td></tr>
<tr><td>示例</td><td colspan="2">SocketReceive socket1\Str:=str</td></tr>
<tr><td>说明</td><td colspan="2">从 socket1 中接收数据，存放在 str 字符串中</td></tr>
</table>

4. SocketSend

功能：向远程计算机中发送数据，在客户端与服务器应用中均可使用（见表 8-10）。

表 8-10　SocketSend 指令

<table>
<tr><th>名称</th><th colspan="2">描述</th></tr>
<tr><td>格式</td><td colspan="2">SocketSend Socket [\Str] | [\RawData] | [\Data] [\NoOfBytes]</td></tr>
<tr><td rowspan="5">参数</td><td>Socket</td><td>socketdev 型数据，在客户端应用中必须已经创建和连接套接字，在服务器应用中必须已经接收套接字，建立连接</td></tr>
<tr><td>[\Str]</td><td>string 型数据，用于发送 string 数据</td></tr>
<tr><td>[\RawData]</td><td>rawbytes 型数据，用于发送 rawbytes 数据</td></tr>
<tr><td>[\Data]</td><td>arry of byte 型数据，用于发送 byte 数组数据</td></tr>
<tr><td>[\ReadNoOfBytes]</td><td>num 型数据，指定发送的字节数，如果 \ReadNoOfBytes 大于待发送数据结构的实际字节数，则指令调用将失效</td></tr>
<tr><td>示例</td><td colspan="2">SocketSend socket1\Str:=str</td></tr>
<tr><td>说明</td><td colspan="2">将 str 字符串中的数据通过 socket 发送</td></tr>
</table>

5. SocketClose

功能：关闭套接字，用于关闭套接字连接，在套接字关闭后，不能使用除

SocketCreate以外的所有套接字（见表8-11）。

表 8-11　SocketClose 指令

名称	描述	
格式	SocketSend Socket [\Str] | [\RawData] | [\Data] [\NoOfBytes]	
参数	Socket	socketdev 型数据，用于表示待关闭的套接字
	[\Str]	string 型数据，用于发送 string 数据
	[\RawData]	rawbytes 型数据，用于发送 rawbytes 数据
	[\Data]	arry of byte 型数据，用于发送 byte 数组数据
	[\ReadNoOfBytes]	num 型数据，指定发送的字节数，如果 \ReadNoOfBytes 大于待发送数据结构的实际字节数，则指令调用将失效
示例	SocketClose socket1	
说明	关闭套接字 socket1 的连接	

6.　SocketGetStatus

功能：返回套接字的当前状态（见表8-12）。

表 8-12　SocketGetStatus 指令

名称	描述	
格式	SocketGetStatus(Socket)	
参数	Socket	socketdev 型数据，用于表示状态相关的套接字
示例	Socketstatus1 := SocketGetStatus(socket1)	
说明	获取 socket1 的套接字状态	

8.4.2 功能规划与程序设计

本实训项目中实现使用智能相机对识别区域内物体进行定位识别，引导工业机器人将物料全部搬运至放置区的功能。其轨迹规划如图8-6所示。

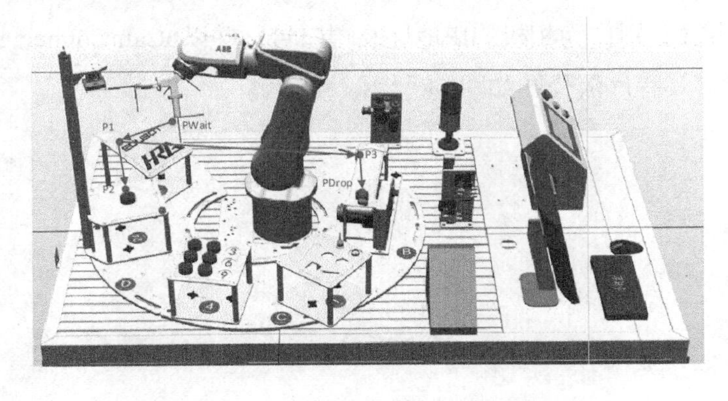

图8-6　工业机器人视觉应用轨迹规划

ABB工业机器人以main主程序作为程序入口，为了增强程序的重用性，使程序结构更加清晰，将程序按功能分为3个例行子程序，分别执行不同的功能，由main主程序进行调用，并根据返回结果对整个程序运行流程进行控制。

各部分例行子程序名称及功能如下。

ClientConnect例行子程序：该例行子程序用于初始化机器人客户端，并连接相机服务器。

GetCameraResult例行子程序：该例行子程序用于接收相机发送的数据，并对数据进行解析处理。

PickWobj例行子程序：该例行子程序用于实现对识别物体的搬运抓取。

各例行子程序之间使用全局变量进行数据交互，本项目涉及的全局变量见表8-13。

表 8-13　全局变量定义

序号	名称	类型	初始值	功能
1	socket1	socketdev	——	客户端套接字，用于连接服务器并接收数据
2	IPAddr	string	“192.168.0.10”	相机 IP 地址，用于连接服务器
3	IPPort	num	3000	相机端口号，用于连接服务器
4	bCamConnected	bool	FALSE	表示当前是否与相机连接成功
5	total	num	0	表示接收到的工件数量
6	nX	num	0	表示接收到的工件坐标 X 值
7	nY	num	0	表示接收到的工件坐标 Y 值

1. main主程序

main主程序的流程图，如图8-7所示。main主程序主要实现程序整体逻辑控制。

2. ClientConnect例行子程序

ClientConnect例行子程序用于连接相机服务器，将使用socket1作为连接用套接字，IPAddr及IPPort参数分别作为相机的IP地址及端口号，并以bCamConnected参数指示与相机是否连接成功。其程序流程图如图8-8所示。

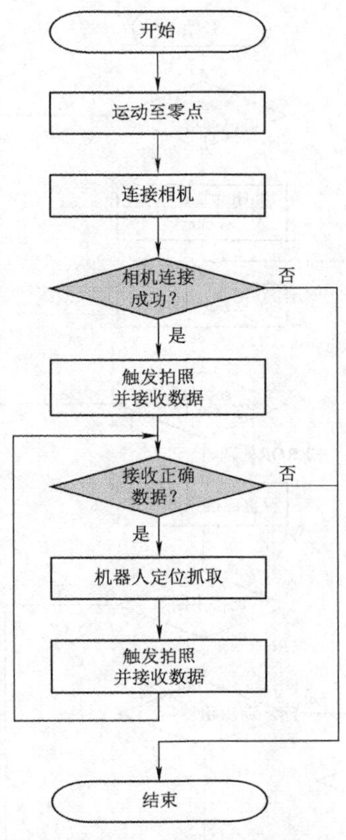

图8-7 main主程序流程图

程序代码如下。

```
PROC main()
!运动至安全零点
MoveJ PHome,v100,fine,toolXP\WObj:=wobjCamera;
! 调用相机连接子程序，连接相机
ClientConnect;
!判断是否连接成功
IF bCamConnected THEN
    !触发相机拍照并接收数据
    PulseDO\PLength:=0.2, do06;
    !调用数据接收子程序，获取位置数据
    GetCameraResult;
    !判断是否接收到数据
    WHILE total>0 DO
        !调用抓取子程序，执行抓取动作
        PickWobj;
        !再次触发拍照
        PulseDO\PLength:=0.2, do06;
        GetCameraResult;
    ENDWHILE
ENDIF
ENDPROC
```

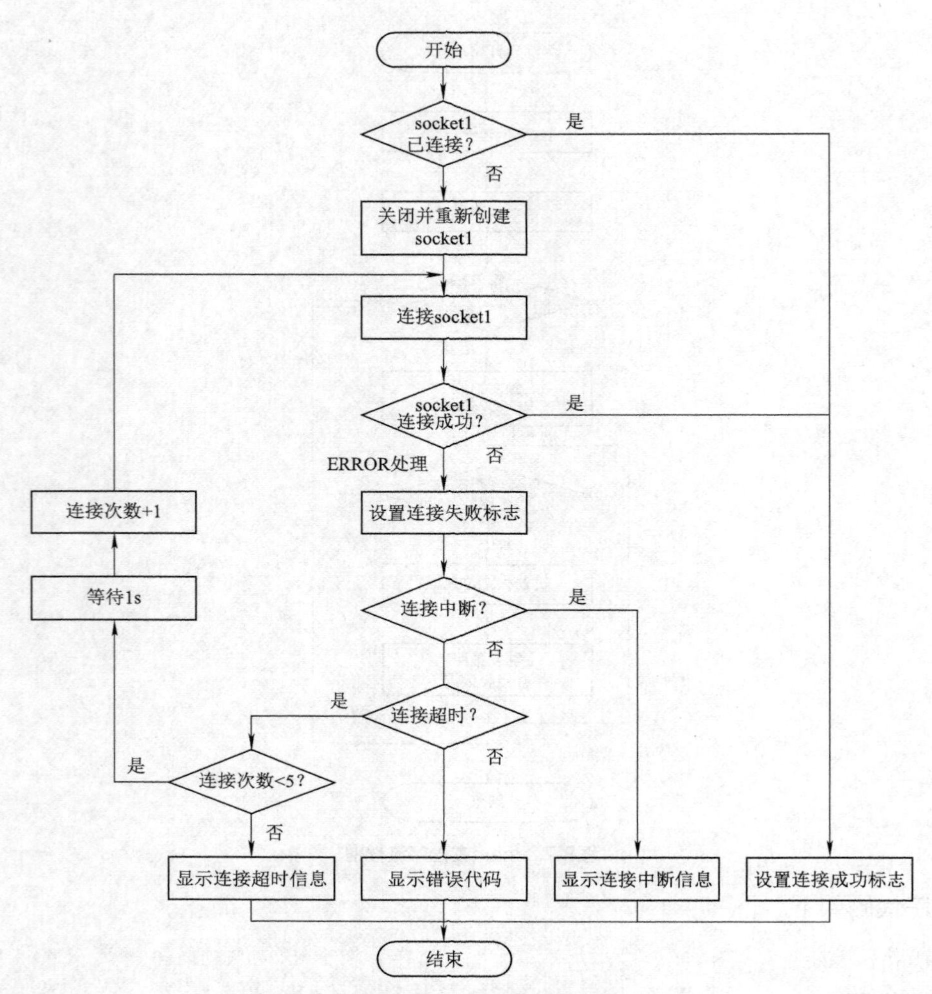

图8-8 ClientConnect例行子程序流程图

程序代码如下。

```
PROC ClientConnect()
VAR num retry_no :=0;
VAR socketstatus status;
!获取soket1当前状态
status := SocketGetStatus(socket1);
IF status = SOCKET_CONNECTED THEN
        !提示相机已经连接
        TPWrite"Cameraalreay connected.";
        bCamConnected:=TRUE;
ELSE
         !连接相机
         SocketClose socket1;
         SocketCreate socket1;
         !超时时间设置为4s
         socketConnect socket1, IPAddr, IPPort\Time:=4;
```

```
        bCamConnected:=TRUE;
        TPWrite"Camera is reconnected";
ENDIF
ERROR
        !出现错误，根据错误信息进行处理
        bCamConnected:=FALSE;
        IF ERRNO = ERR_SOCK_CLOSED THEN
                !提示连接中断
                TPWrite"socket was dismissed";
        ELSEIF ERRNO = ERR_SOCK_TIMEOUT THEN
                !连接超时超时
                IFretry_no<5 THEN
                        !等待1S，重新连接
                        WaitTime 1;
                        Incrretry_no;
                        RETRY;
                ELSE
                        !重连5次，提示连接失败
                        TPWrite"Check Camera connection please.";
                ENDIF
        ELSE
                !其他错误显示代码，并交由系统处理
                TPWrite"Cameraconnecton has an unknown error:"+ValToStr(ERRNO);
                RAISE;
        ENDIF
ENDPROC
```

ClientConnect例行子程序流程叙述。

（1）检查socket1状态，如果已经连接则设置连接成功标志结束，否则执行（2）。

（2）关闭并重新创建socket1。

（3）连接socket1，设置超时时间为4s，若连接成功则设置连接成功标志结束，否则执行错误处理程序（4）。

在该程序中，当socketConnect指令无超时发生时，将跳过ERROR后面的错误处理程序；而当socketConnect指令有超时发生时，将会直接执行ERROR后面的判断处理程序。

（4）错误处理程序。设置连接失败标志bCamConnected为FALSE，检查错误代码是否为连接中断，若是则显示连接中断信息并结束；否则检查错误代码是否为超时错误，并可进一步根据超时次数确定重试或显示超时信息并结束；如果是其他错误，则输出错误代码并结束。

3. GetCameraResult例行子程序

GetCameraResult例行子程序用于接收相机数据，并对数据进行解析处理。程序中将使用socket1作为接收数据套接字，total作为相机识别到的数量。其程序流程图，如图8-9所示。

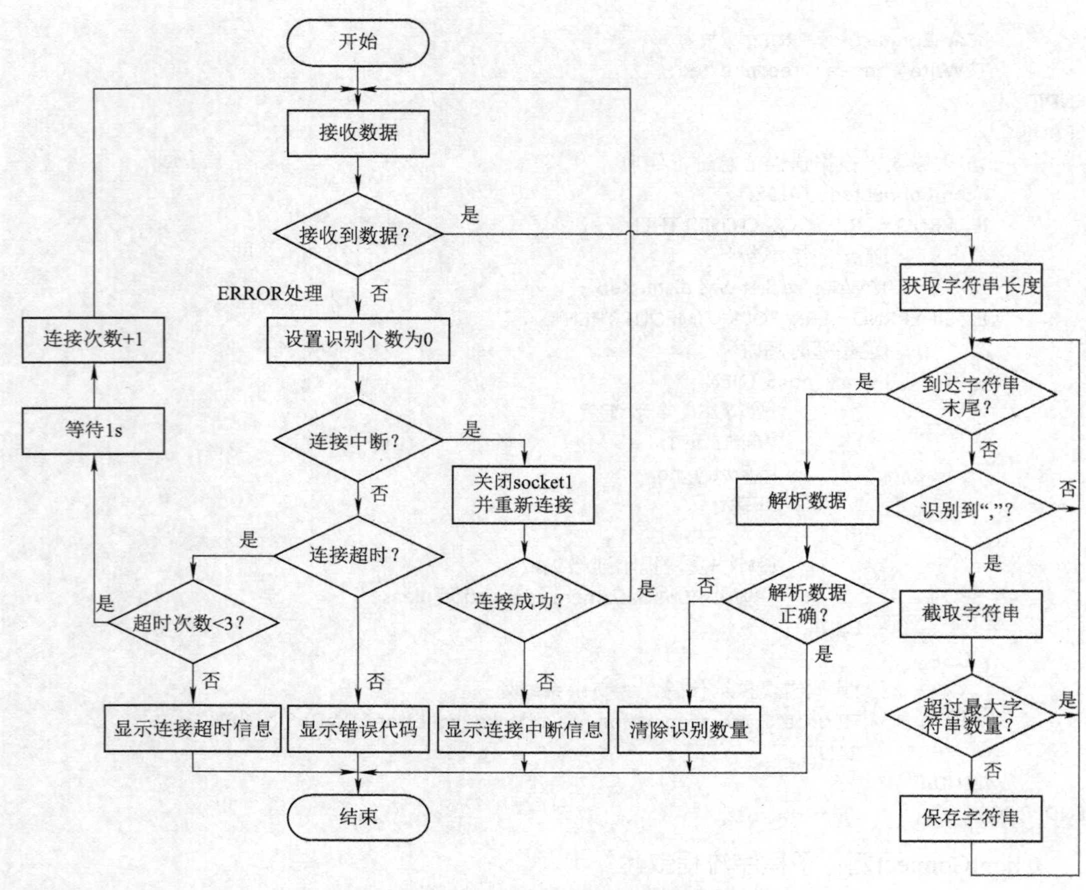

图8-9 GetCameraResult例行子程序流程图

程序代码如下。

```
PROC GetCameraResult()
VAR string Pos_Str{10};
VAR num m:= 1;
VAR num n:=1;
VAR num LenStr;
VAR num LenPart;
VAR num retry_no:=0;
VAR received_string :="";
VAR bool bOK1;
VAR bool bOK2;
VAR bool bOK3;
!接收数据，设置超时时间10s
SocketReceive socket1 \Str := received_string\Time:=10;
LenStr:=StrLen(received_string);
!遍历字符串
FOR i FROM 1 TO LenStr DO
```

```
        !查找分隔符","
        IF StrMemb(received_string,i,",") THEN
            !获取","前的字符串长度
            LenPart := (i-1)-(m-1);
            !根据Pos_Str数组长度，最多接收10个
            IF n<10 THEN
                Pos_Str{n}:=StrPart(received_string,m,LenPart);
                n:=n+1;
            ENDIF
            m:=i+1;
        ENDIF
ENDFOR
!显示接收到的数据
TPWrite"recieve total="+Pos_Str{1}+"; X="+Pos_Str{2}+";y="+Pos_Str{3};
!将字符串转为num型数字
bOK1 := StrToVal(Pos_Str{1},total);
bOK2 := StrToVal(Pos_Str{2},nX);
bOK3 := StrToVal(Pos_Str{3},nY);
!若转换失败则设置识别数目为0
IF bOK1=FALSE OR bOK2=FALSE OR bOK3=FALSE  total:=0;
!错误处理程序
ERROR
        total :=0;
        IF ERRNO= ERR_SOCK_CLOSED THEN
            !套接字连接失败，重新连接
            TPWrite"socket was closed.";
            SocketClose socket1;
            ClientConnet;
            IF bCamConnected=TRUE RETRY;
        ELSEIF ERRNO=ERR_SOCK_TIMEOUT THEN
        !接收数据超时，重试2次
            IF retry_no<3 THEN
                WaitTime 1;
                Incrretry_no;
                RETRY;
            ELSE
                TPWrite"socket time out.";
            ENDIF
        ELSE
            !显示其他错误信息
            TPWrite"camera socket has an unknown error."+ValToStr(ERRNO);
            RAISE;
        ENDIF
ENDPROC
```

程序中接收到的数据total参数有两个作用，第一为接收到的相机识别到的工件数量，第二为接收数据失败的标志，当数据接收失败时，将该参数设置为0，代表未接收到程序数据，供后续程序使用。

4. PickWobj例行子程序

PickWobj例行子程序用于执行目标物体的抓取和放置动作，其中使用nX作为相机识别到工件的*X*轴坐标，nY作为相机识别到工件的*Y*轴坐标。在对物体进行定位时，机器人工件坐标系与相机视野坐标系分为以下三种情况。

（1）两者重合：此时nX与nY为工件在工件坐标系下的偏移坐标，可以直接使用。

（2）两者不重合但平行：此时需要在nX与nY的基础上加上相机视野原点在机器人工件坐标系下的值。

（3）两者不重合且不平行：此时需要将相机坐标系进行旋转后再进行相应偏移。

一般地，由于机器人工件坐标系可以自由标定，所以尽可能保证满足（1）或（2）两种情况，以减小计算误差，本项目中采用满足条件（1）的情况，抓取过程中涉及的参数，见表8-14。

表8-14　抓取过程涉及的参数

序号	名称	类型	功能
1	PHome	robtarget	回零点
2	PWait	robtarget	相机工件外过渡点
3	POrigin	robtarget	相机工件坐标系原点位置
4	PDrop	robtarget	工件放置点位置
5	P0	robtarget	抓取位置过渡点
6	P1	robtarget	抓取位置点
7	P2	robtarget	放置位置过渡点
8	wobjCamera	wobjdata	相机工件坐标系
9	toolXP	tooldata	吸盘工具坐标系
10	do06	Digital Output	相机拍照触发信号
11	do07	Digital Output	吸盘信号

程序代码如下。

```
PROC PickWobj()
!运动至过渡点
MoveJ PWait,v100,z10,toolXP\WObj:=wobjCamera;
!运动至抓取点上方
MoveL Offs (POrigin,nX,nY,50),v100,z5,toolXP\WObj:=wobjCamera;
!运动至抓取点并抓取
```

```
MoveL Offs (POrigin,nX,nY,20),v100,fine,toolXP\WObj:=wobjCamera;
SetDO do07;
WaitTime 0.5;
!依次返回抓取点上方及过渡点
MoveL Offs(POrigin,nX,nY,50),v100,z5,toolXP\WObj:=wobjCamera;
MoveL PWait,v100,z10,toolXP\WObj:=wobjCamera;
!运动至放置点上方
MoveL Offs(PDrop,0,0,50),v100,z5,toolXP\WObj:=wobjCamera;
!运动至放置点并放置
MoveL PDrop,v100,fine,toolXP\WObj:=wobjCamera;
Reset do07;
WaitTime 0.5;
!运动至放置点上方并返回
MoveL Offs(PDrop,0,0,50),v100,z5,toolXP\WObj:=wobjCamera;
MoveJ PHome,v100,fine,toolXP\WObj:=wobjCamera;
ENDPROC
```

8.4.3　程序调试

1. 智能相机的校准

智能相机通信部分输出内容中的“料饼.定位器.X”与“料饼.定位器.Y”输出数值，默认为相对于视野左上角的x、y方向的像素距离值。可通过校准转换为实际物理位置输出。

注意：

①工业应用中，智能相机校准时需要准备网格标定板，但标定板价格昂贵，因此在一些实际操作中，可通过打印网格标定卡来替代。

②由于本书选用的In-Sight 2000系列智能相机没有“打印网格”的功能选项，可在仿真器中选择In-Sight 7200型号的智能相机，执行校准操作步骤，见表8-15。

表8-15　校准步骤

步骤	图例	说明
1	系统(Y) 窗口(W) 帮助(H) 登录/注销…(L) 创建报告…(R) 备份…(B) 恢复…(E) 恢复自…(F) 克隆至…(C) 更新固件…(U) 将传感器/设备添加到网络…(N) 浏览器主机表…(H) 远程子网…(M) 保存视图版面(S) Shift+F7 选项…(O) 仿真 使用仿真器(U) 模型(M) In-Sight 7200	打开 In-Sight Explorer 软件，单击“系统”→“选项”→“In-Sight 7200”→“确定”按钮

续表

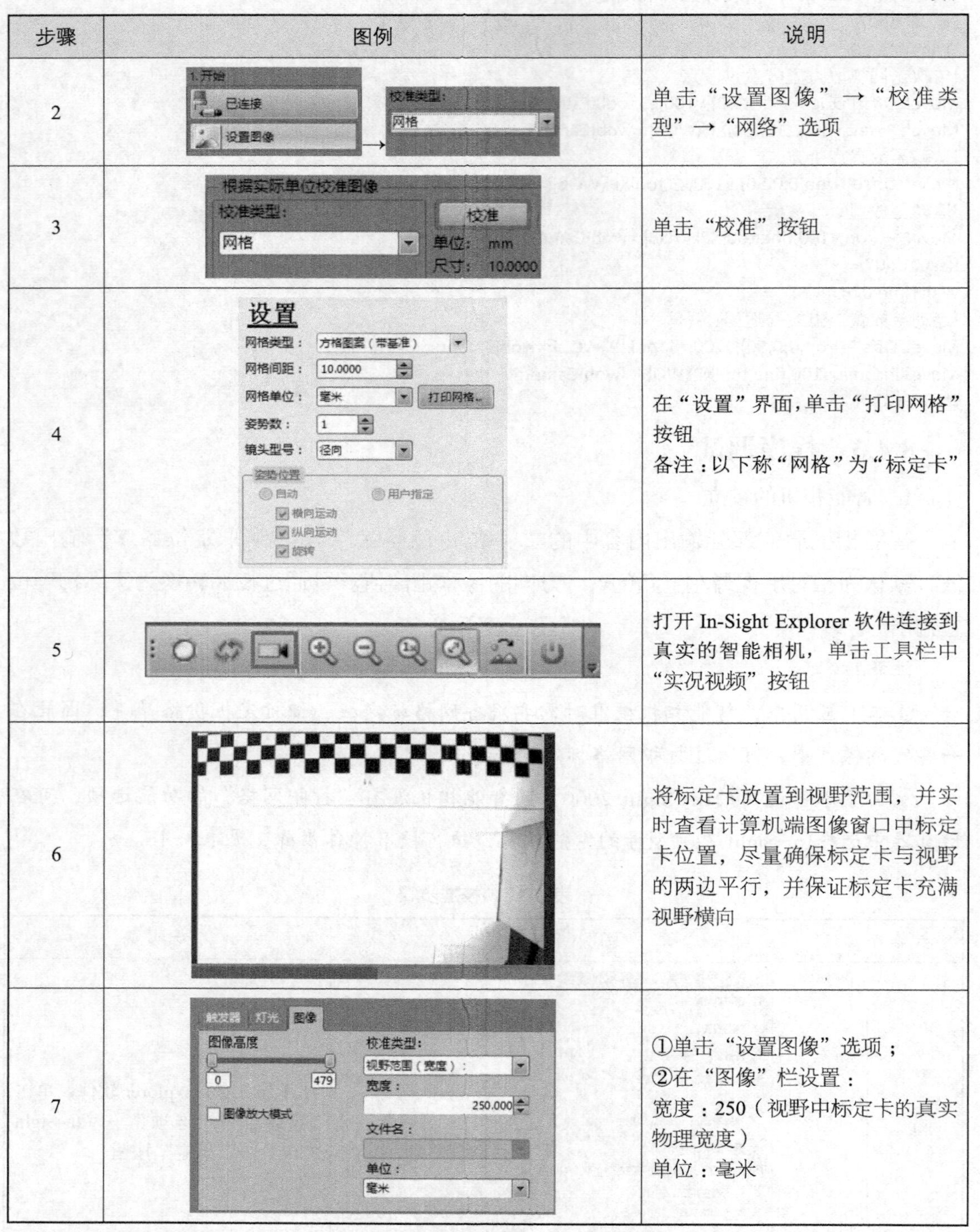

步骤	图例	说明
2		单击“设置图像”→“校准类型”→“网络”选项
3		单击“校准”按钮
4		在“设置”界面，单击“打印网格”按钮 备注：以下称“网格”为“标定卡”
5		打开 In-Sight Explorer 软件连接到真实的智能相机，单击工具栏中“实况视频”按钮
6		将标定卡放置到视野范围，并实时查看计算机端图像窗口中标定卡位置，尽量确保标定卡与视野的两边平行，并保证标定卡充满视野横向
7		①单击“设置图像”选项； ②在“图像”栏设置： 宽度：250（视野中标定卡的真实物理宽度） 单位：毫米

2. 坐标系标定及工件原点示教

打开智能相机，单击“实况视频”按钮，在智能相机视野中放置坐标系标定卡，实时观察视频窗口，使标定卡相邻两边与智能相机视野左上角重合，如图8-10所示。

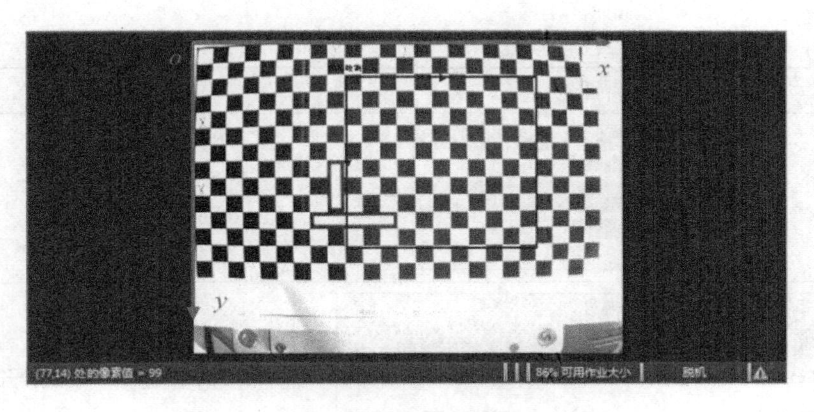

图8-10　坐标系标定

建立工业机器人工件坐标系，工业机器人的工件坐标系以智能相机视野左上角作为原点O，视野左上方的两条边界线分别作为x、y轴，以该坐标系为基准示教工业机器人工件坐标系。注意在使用标定卡的过程中，确保标定卡的位置保持不变，否则工业机器人进行坐标系标定时容易导致误差过大。

3. 联机调试

在完成程序编写和坐标系标定后，就可以进行相机与工业机器人之间联机调试。初次进行联机调试时，要将工业机器人速度设置为低速，建议速度设为20%，模式使用“手动模式”。调试过程中实时观察工业机器人动作路径，看是否按照预期的路径动作。根据动作偏差、识别偏差。调整工业机器人的程序、点位等内容，见表8-16。

表 8-16　联机调试步骤

步骤	图例	说明
1		在 In-Sight Explorer 软件中，单击“传感器”→“联机”→“是”选项
2		在操作实训台智能相机视野中放置若干目标物体

续表

步骤	图例	说明
3	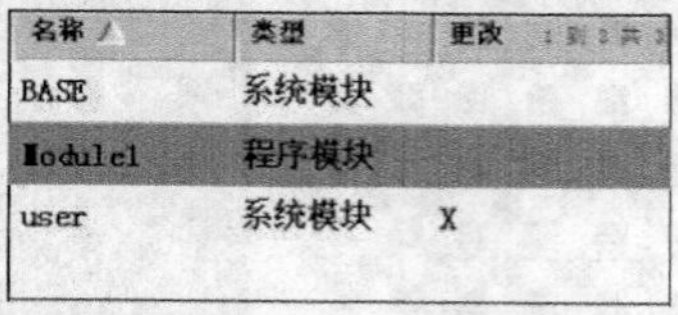 名称 △ 类型 更改 1到3共3 BASE 系统模块 Module1 程序模块 user 系统模块 X	打开“程序编辑器”→“程序模块”（module1）→ main
4	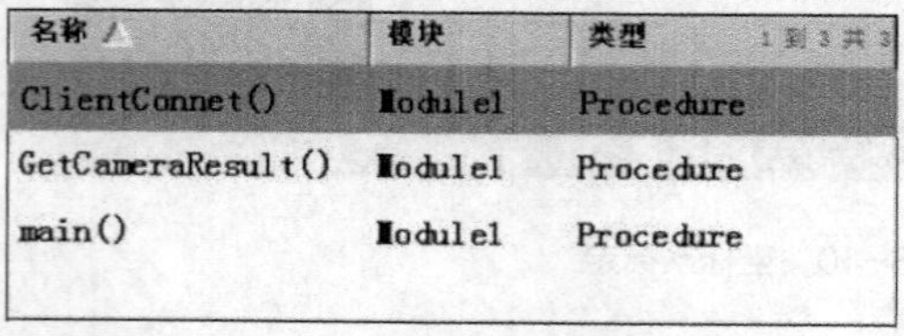 名称 △ 模块 类型 1到3共3 ClientConnet() Module1 Procedure GetCameraResult() Module1 Procedure main() Module1 Procedure	单击“单步运行”按钮，开始运行
5	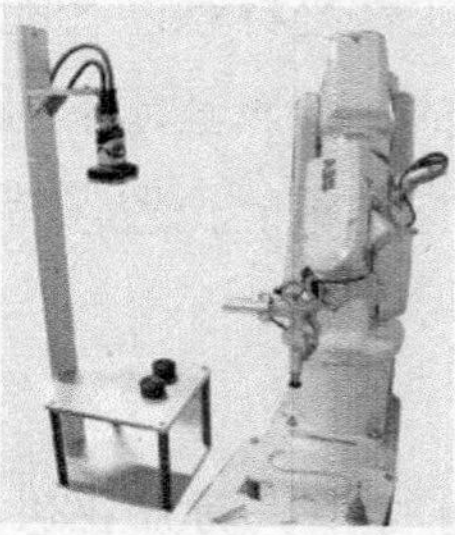	工业机器人准备完成，等待智能相机发送数据
6	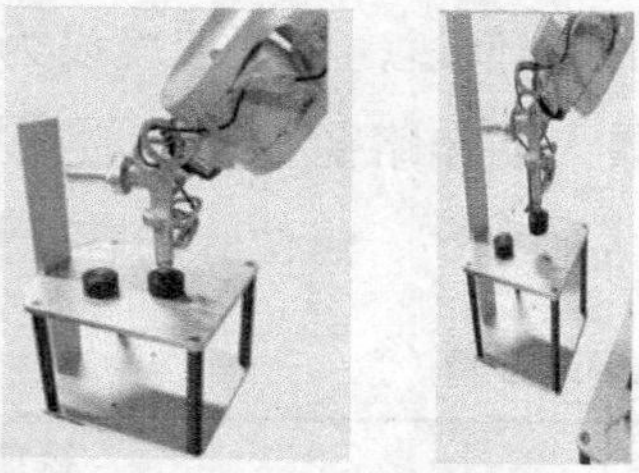	工业机器人抓取最优目标
7	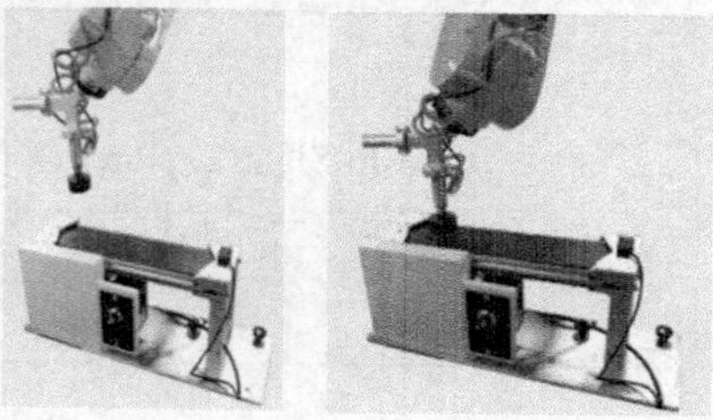	工业机器人将目标到传送带上
8	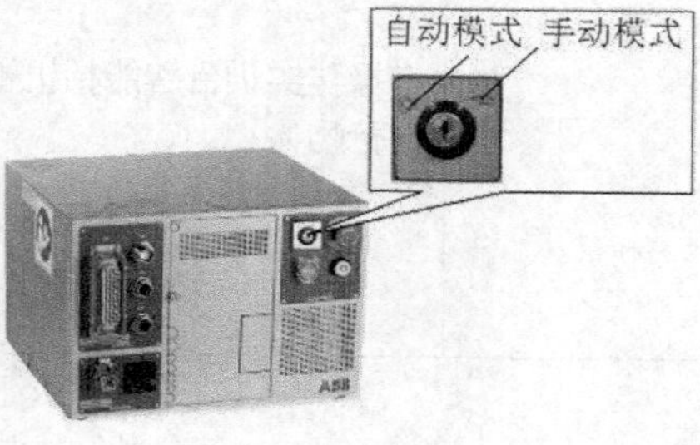 自动模式 手动模式	在手动调试过程中，工业机器人路径合理后才能进行自动运行。 自动运行配置： ①将控制器模式开关打到“自动运行”； ②按下控制器面板上的“是否通电”按钮； ③示教器端，单击“PP 移至 main”选项； ④单击示教器上“启动”按钮。 注意：循环时，要实时观察工业机器人的动作路径，一旦发现不合理路径及时按下急停按钮

思考题

1. 康耐视相机与ABB机器人之间的连接线缆有哪两种？

2. 简述工业机器人视觉引导系统的工作流程。

3. 如何进行智能相机与工业机器人的联机操作？

4. 如何根据工业机器人视觉引导的任务要求，对智能相机进行软件组态？

5. 如何进行智能相机的校准操作？

6. 工业机器人作为客户端时常用指令有哪些？其功能是什么？

第9章 工业机器人视觉系统应用（基于现场总线）

协议转换网关（Gateway）又称网间连接器、协议转换器，是一种网络互连过程中进行协议转换的计算机系统或设备。本章基于现场总线通过协议转换网关进行视觉通信。

ABB机器人与康耐视相机实现的工业机器人视觉系统应用，可以通过网关将DeviceNet和PROFINET两种通信协议进行转换，实现各环节的通信，如图9-1所示。

图9-1　视觉系统的通信实现

ABB机器人与协议转换网关通过DeviceNet总线进行通信，ABB机器人作为DeviceNet主站，协议转换网关作为DeviceNet从站。

协议转换网关与康耐视相机通过PROFINET I/O协议进行通信，协议转换网关作为PROFINET I/O控制器，康耐视相机作为PROFINET I/O设备。

根据各设备之间的通信方式，通过电缆连接，搭建完整的工业机器人视觉硬件系统。基于现场总线的工业机器人视觉系统，如图9-2所示。

本章重点介绍通过网关如何实现智能相机与工业机器人之间的数据交互作业，对于智能相机组态编程与工业机器人编程部分参见第8章，此处不再赘述。

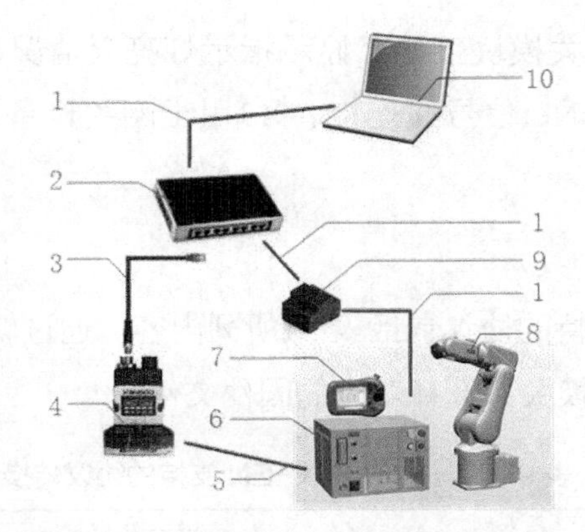

图9-2　基于现场总线的工业机器人视觉系统

1—以太网；　2—转换器；　3—相机通信线缆；　4—康耐视相机；　5—I/O 线缆；
6—控制柜；　7—示教器；　8—机器人本体；　9—网关模块；　10—上位计算机

9.1　网关概述

网关在传输层上用来实现网络互连，既可以用于广域网互连，也可以用于局域网互联。与网桥只是简单地传达信息不同，网关对接收到的信息要重新打包，以适应目的系统的需求。同时，网关也可以提供过滤和安全功能。大多数网关运行在OSI 7层协议的顶层——应用层。网关的种类分为传输网关、接入网关、应用网关、信令网关、协议网关和中继网关等。

9.1.1　硬件介绍

根据ABB机器人与康耐视相机支持的通信协议来选择所需功能的网关。选择赫优讯NT 50网关来实现DeviceNet总线到PROFINET I/O总线的通信交互。NT 50网关的实物图，如图9-3所示。

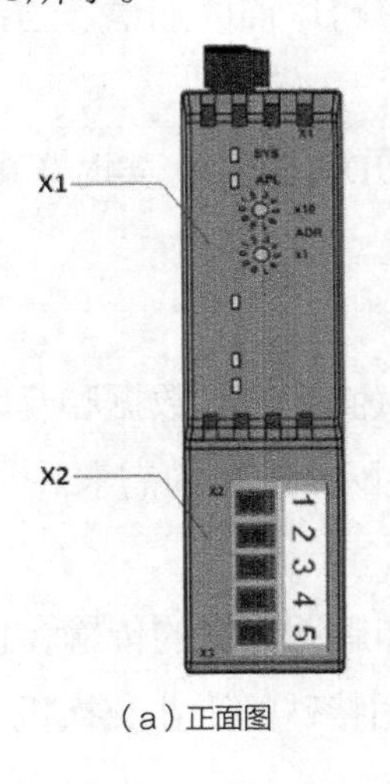

（a）正面图

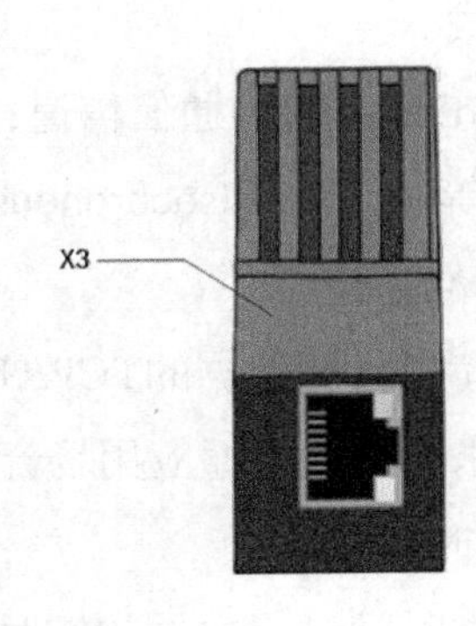

（b）底部图

图9-3　NT 50网关

其中：X1是NT 50网关模块上各个显示指示灯亮灭情况，X2接口用于和ABB机器人的X17端子进行DeviceNet信号线连接，X3用于网关设备与康耐视相机连接，通过PROFINET协议进行通信。

9.1.2 支持协议

NT 50-DN-EN网关支持的协议包括表9-1所列内容。通过软件配置可以灵活设置协议转换模式，并根据协议转换关系选择对应的固件文件。

表 9-1　NT 50-DN-EN 支持的协议转换

X2 接口	X3 接口	固件文件
DeviceNetMaster（支持一个从机）	EtherNet/IP Adapter/Slave	N5DNMEIS.NXF
	PROFINET I/O Device Open	N5DNMPNS.NXF
	Modbus/TCP	N5DNMOMB.NXF
DeviceNet Slave	EtherNet/IP Adapter/Slave	N5DNSEIS.NXF
	EtherNet/IP Scanner/Master (1)	N5DNSEIM.NXF
	PROFINET I/O Device PROFINET	N5DNSPNS.NXF
	I/O Controller (1) Open	N5DNSPNM.NXF
	Modbus/TCP	N5DNSOMB.NXF

9.2 PROFINET网络配置

PROFINET 是新一代基于工业以太网技术的自动化总线标准，使用TCP/IP和IT标准，可完全兼容工业以太网和现有的现场总线技术，主要用于工业自动化流程控制。PROFINET支持优化布线，能通过WLAN实现确定性性能，并且兼容星形、树形和环形拓扑，具有很好的实时性，可直接连接现场设备，定义了跨厂商的通信、自动化系统和工程组态模式。

PROFINET包含3种通信信道：标准通道（TCP/IP、UDP/DP）、实时（Real Time，RT）通道和等时同步（Isochronous Real Time，IRT）通道。

（1）标准通道

用于非苛求时间数据的TCP/UDP和IP，例如，参数赋值、组态数据和互联信息，适合对时间要求不高的普通应用场合，满足自动化层与其他网络连接的需求。

（2）实时通道

用于苛求时间过程数据的实时通信，适合中断数据和周期数据的传输，例如，工厂自动化领域，需要对IEEE 802.1Q进行应用扩展，需要使用特殊的工业交换机。

（3）等时同步通道

用于时间要求特别严格的等时同步实时通信，特别适用于高性能传输、过程数据的等时同步传输，以及快速的时钟同步运动控制，IRT通道可以在1ms时间周期内，实现对100多个轴的控制，而抖动不足1μs。IRT通道需要使用特殊的工业交换机，且需要对通信路径进行规划，明确通信规则。

9.2.1　PROFINET I/O协议介绍

PROFINET I/O是基于PROFINET标准，用于实现模块化、分布式应用的开放式传输系统，其工作性质类似于PROFIBUS-DP。传感器、执行机构等装置连接到I/O设备上，通过I/O设备连接到网络中。

PROFINE I/O分为3种设置类型：I/O控制器、I/O设备、I/O监视器。

①I/O控制器：读写I/O设备的过程数据，接收I/O设备的报警诊断信息，执行自动化控制程序。

②I/O设备：分配给某个I/O控制器远程指定的线程设备。连接现场分散的检测装置、执行机构；传递现场采集的各类数据，传递执行机构的控制指令。

③I/O监视器：具有调试和诊断功能的编程装置计算机。读写I/O控制器的数据，上位机可编写、上传、下载、调试控制器的程序，上位机、HMI可对系统实现可视化监控。

数据可在I/O设备与I/O控制器之间通过以下通道传输。

①循环I/O数据：在实时通道上传输。

②事件控制的报警：在实时通道上传输。

③参数分配、组态及读取诊断信息：在基于UDP/DP的标准通道上传输。

9.2.2　相机侧PROFINET I/O配置

使用“In-Sight Explorer”软件在“通信”栏进行康耐视的PROFINET I/O的配置，见表9-2。

表 9-2　康耐视相机的 PROFINET I/O 配置步骤

序号	图例	说明
1	通信 EasyView FTP 设备设置 设备： 其他 协议： PROFINET	在“通信”栏中依次选择“设备设置”→“其他”→“PROFINET”，单击“确定”按钮

续表

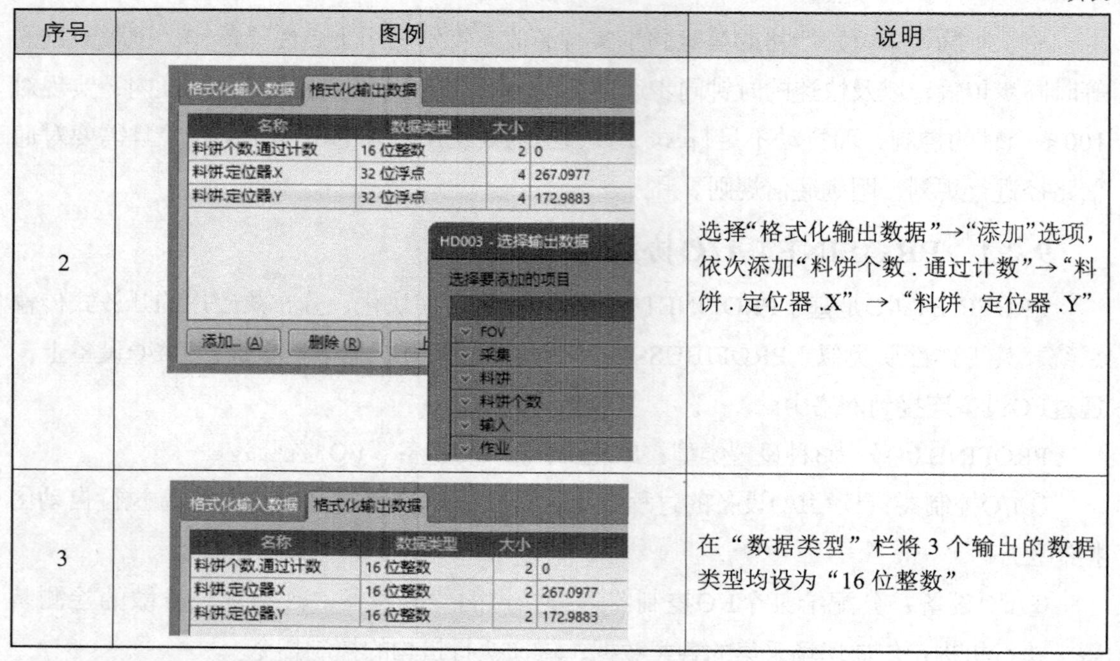

序号	图例	说明
2		选择“格式化输出数据”→“添加”选项，依次添加“料饼个数 . 通过计数”→“料饼 . 定位器 .X” → “料饼 . 定位器 .Y”
3		在“数据类型”栏将 3 个输出的数据类型均设为“16 位整数”

9.2.3　网关侧PROFINET I/O 配置

网关连接成功，通电之后需要按照需求对网关进行设定，并载入到网关中，网关才能发挥作用。需要通过“SYCON.net”软件进行网关的配置。

首先需要在计算机端安装“SYCON.net”软件，通过该软件进行网关的IP配置，软件在安装过程会自动安装“SYCON.net”与“Ethernet Device Setup”两款软件，以配合网关的使用。“SYCON.net”打开后的界面，如图9-4所示。

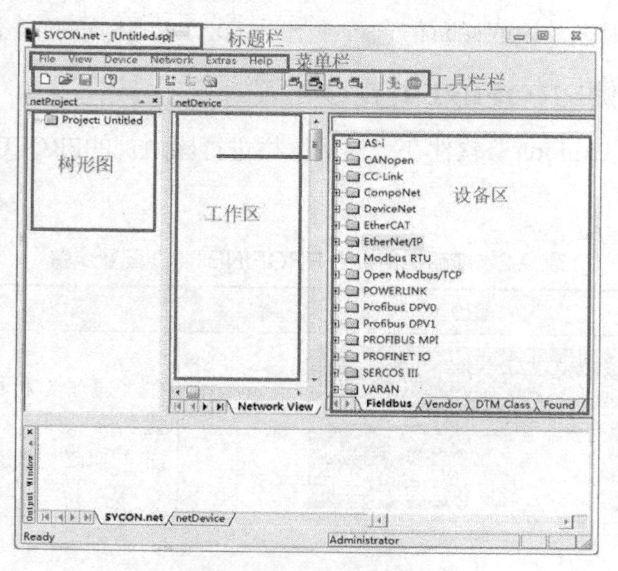

图9-4　SYCON.net主界面

通过“SYCON.net”软件，根据网关需要实现的功能进行通信配置、数据地址映射配置、网关功能配置等。在网关配置过程中，需要导入康耐视相机侧的GSD文件来满足后期配置步骤的需要，康耐视设备的导入配置见表9-3。

表 9-3　康耐视相机导入配置

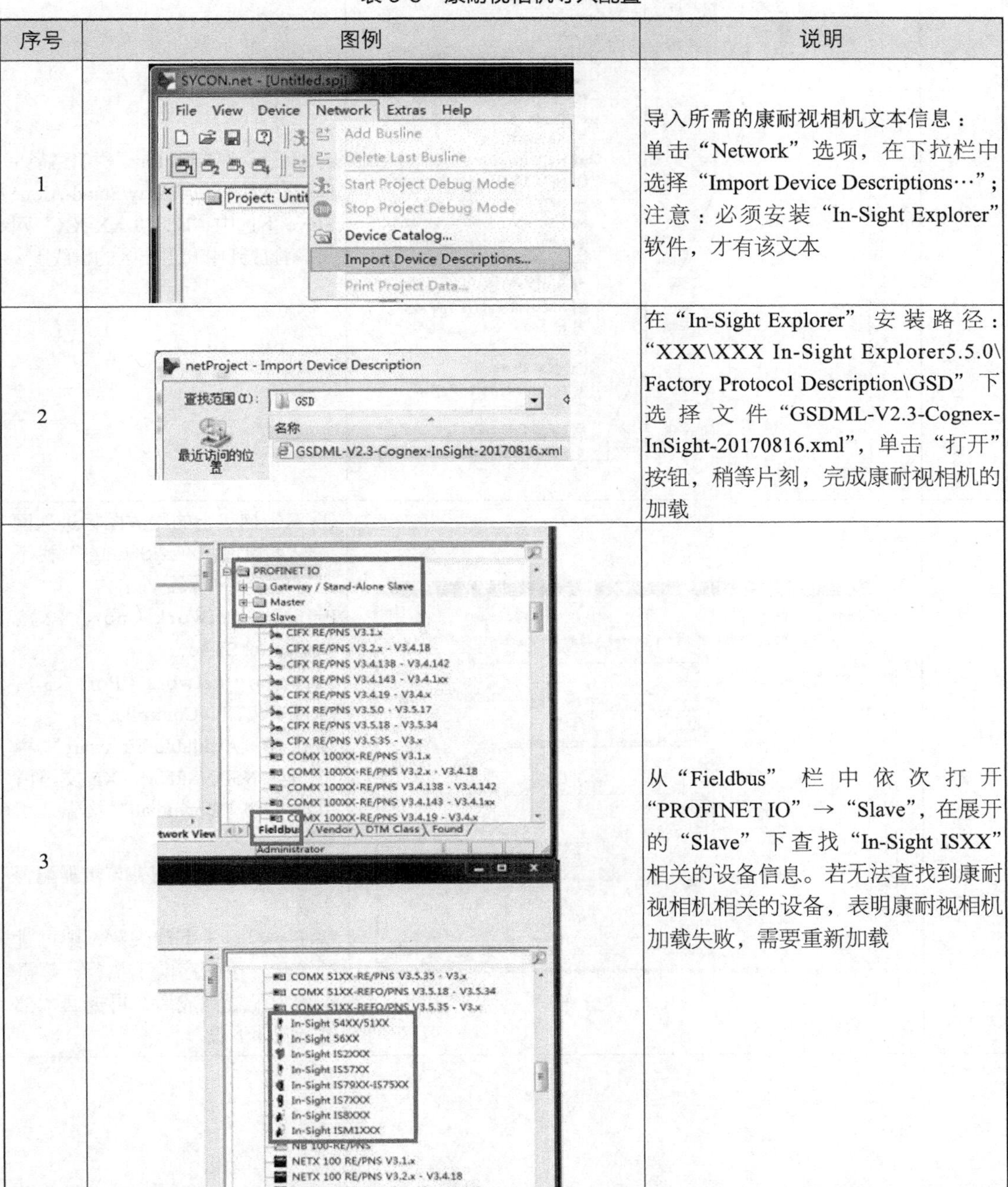

序号	图例	说明
1		导入所需的康耐视相机文本信息： 单击“Network”选项，在下拉栏中选择“Import Device Descriptions…”； 注意：必须安装“In-Sight Explorer”软件，才有该文本
2		在“In-Sight Explorer”安装路径：“XXX\XXX In-Sight Explorer5.5.0\Factory Protocol Description\GSD”下选择文件“GSDML-V2.3-Cognex-InSight-20170816.xml”，单击“打开”按钮，稍等片刻，完成康耐视相机的加载
3		从“Fieldbus”栏中依次打开“PROFINET IO”→“Slave”，在展开的“Slave”下查找“In-Sight ISXX”相关的设备信息。若无法查找到康耐视相机相关的设备，表明康耐视相机加载失败，需要重新加载

网关中的PROFINET I/O配置见表9-4。

表 9-4　网关 PROFINETI/O 配置

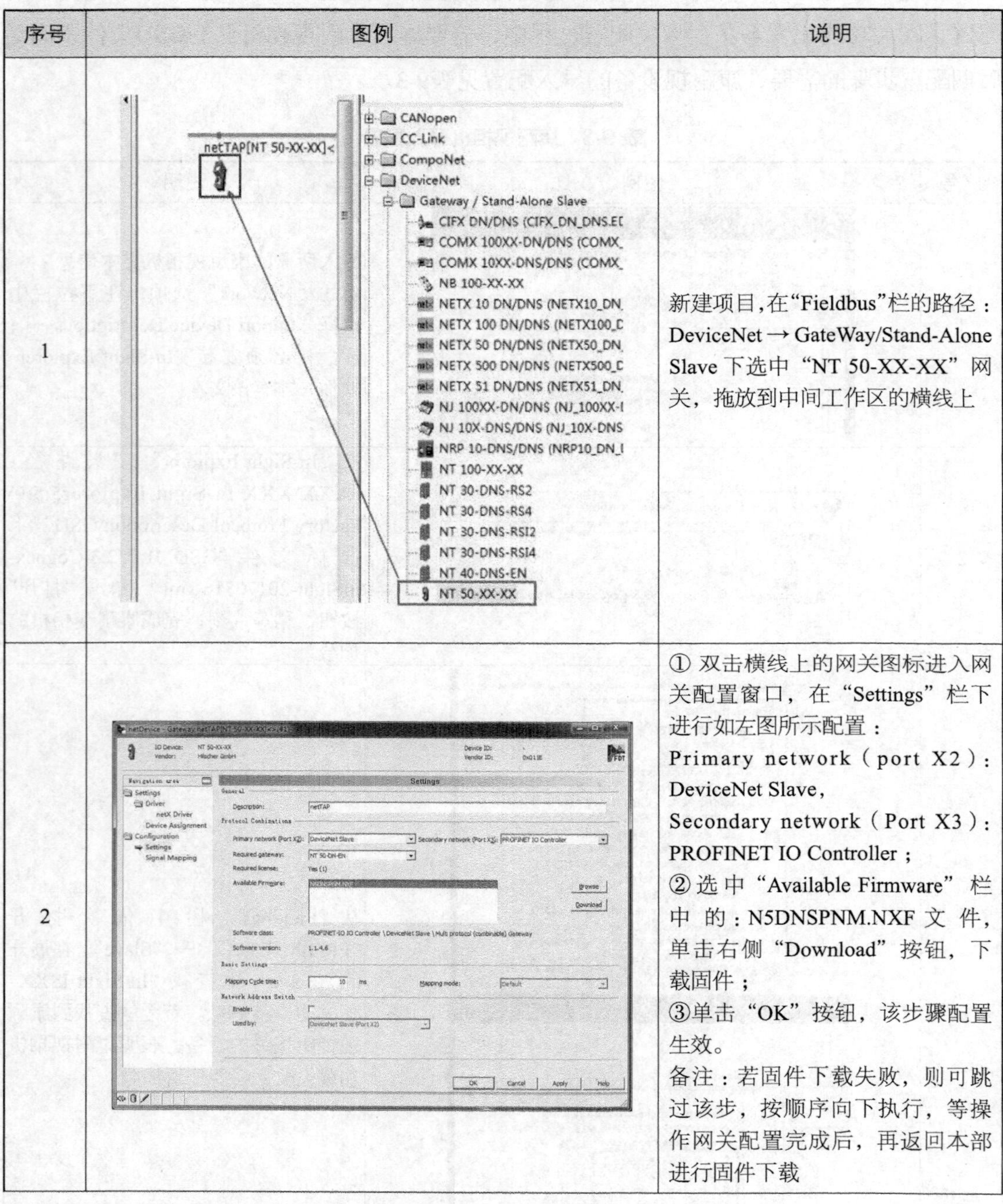

序号	图例	说明
1		新建项目,在“Fieldbus”栏的路径：DeviceNet→GateWay/Stand-Alone Slave 下选中 “NT 50-XX-XX” 网关，拖放到中间工作区的横线上
2		① 双击横线上的网关图标进入网关配置窗口，在 “Settings” 栏下进行如左图所示配置： Primary network（port X2）：DeviceNet Slave, Secondary network（Port X3）：PROFINET IO Controller； ② 选中 “Available Firmware” 栏中的：N5DNSPNM.NXF 文件，单击右侧 “Download” 按钮，下载固件； ③单击 “OK” 按钮，该步骤配置生效。 备注：若固件下载失败，则可跳过该步，按顺序向下执行，等操作网关配置完成后，再返回本部进行固件下载

续表

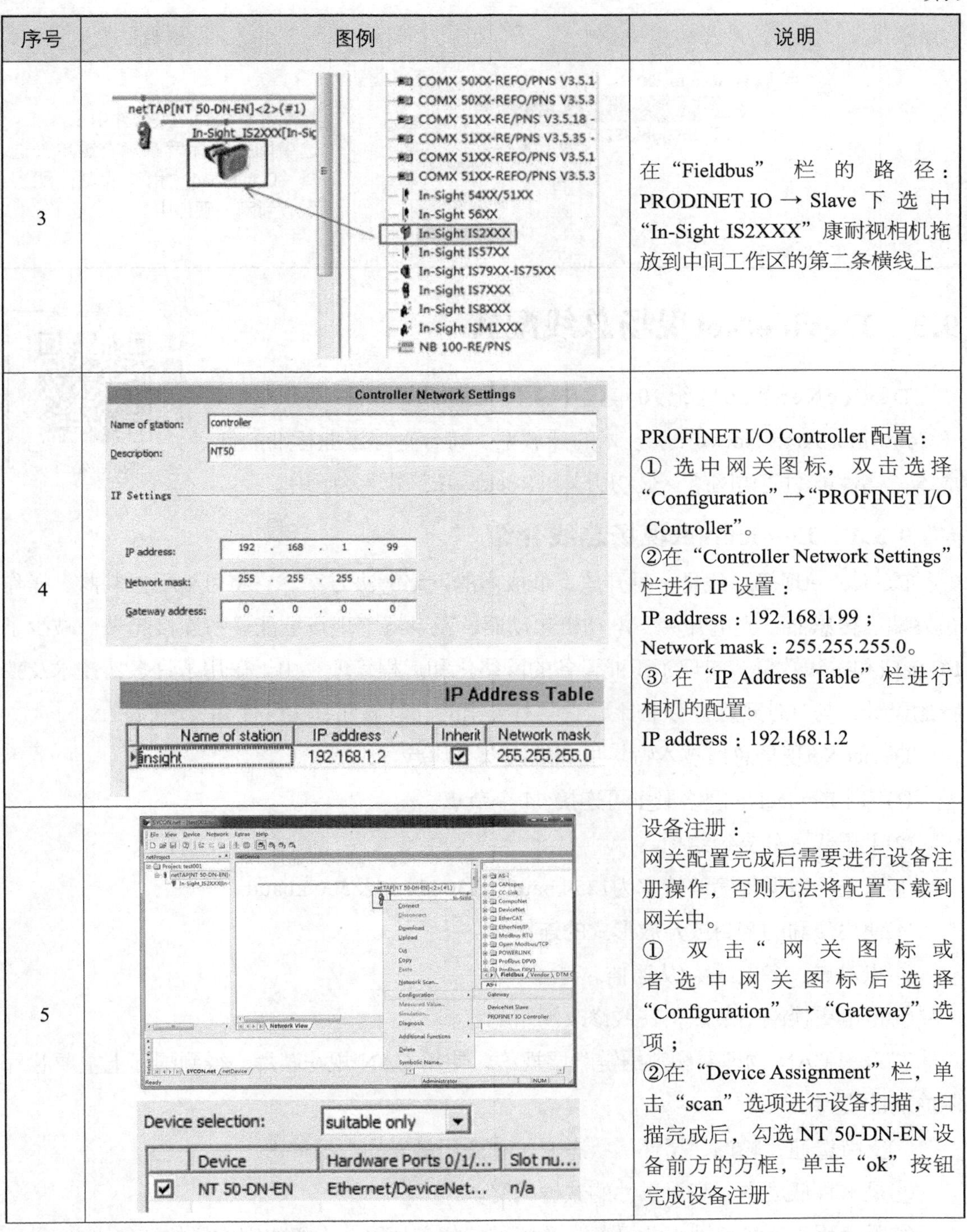

序号	图例	说明
3		在“Fieldbus”栏的路径：PRODINET IO → Slave 下选中“In-Sight IS2XXX”康耐视相机拖放到中间工作区的第二条横线上
4		PROFINET I/O Controller 配置： ①选中网关图标，双击选择“Configuration”→“PROFINET I/O Controller”。 ②在“Controller Network Settings”栏进行 IP 设置： IP address：192.168.1.99； Network mask：255.255.255.0。 ③在“IP Address Table”栏进行相机的配置。 IP address：192.168.1.2
5		设备注册： 网关配置完成后需要进行设备注册操作，否则无法将配置下载到网关中。 ①双击“网关图标或者选中网关图标后选择“Configuration”→“Gateway”选项； ②在“Device Assignment”栏，单击“scan”选项进行设备扫描，扫描完成后，勾选 NT 50-DN-EN 设备前方的方框，单击“ok”按钮完成设备注册

续表

序号	图例	说明
6	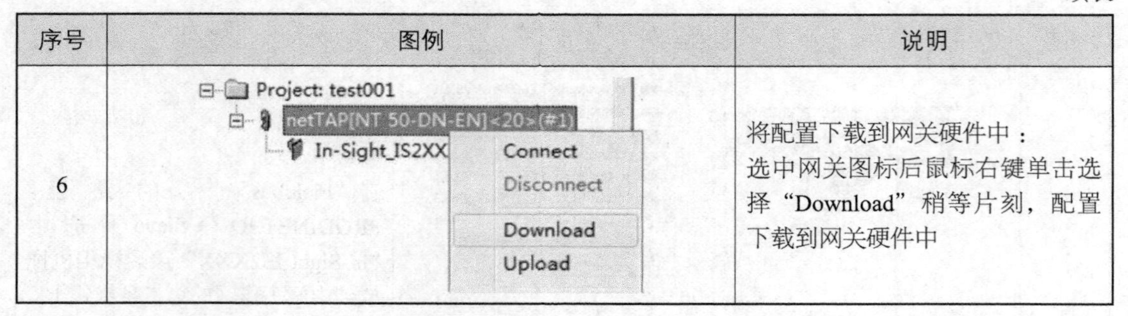	将配置下载到网关硬件中： 选中网关图标后鼠标右键单击选择“Download”稍等片刻，配置下载到网关硬件中

9.3 DeviceNet现场总线配置

DeviceNet是20世纪90年代中期发展起来的一种基于CAN（Controller Area Network）技术的开放型、符合全球工业标准的低成本、高性能的通信网络，最初由美国Rockwell公司开发应用。

9.3.1 DeviceNet现场总线介绍

DeviceNet现场总线是一种开放、低成本的网络解决方案。它将可编程控制器、操作员终端、传感器、光电开关、电动机起动器、驱动器等现场智能设备连接起来，减少了I/O接口和布线数量，实现了工业设备的网络化和远程管理。由于采用了许多新技术及独特的设计，与其他现场总线相比，它具有突出的高可靠性、实时性和灵活性。

DeviceNet现场总线技术特点可归纳为以下几点。

①每个DeviceNet网络最多可连接 64 个节点。

②主干线－分支线结构。

③可选的数据传输波特率为125 kbaud、250 kbaud及500 kbaud。

④使用便利的密封或开放形式的连接器。

⑤点对点、多主或主/从通信。

⑥带电更换网络节点，在线修改网络配置。

⑦采用 CAN 物理层和数据链路层规约，使用 CAN 规约芯片，得到国际上主要芯片制造商的支持。

⑧支持选通、轮询、循环、状态变化和应用触发的数据传送。

⑨是一种低成本、高可靠性的数据网络。

⑩既适用于连接低端工业设备，又能连接如变频器、人机终端这样的智能设备。

⑪采用带无损位仲裁机制的载波监听多路访问（Carrier Sense Multiple Access with Non-destruction Bitwise Arbitration，CSMA/NBA）实现按优先级发送信息。

⑫具有通信错误分级检测机制、通信故障的自动判别和恢复功能。

⑬电源结构的可调整性，以满足各类应用的需要以及大电流容量（每个电源最大容量可以达到 16 A）。

⑭总线供电：主干线中包括电源线及信号线。

⑮得到众多制造商的支持，如Rockwell、OMRON、Hitachi、Cutter-Hammer、Turck等。

9.3.2　工业机器人侧DeviceNet配置

ABB机器人与协议转换网关通过DeviceNet总线通信，ABB机器人作为DeviceNet主站，协议转换网关作为DeviceNet从站。

工业机器人侧配置DeviceNet通信方式中的从站DeviceNet Slave信息，见表9-5。

表 9-5　工业机器人 DeviceNet 配置

序号	图例	说明
1	 控制面板 - 配置 - I/O System 每个主题都包含用于配置系统的不同类型。 当前主题：　I/O System 选择您需要查看的主题和实例类型。 Access Level　Cross Connection Device Trust Level　DeviceNet Command DeviceNet Device　DeviceNet Internal EtherNet/IP Command　EtherNet/IP Device Industrial Network　Route Signal　Signal Safe Level System Input　System Output	示教器界面操作： 手动模式下，进入路径“控制面板”→“配置”→“DeviceNet Device”选项，单击“添加”按钮，进入配置窗口
2	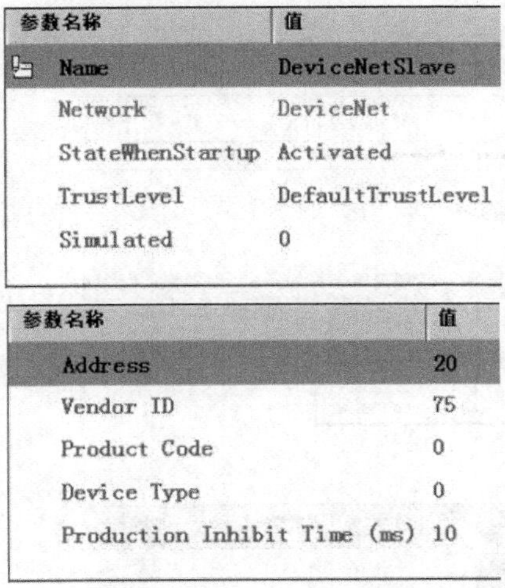 参数名称　值 Name　DeviceNetSlave Network　DeviceNet StateWhenStartup　Activated TrustLevel　DefaultTrustLevel Simulated　0 参数名称　值 Address　20 Vendor ID　75 Product Code　0 Device Type　0 Production Inhibit Time (ms)　10	配置： Name：DeviceNet Slave Address：20（地址 0~9 预留给内部使用） 注意：必须修改地址与网关 DeviceNet Slave 配置中的地址，使其保持一致，否则工业机器人重启后会报错

续表

序号	图例	说明
3	手动 HD015 控制面板 - 配置 - I/O System - DeviceNet Device - 名称: DeviceNetSlave 双击一个参数以修改。 参数名称 值 RecoveryTime 5000 Label Address 20 Vendor ID 283 Product Code 45 Device Type 12 确定	配置 DevicNet Slave 设备信息： Vendor ID：283 Product Code：45 Device Type：12 注意：参考网关 PROFINET I/O 配置中的记录
4	称: DeviceNetSlave 击一个参数以修改。 数名称 值 Production Inhibit Time (ms) 10 Connection Type Polled PollRate 1000 Connection Output Size (bytes) 8 Connection Input Size (bytes) 8 Quick Connect Deactivated 确定 取消	通信输入输出大小设置： Connection Output Size（bytes）：8 Connection Input Size（bytes）：8 单击“确定”按钮，重启生效

9.3.3 网关侧DeviceNet配置

在进行网关的DeviceNet Slave配置之前需要查看工业机器人DeviceNet Master的配置参数，以完成网关DeviceNet Slave配置。

通过示教器进入路径“控制面板”→“配置”→“I/O System”→“Industrial Network”→“DeviceNet”，进入图9-5所示窗口，查看“Address”和“DeviceNet Communication Speed”两个参数，并记录下来。

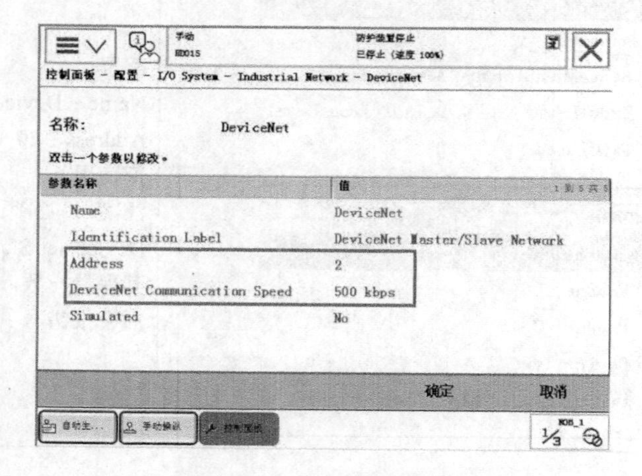

图9-5 工业机器人DeviceNet参数

网关DeviceNet配置主要是建立X2端口与X3端口的信号映射关系，并指定主站（即工业机器人）的相关信息。在9.2.3节中配置过程的基础之上，需添加以下操作步骤，见表9-6。

表 9-6　网关配置项目编写步骤

<table>
<tr><th>序号</th><th>图例</th><th>说明</th></tr>
<tr><td>1</td><td>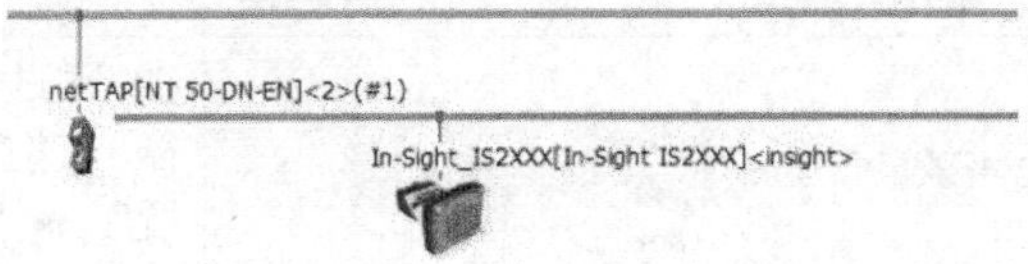
</td><td>双击横线上的网关图标进入网关配置窗口</td></tr>
<tr><td>2</td><td>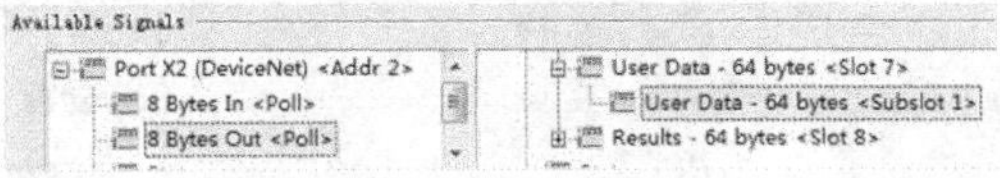

<table>
<tr><th colspan="2">有效信号映射关系</th></tr>
<tr><td>Port X2</td><td>Port X3</td></tr>
<tr><td>~8 InBytes.BYTE_0001</td><td>Acquisition_Status_Register</td></tr>
<tr><td>~8 OutBytes.BYTE_0001</td><td>Acquisition_Control_Register</td></tr>
<tr><td>~8 InBytes.BYTE_0003</td><td>~ Inspection_Results..BYTE_006</td></tr>
<tr><td>~8 InBytes.BYTE_0004</td><td>~ Inspection_Results..BYTE_0005</td></tr>
<tr><td>~8 InBytes.BYTE_0005</td><td>~ Inspection_Results..BYTE_0008</td></tr>
<tr><td>~8 InBytes.BYTE_0006</td><td>~ Inspection_Results..BYTE_0007</td></tr>
<tr><td>~8 InBytes.BYTE_0007</td><td>~ Inspection_Results..BYTE_00010</td></tr>
<tr><td>~8 InBytes.BYTE_0008</td><td>~ Inspection_Results..BYTE_0009</td></tr>
</table></td><td>① 在“Signal Mapping”栏进行信号映射设置；
② 分别选中 Port X2 信号列表、Port X3 信号列表中一个信号，单击“MapSignals”按钮，将两个信号进行映射。按照左图所示“有效信号映射关系”进行映射设置，完成后单击“OK”按钮</td></tr>
<tr><td>3</td><td>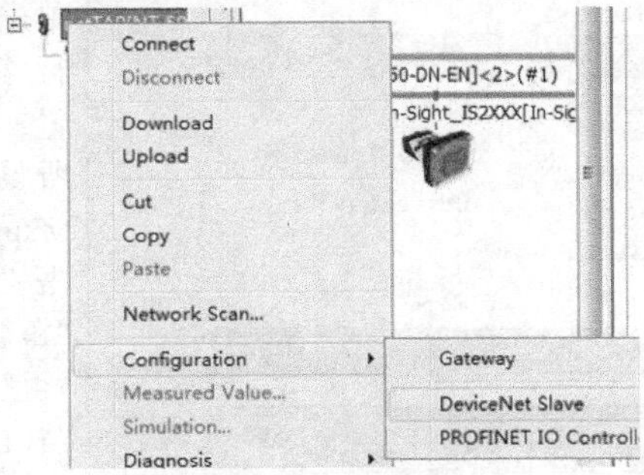

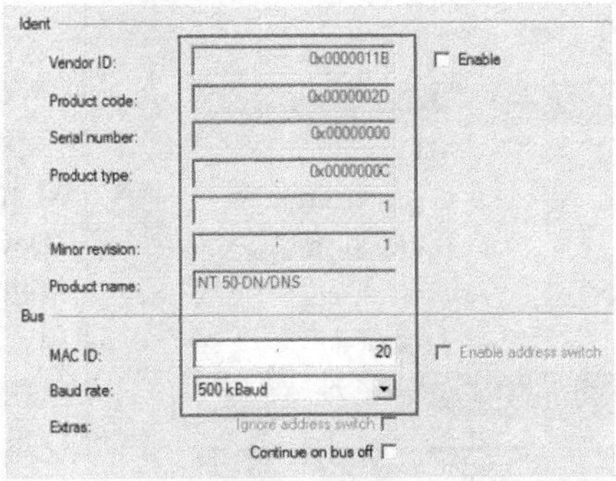
</td><td>DeviceNet Slave 配置：
① 选中树形图中网关或者工作空间中的网关图标，依次选择 Configuration → DeviceNet Slave 进入配置窗口；
② 在“Configuration”栏，设置 MAC ID：20（10~63 之间任意值），Baud rate 设置“500kBaud”，单击“OK”按钮，配置完成；
③ 换算成十进制数值记录“Configuration”栏下的部分重要参数，在工业机器人 DeviceNet 配置中将会用到
Vender ID：283
Product Code：45
Product type：12</td></tr>
</table>

9.4 工业机器人变量设置

ABB机器人配置3个类型为“Group Input”的变量来存储智能相机方向传送过来的数值。3个数据变量的配置步骤见表9-7。

表 9-7 数据变量配置

序号	图例	说明
1	双击一个参数以修改。 参数名称 值 Name GINum Type of Signal Group Input Assigned to Device DeviceNetSlave Signal Identification Label Device Mapping 16-31 Category 确定	① 通过示教器进入路径：“控制面板→“配置”→“I/O System”→“Signal”，单击“添加”按钮； ② 设置变量名称、类型、注册设备、映射地址等参数，如左图所示； ③ 单击“确定”按钮弹出“重新启动”窗口
2	重新启动 更改将在控制器重启后生效。 是否现在重新启动？ 是 否	单击“否”按钮，返回Signal界面
3	双击一个参数以修改。 参数名称 值 Name GIX Type of Signal Group Input Assigned to Device DeviceNetSlave Signal Identification Label Device Mapping 32-47 Category 确定	单击“添加”按钮，进行第2个变量的配置，配置参数如左图所示，其中，“Device Mapping：32-47”，单击“确定”按钮，弹出“重新启动”窗口，单击“否”按钮,返回“Signal”窗口
4	双击一个参数以修改。 参数名称 值 Name GIY Type of Signal Group Input Assigned to Device DeviceNetSlave Signal Identification Label Device Mapping 48-63 Category 确定	单击“添加”按钮，进行第3个变量的配置，配置参数如左图所示，“Device Mapping：48-63”单击“确定”按钮，弹出“重新启动”窗口，单击“是”按钮，示教器重启后，设置生效

续表

序号	图例	说明
5	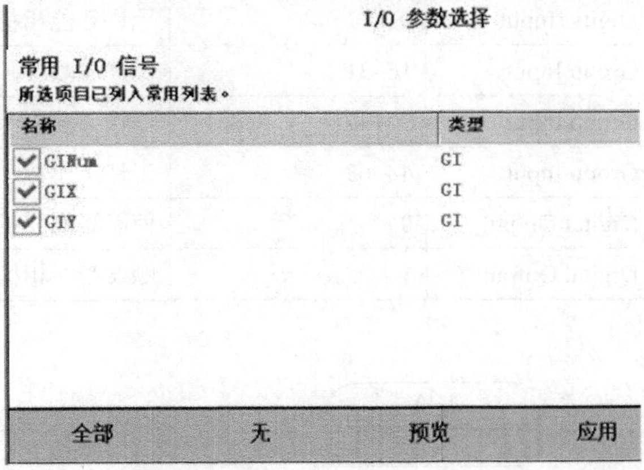 I/O 参数选择 常用 I/O 信号 所选项目已列入常用列表。 名称 / 类型 GINum GI GIX GI GIY GI 全部　无　预览　应用	将变量设为常用变量：进入路径“控制面板→I/O”窗口，选中刚设置的3个变量后，单击“应用”按钮。 注意：把变量设置成“常用变量”后，在查看变量时会非常方便
6	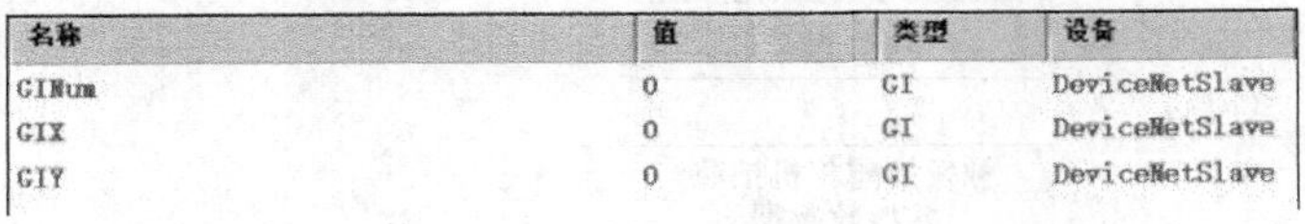 名称 / 值 / 类型 / 设备 GINum 0 GI DeviceNetSlave GIX 0 GI DeviceNetSlave GIY 0 GI DeviceNetSlave	查看变量：进入路径“输入/输出”，进入该变量界面进行查看。 注意：若未将变量设为“常用变量”，需要通过“视图→组输入”来查看该变量

通过上面步骤进行配置后，工业机器人与智能相机之间建立正确的通信，通信数据将保存在GINum、GIX、GIY变量中。工业机器人通过读取该组变量值，即可接收到智能相机发送的相关数据信息。其他关于智能相机侧的配置与上文相同，此处不再赘述。

9.5　程序编辑

为了增强程序的重用性，使结构更加清晰，将程序按功能分为2个例行程序，分别执行不同的功能，各部分子程序名称及功能如下。

（1）子程序

子程序PickWob用于实现对识别物体的搬运抓取。

（2）主程序

主程序对例行程序进行调用，并对返回结果进行分析，实现系统流程控制。

工业机器人与智能相机之间通过总线进行通信控制，映射关系见表9-8。

表 9-8　全局变量定义

序号	名称	类型	映射地址	功能
1	DITriggerReady	Digital Input	0	允许智能相机触发
2	GINum	Group Input	16~31	工件总数
3	GIX	Group Input	32~47	工件 *X* 坐标
4	GIY	Group Input	48~63	工件 *Y* 坐标
5	DOTriggerEnable	Digital Output	0	使能智能相机拍照
6	DOTrigger	Digital Output	1	触发智能相机拍照

具体流程如图9-6所示。

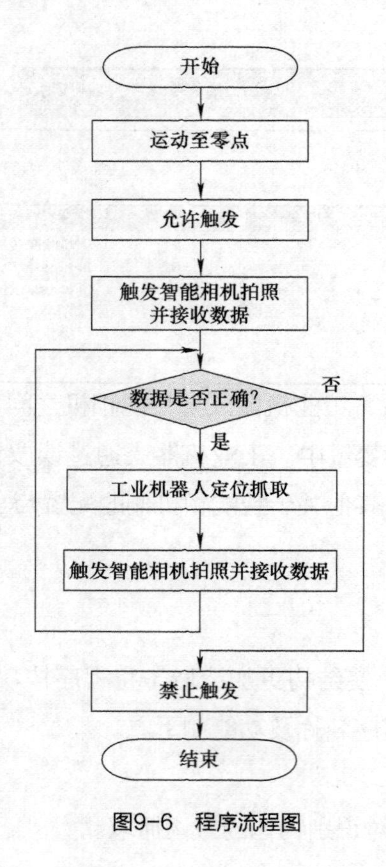

图9-6　程序流程图

程序代码如下。

```
VAR num nx:=0;
VAR num ny:=0;
PROC PickWobj()
    !计算拍照位置坐标
     nx:=GIX ;
     ny:=GIY ;
    !运动至过渡点
    MoveJ PWait,v100,z10,toolXP\WObj:=wobjCamera;
    !运动至抓取点上方
```

```
        MoveL Offs (POrigin,nx,ny,50),v100,z5,toolXP\WObj:=wobjCamera;
        !运动至抓取点并抓取
        MoveL Offs (POrigin,nx,ny,20),v100,fine,toolXP\WObj:=wobjCamera;
        SetDO do07;
        WaitTime 0.5;
        !依次返回抓取点上方及过渡点
        MoveL Offs(POrigin,nx,ny,50),v100,z5,toolXP\WObj:=wobjCamera;
        MoveL PWAIT,v100,z10,toolXP\WObj:=wobjCamera;
        !运动至放置点上方
        MoveL Offs(PDrop,0,0,50),v100,z5,toolXP\WObj:=wobjCamera;
        !运动至放置点并放置
        MoveL PDrop,v100,fine,toolXP\WObj:=wobjCamera;
        Reset do07;
        WaitTime 0.5;
        !运动至放置点上方并返回
        MoveL Offs(PDrop,0,0,50),v100,z5,toolXP\WObj:=wobjCamera;
        MoveJ PHome,v100,fine,toolXP\WObj:=wobjCamera;
ENDPROC

PROC main()
        !运动至零点
        MoveJ PHome,v100,fine,toolXP\WObj:=wobjCamera;
        !设置允许触发
        SetDO DOTriggerEnable;
        !等待智能相机允许触发
         WaitDI DITriggerReady,1;
        !触发智能相机拍照
         PulseDO\PLength:=1, DOTrigger;
        !判断是否接收到数据
        WHILE GINum>0 DO
                !执行抓取动作
                PickWobj;
                !再次触发智能相机拍照
                PulseDO\PLength:=1, DOTrigger;
        ENDWHILE
            !设置禁止触发
            Reset DOTriggerEnable;
ENDPROC
```

思考题

1. 什么是协议转换网关？有什么作用？

2. 如何通过ABB机器人DeviceNet与康耐视相机ProfiNet实现通信？

3. 如何进行网关PROFINET I/O 的配置？

4. PROFINE I/O的设置类型有哪几种？

5. PROFINET包含哪些通信信道？

6. DeviceNet现场总线技术特点是什么？

7. 如何对ABB机器人进行DeviceNet的通信配置？

8. 如何实现网关DeviceNet的配置？

参考文献

[1] 张明文. 工业机器人入门使用教程（ABB机器人）[M]. 哈尔滨：哈尔滨工业大学出版社，2018.

[2] 张明文. 工业机器人技术人才培养方案[M]. 哈尔滨：哈尔滨工业大学出版社，2017.

[3] 张明文. 工业机器人技术基础及应用[M]. 北京：机械工业出版社，2018.

[4] 张明文. 工业机器人技术基础及应用[M]. 哈尔滨：哈尔滨工业大学出版社，2017.

[5] 魏志丽，林燕文. 工业机器人应用基础-基于ABB机器人[M]. 北京：北京航空航天大学出版社，2016.

[6] 张广军. 机器视觉[M]. 北京：科学出版社，2005.

[7] 张培艳. 工业机器人操作与应用实践教程[M]. 上海：上海交通大学出版社，2009.

教学课件下载步骤

步骤一

登录“工业机器人教育网”

www.irobot-edu.com，菜单栏单击【学院】

步骤二

单击菜单栏【在线学堂】下方找到您需要的课程

步骤三

课程内视频下方单击【课件下载】

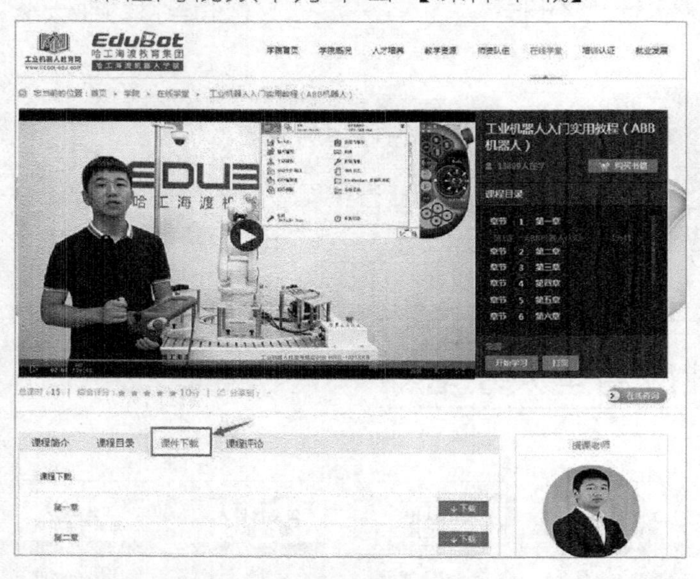

咨询与反馈

尊敬的读者：

感谢您选用我们的教材！

本书有丰富的配套教学资源，凡使用本书作为教材的教师可咨询有关实训装备事宜。在使用过程中，如有任何疑问或建议，可通过邮件（edubot@hitrobotgroup.com）或扫描右侧二维码，在线提交咨询信息，反馈建议或索取数字资源。

全国服务热线：400-6688-955

（教学资源建议反馈表）